バイオ実験に絶対使える

統計の基本Q&A

監修／秋山　徹
編集／井元清哉
河府和義
藤渕　航

論文が書ける 読める
データが見える！

羊土社
YODOSHA

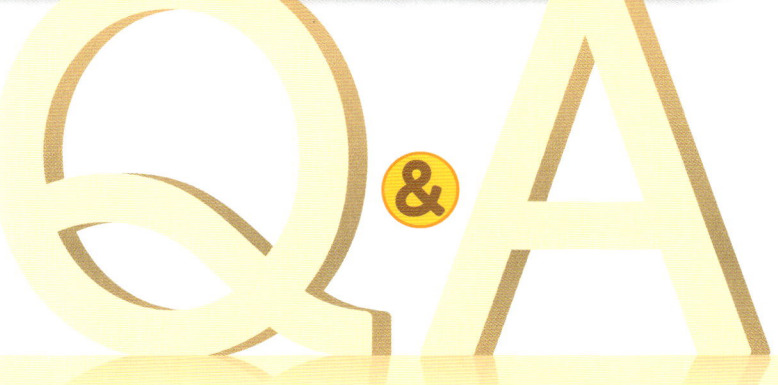

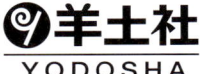

【注意事項】本書の情報について ―――――――――――――――――――――――――――――

　本書に記載されている内容は，発行時点における最新の情報に基づき，正確を期するよう，執筆者，監修・編者ならびに出版社はそれぞれ最善の努力を払っております．しかし科学・医学・医療の進歩により，定義や概念，技術の操作方法や診療の方針が変更となり，本書をご使用になる時点においては記載された内容が正確かつ完全ではなくなる場合がございます．また，本書に記載されている企業名や商品名，URL等の情報が予告なく変更される場合もございますのでご了承ください．

序

　本書は，医学生物学の研究者が実際に自分の研究に使える統計学の知識を身につけるための本として企画された．最大の特徴は，『質問→答え』『問題→考え方』という形の「Q&A形式」を採用して，具体的な問題意識を持ちながら読み進め理解できるように工夫したことである．統計学の本には，名著と言われるものもあるし，わかりやすく書いたと謳っているものも多い．しかし，現場の医学生物学研究者が日々実験をしながら読むには取り付きにくかったり，原理はわかっても実際に自分の研究に応用しようとするときにどうしてよいかわからないといったケースも多いように思う．本書では，原理がわからずにExcelでただ計算するだけなどということにならないよう，統計の基礎から解説し，さらに研究者が実際の実験で遭遇するケースを多くのQとして取り上げ，それに対する具体的で懇切な解説をつけた．特に，具体例を扱った章は本書の最もユニークな部分で，類書にはないわかりやすさではないかと思う．こう書くと自画自賛めいてしまうが，筆者自身編集の過程で原稿を読んで感動した．統計の専門家でない現場の研究者が普段抱えている疑問が氷解するのではないかと思う．

　上述のような独自なスタイルの原稿の作成はかなり大変で，一応の完成まで4年かかった．この間，執筆者ならびに編者には相当の苦労があったと思う．本書の作成は，羊土社編集部の蜂須賀修司氏の企画によりスタートした．全体の構成の立案から具体的なQのピックアップまでのほとんどが氏の力によるものである．良い統計の本を作りたいという蜂須賀氏の熱意と「原稿催促の鬼」吉田雅博氏の努力がなければ本書は完成しなかったであろう．執筆者と両氏に感謝したい．今後，改訂しさらに良い本にしていきたいと考えている．読者からの批判や助言を是非お願いしたい．

2012年8月

編者を代表して
秋山　徹

❖ 巻頭カラー

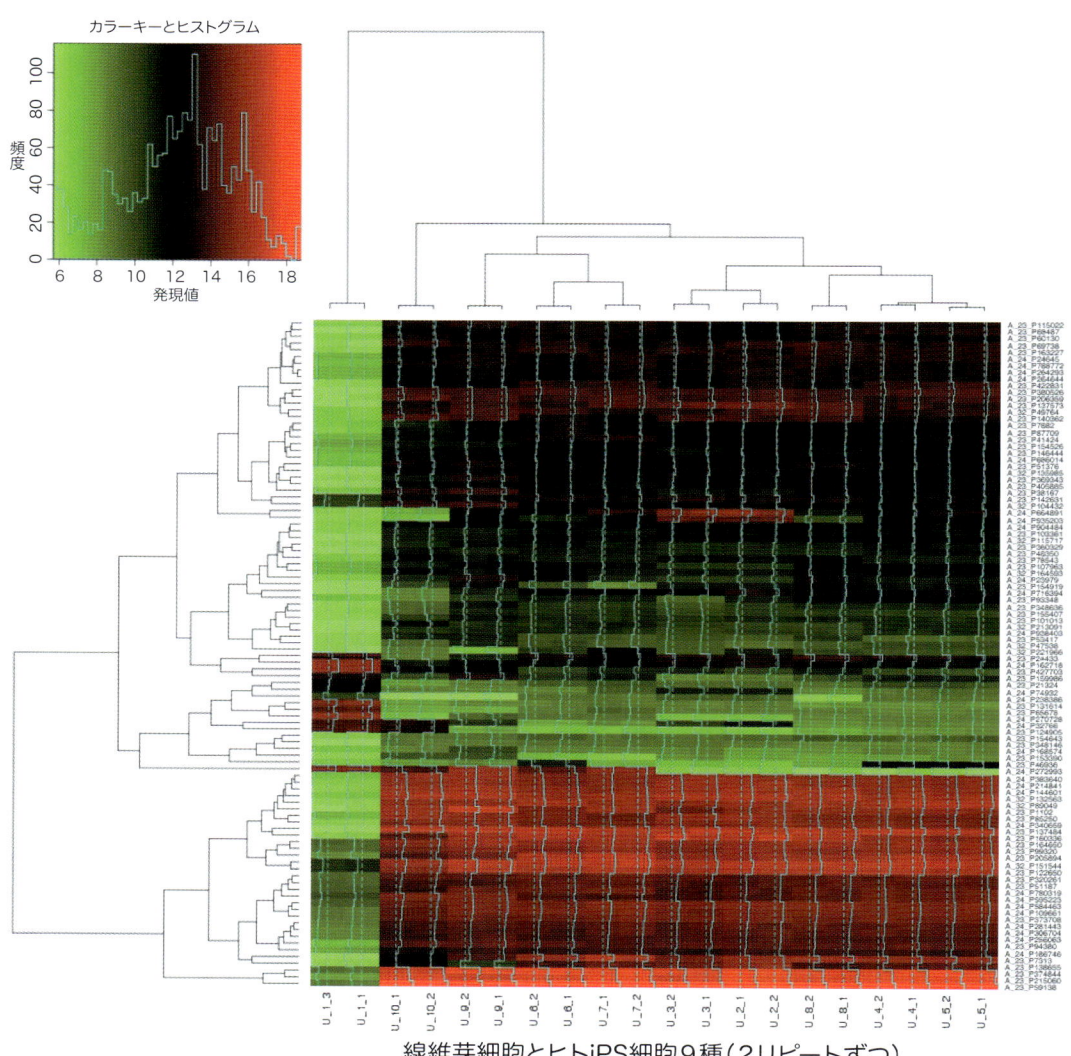

1 ヒトiPS細胞9種と線維芽細胞での階層クラスタリング例（本文69ページ参照）
遺伝子はone-way ANOVAで選択した上位100個を使用した（謝辞：実験データ提供は産業技術総合研究所中西真人先生のご厚意による）

 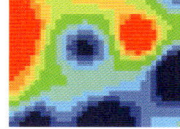 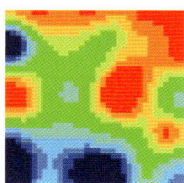

アジレント社　　イルミナ社　　ロシュ・
　　　　　　　　　　　　　　　ニンブルジェン社

2 自己組織化マップクラスタリングの例（本文70ページ参照）

どれも公共データベースGEO（http://www.ncbi.nlm.nih.gov/geo/）から取得したヒト胚性幹細胞からの遺伝子発現データを用いた．全プラットフォームに共通の遺伝子に対応するプローブのみを使用してクラスタリングした．得られた結果をサンプルごとに分割して表示している

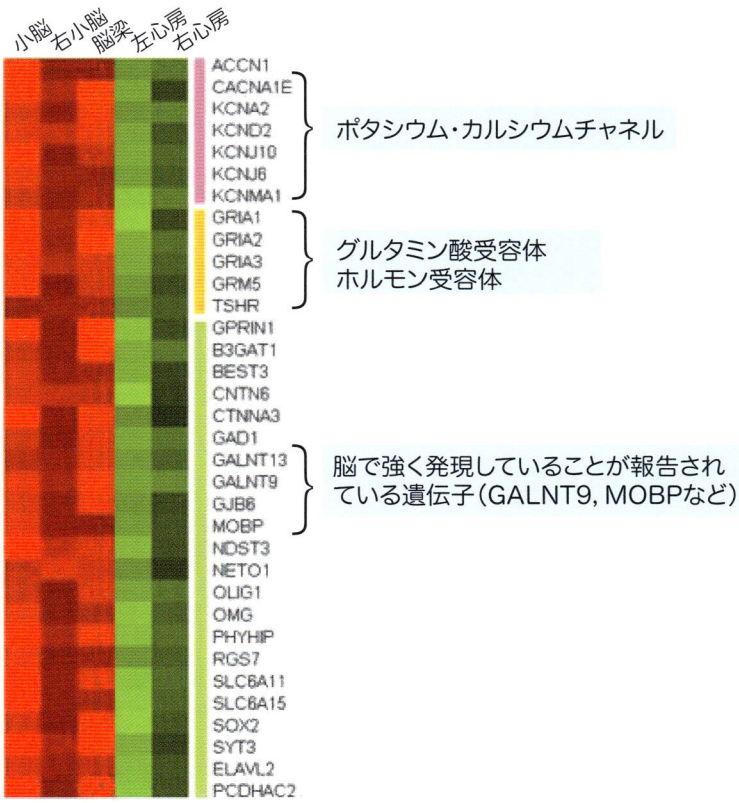

3 バイクラスタリングによる発見モジュールの例（本文72ページ参照）

ヒトの組織細胞の発現データへ適用（20,703遺伝子×83細胞種）．脳で発現し，心臓で抑制される遺伝子のモジュール（73ページ文献3より転載）

序 .... 秋山 徹

基本編 統計処理の基礎についての疑問

1章　最低限知っておきたい知識

Q 01 統計を使ってどのようなことがわかるのですか？　　　　　中道礼一郎　14

Q 02 医学生物学研究で使われる検定にはどのようなものがありますか？　中道礼一郎　18

Q 03 「統計学的に有意」とは何を意味しているのですか？　　　　中道礼一郎　21

Q 04 正規分布とはどのような分布でしょうか？　正規分布の区間推定についても教えてください．また，そのほかの分布もあるのですか？　　　　　中道礼一郎　25

Q 05 母集団と標本について詳しく教えてください　　　　　　　中道礼一郎　30

Q 06 帰無仮説と対立仮説とはなんですか？　なぜ仮説を立てる必要があるのですか？　中道礼一郎　33

Q 07 t 検定はどのようなときに使うものですか？　また関連する方法があれば教えてください　　　　　　　　　　　　　　　中道礼一郎　37

Q 08 片側検定，両側検定とは何ですか？　どのように違いますか？　中道礼一郎　41

2章　論文で頻出する統計のパラメーター

- **Q 09**　グラフで登場するエラーバーとは何ですか？　　　　　白石友一　44
- **Q 10**　EC_{50} とは何ですか？　　　　　白石友一　46
- **Q 11**　信頼区間とは何ですか？ どうやって求めたらよいですか？　　　　　白石友一　47
- **Q 12**　相関係数 R とは何ですか？　　　　　白石友一　49
- **Q 13**　なぜ平均値でなく，ばらつきも調べなくてはならないのですか？　　　　　白石友一　51
- **Q 14**　標準偏差（SD）と標準誤差（SE）とは何ですか？
　　使い分けについても教えてください　　　　　白石友一　53
- **Q 15**　散布図では，n, R 値, p 値は何を意味していますか？
　　またどのようなときに使いますか？　　　　　白石友一　55
- **Q 16**　カプラン・マイヤー法，カトラー・エデラー法は何を表すものですか？
　　また，その違いは何ですか？　　　　　白石友一　56

3章　マイクロアレイ解析の基本

- **Q 17**　マイクロアレイデータ解析の際のデータの標準化とは何ですか？　　　　　藤渕　航　57
- **Q 18**　Microsoft Excel によるデータの 標準化の簡単な方法を教えて下さい　　　　　藤渕　航　61
- **Q 19**　マイクロアレイデータを解析する際，データ再現性についてどのようなことに
気をつけたらよいですか？　　　　　藤渕　航　65
- **Q 20**　マイクロアレイデータのクラスタリングを行うと何がわかるのですか？　　　　　藤渕　航　68
- **Q 21**　マイクロアレイデータから遺伝子ネットワークを調べるにはどうしたらよいですか？　　　　　藤渕　航　74

4章　実験の目的に合った検定の選び方・実験計画

- **Q 22**　自分の実験に，どのような統計手法が適切か判断するポイントを教えてください　富永大介　78
- **Q 23**　差の検定などにあたって，適切なサンプル数はどのように決めたらよいのですか？　富永大介　83

Q 24	データが正規分布になっているかどうすれば確認できますか？　また正規分布となっていない場合，どのように検定すればよいのでしょうか？	富永大介	87
Q 25	臨床統計において，治療効果の信頼区間と有意差はどのように求めるのですか？	富永大介	92
Q 26	検定法によって有意差が出る場合と出ない場合があるのはなぜですか？	富永大介	98
Q 27	3群以上を一度に検定したいときは，どんな方法がありますか？	富永大介	102
Q 28	マイクロアレイ解析で，発現に差のある遺伝子を同定したい場合はどのような検定を行うのでしょうか？	富永大介	108
Q 29	同じ実験を繰り返して得られた平均値の誤差を出すときに，標準偏差と標準誤差ではどちらを用いるのでしょうか？	富永大介	111
Q 30	サンプル数がそろっていない場合の検定法はどのように選んだらよいですか？	富永大介	114
Q 31	2群の比較を行う検定法にはどのようなものがあるでしょうか？それぞれの特徴を教えてください	富永大介	116
Q 32	マウスの体重と脳の重量のように，対応しているデータの関係を知るにはどうしたらいいですか？	荻島創一	119
Q 33	独立な2群の平均値を比較するにはどのようにしたらよいですか？	荻島創一	123
Q 34	対応のある2群の平均に差があるかをみるにはどうしたらよいですか？	荻島創一	127
Q 35	2つの比率に差があることを示すにはどうしたらよいですか？	荻島創一	131
Q 36	3つ以上の群の差を調べるにはどうしたらよいですか？t検定は使えないのですか？	荻島創一	134
Q 37	統計解析に役立つソフトにはどのようなものがありますか？	河府和義	137

5章　測定値の扱い方

Q 38	測定の際に，明らかに外れた値が出た場合，もしくは値にばらつきが大きい場合，どうしたらよいですか？	今井祐記	139
Q 39	実験で取られたデータに欠測値があったらどうしたらよいですか？	藤山沙理	142
Q 40	解析群間のサンプル数（検体数）が異なる場合はどうしたらよいですか？	今井祐記	146

contents

Q 41 マウスを用いた実験で，個体差が大きく有意差が取りにくい場合はどうしたらよいですか？
松本高広　149

Q 42 標準曲線（検量線）の正しい引き方を教えてください
今井祐記　152

Q 43 遺伝子の組換えにより，致死を示す個体が多く，統計的にも信頼のおけるサンプル数にいたらない場合，どうしたらよいのでしょうか？
松本高広　155

Q 44 マウス解析において，ヒトの各発達時期と対応するマウスの週齢の決め方を教えてください
松本高広　157

実践編　バイオ実験での統計処理のケーススタディー

1章　発現量，活性など一般的な in vitro 実験のケーススタディー

Case 01 培養細胞に試薬Aを加える前と後の，ある遺伝子の発現量を測定しました．その効果についてどのように解析すればよいでしょうか？
河府和義　162

Case 02 培養細胞に試薬Aを加えて0日後，1日後，3日後のある遺伝子の発現量を測定しました．この3群の解析には，どのような検定法を使えばよいですか？
河府和義　166

Case 03 GFPタグを付けたタンパク質を培養細胞に一過性に過剰発現させて蛍光を検出しました．どれだけの細胞がどのくらいの蛍光強度で光っているかを解析するにはどうしたらよいですか？
河府和義　170

Case 04 ある細胞を刺激する前と後で，サイトカイン産生を測定する実験を行いました．一度の実験で培養プレート3ウェルへ独立して細胞をまきました．サイトカイン産生量を定量した結果をグラフ化して示す方法を教えてください
河府和義　172

Case 05 異なる系統の細胞株に化合物を投与する実験を行いました．投与群および非投与群のどちらでもデータにばらつきが大きくなったとき，有意差検定は何法を用いればよいのですか？
河府和義　176

Case 06 培養条件決定において何種類かの血清ロットを検討し，増殖活性の最も高い血清を選ぶためには，どのようにしたらよいですか？
河府和義　178

Case 07 ある物質の投与群と非投与群の2群に分けた動物1匹ずつから細胞を採取し，ある遺伝子の発現を測定しました．この測定を5回別々の日に行った場合，どのような解析を行ったらよいですか？
河府和義　180

Case 08 感染組織の肉芽腫エリアをデジタル処理し，組織中の割合を検出したとします．その割合が人種，喫煙歴の有無によって有意に異なるのか調べるためにはどうしたらよいでしょうか？
河府和義　182

Case 09 異なった2系統のマウス由来培養細胞に，試薬処理をした際，試薬処理群とコントロール群に有意差があるか調べるにはどうしたらよいのでしょうか？
河府和義　184

Case 10 ある2つの遺伝子群の2塩基の頻度を比較し，2群間で有位差のある2塩基（CGなど）を特定したいと思っています．どのような検定方法が適切ですか？
田中道廣　186

2章　個体数，表現型，行動解析などのケーススタディー

Case 11 マウスの集団から抽出した10匹のマウスの体重の平均値，標準偏差の計算の仕方を教えてください
茂櫛　薫　188

Case 12 ノックアウトマウスを作製したところ，野生型よりも体が大きいようです．ノックアウトの表現型への影響の相関を調べるにはどうしたらよいですか？
茂櫛　薫　191

Case 13 ある遺伝子の効果を検討するため，ノックアウトマウスを作製しました．生後4週間と8週間ともに対照群と体重差が見られ，その差は8週間の方が大きくなっています．4週間と8週間の違いを統計的に調べるにはどうしたらよいですか？
茂櫛　薫　195

Case 14 ラットを5群に分け，1〜4には異なる薬剤，コントロールには溶媒のみを投与したとき，各薬剤処理群とコントロール群の体重の平均値に差があるかを調べるにはどうしたらよいですか？
茂櫛　薫　198

Case 15 平面培養の細胞で，集団遊走と単一遊走を比較したい場合にはどうしたらよいでしょうか？
袴田和巳　201

Case 16 タイムコースをとりながら複数の変異株の細胞長をグラフにしました．そのときの有意差検定法を教えてください
袴田和巳　207

Case 17 マウスを6群に分け，それぞれ異なる濃度のワクチンを注射し，抗体をELISAで測定したときの有意差の検定法を教えてください
茂櫛　薫　213

Case 18 マウスの遺伝子発現の比較実験で$n=5$とおいてリアルタイムRT-PCRをした際に，ある処理群の3匹の発現量が定量限界以下になってしまいました．統計的な解析をするにはどうしたらよいですか？
茂櫛　薫　216

Case 19 特殊飼料あるいは通常飼料を給餌した際に，体重の増減を調べました．特殊飼料投与の影響が性別で違うのかどうかを知るためには，どのような統計処理をすればよいのですか？
茂櫛　薫　218

Case 20 マウスの生存率検定を4群で比較するときにはどの生存率検定を行えばよいのですか？
茂櫛 薫　223

Case 21 片眼に基剤，他眼に薬剤を点眼した動物で，薬剤濃度を変化させた複数の群を設定した場合，効果に濃度依存性があるか，有意な効果があるかの評価はどうしたらよいですか？
袴田和巳　226

Case 22 基剤群を含め薬剤濃度を振った複数の群で，1週目，2週目，3週目，4週目とスコアを付けた際，効果に濃度依存性があるかどうかの評価はどうしたらよいですか？袴田和巳　231

3章　マイクロアレイ解析のケーススタディー

Case 23 細胞をsiRNA処理して，影響を受ける遺伝子を見るためにDNAマイクロアレイを用いましたが，遺伝子発現データが安定していないようです．まず，何をすべきでしょうか？
田中道廣　235

Case 24 実験的レプリケイトをとったマイクロアレイ実験を複数回行ったとき，平均発現量の差が意味のある差なのか実験誤差によるものなのかどうかを算出するにはどうしたらよいのですか？
田中道廣　237

[付録]
- ❶ 統計解析の選び方 　240
- ❷ 有効数字の取り扱い方と計算例 　242
- ❸ 相関係数検定表〔Rの有意点（両側確率）〕 　243
- ❹ 標準正規分布表 　244
- ❺ t分布表（両側確率） 　245
- ❻ F分布表（有意水準 $\alpha = 0.05$） 　246
- ❼ 数式一覧 　247

索引 　249

執筆者一覧

◆ 監 修 ◆

秋山　徹	（あきやま　てつ）	東京大学分子細胞生物学研究所

◆ 編 集 ◆

井元清哉	（いもと　せいや）	東京大学医科学研究所ヒトゲノム解析センター
河府和義	（こうふ　かずよし）	シンガポール国立大学癌科学研究所
藤渕　航	（ふじぶち　わたる）	京都大学iPS細胞研究所／独立行政法人産業技術総合研究所

◆ 執筆者（50音順）◆

今井祐記	（いまい　ゆうき）	東京大学分子細胞生物学研究所
荻島創一	（おぎしま　そういち）	東北大学東北メディカル・メガバンク機構医療情報ICT部門
河府和義	（こうふ　かずよし）	シンガポール国立大学癌科学研究所
白石友一	（しらいし　ゆういち）	東京大学医科学研究所ヒトゲノム解析センター
田中道廣	（たなか　みちひろ）	京都大学iPS細胞研究所
富永大介	（とみなが　だいすけ）	独立行政法人産業技術総合研究所
中道礼一郎	（なかみち　れいいちろう）	東京海洋大学保全遺伝学研究グループ
袴田和巳	（はかまだ　かずみ）	大阪大学大学院基礎工学研究科
藤渕　航	（ふじぶち　わたる）	京都大学iPS細胞研究所／独立行政法人産業技術総合研究所
藤山沙理	（ふじやま　さり）	東京大学分子細胞生物学研究所
松本高広	（まつもと　たかひろ）	徳島大学大学院ヘルスバイオサイエンス研究部
茂櫛　薫	（もぐし　かおる）	東京医科歯科大学難治疾患研究所

基本編

統計処理の基礎についての疑問

1章　最低限知っておきたい知識
　　　Q 01〜Q 08　　　　　　　　　　　　　　14

2章　論文で頻出する統計のパラメーター
　　　Q 09〜Q 16　　　　　　　　　　　　　　44

3章　マイクロアレイ解析の基本
　　　Q 17〜Q 21　　　　　　　　　　　　　　57

4章　実験の目的に合った検定の選び方・実験計画
　　　Q 22〜Q 37　　　　　　　　　　　　　　78

5章　測定値の扱い方
　　　Q 38〜Q 44　　　　　　　　　　　　　　139

1章 最低限知っておきたい知識

統計を使ってどのようなことがわかるのですか？

統計を使うと，ある集団について実験や調査を行ってサンプルが得られたときに，そこから元の集団（母集団）の特性を推定することができます．また，特性に関する仮説の真偽を検証し，定量的な評価指標を与えることも可能です．なお，統計的な計算を行う前に，分布の大まかな形や想定される仮説から，目的に合った検定の方法を選択することが重要です．

1）サンプルから集団の特性を知る

統計の目的は，ある集団についての実験や調査によって，サンプルが得られたとき，そこから元の集団（母集団）の特性を推定し検証することにあります．しかし，得られたデータをいきなり複雑な解析法にかけて，ただ計算すればよいという態度は感心しません．データから集団の姿を読み取り，一定の意味を見い出すには，まず全体の形を眺め，徐々に詳細を追求していくことが必要です．

2）1次元のデータと分布の形の尺度

統計的な計算の前に，まずヒストグラムによって視覚化し，全体の状況を把握しましょう．ここで，10才男児100人の身体測定データの解析を考えます．図1は身長のヒストグラムです．中央に1つ峰をもち（単峰性），おおむね左右対称な山形分布が見てとれます．このようなきれいな分布ばかりでなく，片側に偏った分布や，峰が複数ある分布も多く見られます．分布のゆがみの原因は，性質の異なるデータの混合など様々です．例えば，身長データを男女混合すると，峰が2つ現われます．統計的解析手法には，データの単峰性や左右対称性などを前提にしているものが多く，これらを事前に評価せずに，ただ計算を行ってはいけません．

視覚的に全体像をとらえたら，集団の特性を数値的に把握し，操作や伝達の際の客観性を確保します．このときの集団の特性を表す量を統計量と呼びます．重要な基本統計量は

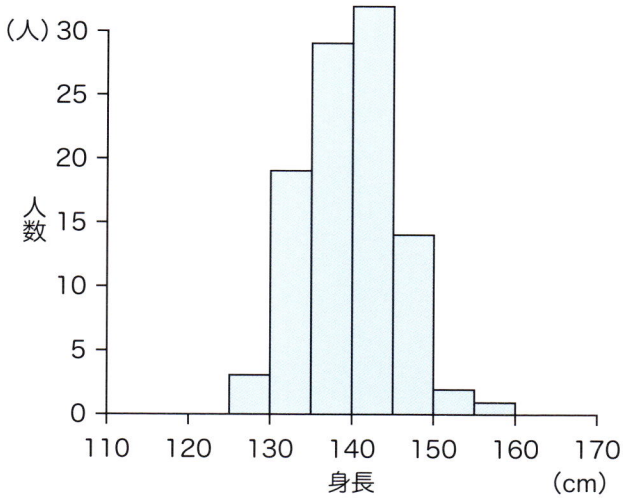

図1 ● 10才男児100人の身長のヒストグラム

平均と分散です．平均は全ての観測値の和を観測数で割ったものであり，集団を代表する値として用いられることが多いです．分散は個々の観測値の平均値からのズレの二乗の平均で，集団のばらつきの尺度です．集団の特性を表す基本統計量は，ほかにもたくさんありますが，平均と分散は数理的に扱いやすい優れた性質を持つため，多くの統計的解析がこの2つに基づいています．

3）2次元のデータと関連性の尺度

統計的調査では，複数の調査項目間で対応のあるデータが得られ，その項目同士の関連性に関心があることがあります．複数の項目間で区別をせずに対等にとらえる見方を相関といい，ある項目が別の項目に左右されるという見方を回帰といいます．

先ほどの10才男児100人の身体測定データについて，図2に身長と体重の散布図および，相関と回帰の概念図を示します．相関は，「身長の高い人は体重も重い，身長の低い人は体重も軽い」という関係性があるかどうかだけを検証します．回帰は，「身長が伸びるとそれによって体重が増える」という方程式モデルを考え，データとモデルの一致性を検証します．

4）集団の特性を推定する

ここで，コインをn回投げて表が出る回数を数え，表が出る確率を推定する実験を考え

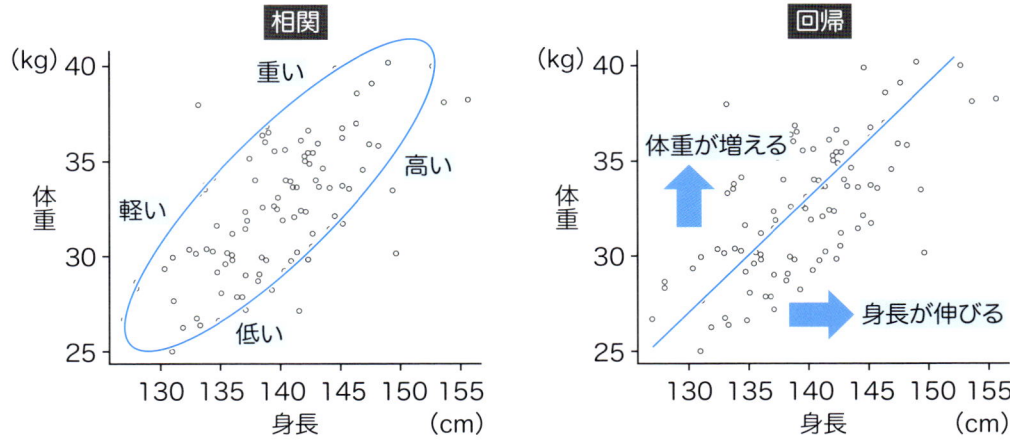

図2 ● 10才男児100人の身長・体重データ，相関と回帰

ましょう．コインに偏りがないとき，理論上の確率は0.5です．実際に表が出た回数を r とすると，表の割合 r/n は，だいたい0.5に近い値になります．真の値0.5ぴったりになることはあまり無いでしょうが，試行回数 n を増やすと0.5に近づくことは経験的にわかります．このように，多数のサンプルを観察すると，その平均値は，真の値の近くに分布します．これを大数の法則と呼びます．つまり，サンプル数が十分大きければ，元の集団の特性を正確に推定できることになり，そこから多くの統計理論が生まれました．

元の集団の特性を定量的に知るために，サンプルから計算された統計量を，推定量といいます．例えば，先ほどの10才男児100人の身長データの平均値は，日本中の10才男児の身長の平均値の推定量です．このように，元の集団の特性値を，ある1つの値で推定する方法を，点推定といいます．推定は一定の誤差を伴うため，推定量の分布にもとづく確率的な評価によって，誤差の大きさを知る必要があります．

一方，ある程度の誤差をはじめから認めるのが区間推定です．区間推定では，元の集団の特性値が，ある区間 $[L, U]$ に入る確率が $1-a$ 以上になるような値 L と U を推定します．ここで，L と U をそれぞれ，下側信頼限界，上側信頼限界とよび，区間 $[L, U]$ を $100(1-a)\%$ 信頼区間と呼びます（参照Q11）．信頼区間の幅は，サンプル数が増えると狭まり，推定の精度が増します．逆に，誤差を一定以下にするのに必要なサンプル数を計算することも可能で，実験や調査の実施前に，必要なサンプル数を検討することが重要です（参照Q23）．

5）集団の特性についての仮説を検証する

　元の集団について，事前に何らかの仮説が想定されることがあります．得られたサンプルデータから，この仮説の真偽を検証することを，検定といいます．例えば，先のコイン投げ実験で，表が出る確率が0.5であると仮定し，実際に観察された割合がr/nであったとき，理論値0.5と実測値r/nのズレは，単なる誤差でしょうか，それとも，本当にこのコインには偏りがあって，表の確率が0.5でないのでしょうか．あるいは，男児の身体測定で，別の地域で得られたサンプルが，異なる平均値を示したとき，そのズレを誤差と見なして，発育の地域差はないと仮定して解析してよいものでしょうか．

　統計的検定は，仮説と観察値の間のズレが誤差である確率を求めることで，このような問いに定量的な評価指標を与える手法です．

参考図書
- 『統計学入門』（東京大学教養学部統計学教室／編），東京大学出版会，1991
  → 統計の基礎的な概念と手法について平易かつ詳細に網羅されている

（中道礼一郎）

1章 最低限知っておきたい知識

 医学生物学研究で使われる検定にはどのようなものがありますか？

 検定は，ある集団の元の集団（母集団）の特性に関する仮説が正しいかどうかを検証する手法です．検証したい仮説によって使い分けますが，基本的なものとしてZ検定，t検定，カイ二乗検定，フィッシャーの正確確率検定などがあります．

1）検定とは？

　ある集団についての実験や調査によってサンプルが得られたとき，そこから元の集団（母集団）の特性を知ることが統計の目的です．なかでも特に，元の集団の特性について，数理的に記述される仮説が想定されるときに，サンプルデータからその仮説の真偽を定量的に検証することを検定と呼び，統計的手法のなかで大きな位置を占めています．

　検定は，まず数理的仮説のもとで，元の集団からのサンプルに基づく統計量がどのような分布を示すか定めます．そして，実際に観察されたサンプルから得られる統計量が，ただの偶然によってその分布から得られる確率を求めます．その確率が十分大きければ，仮説を棄却できず，あり得ないほど小さければ，仮説を棄却します．棄却の基準については，Q03で詳述します．

　検定手法は，想定される仮説に応じて様々なものがあり，研究目的に合わせて適切に選択する必要があります（参照Q22）．

2）平均の検定

　集団の平均値が想定された値からずれていないかを検証する問題です．ある系統のマウスを飼育するとき，これまでの経験から，その体重の平均がμ，分散がσ^2であるとわかっているとします．いま，新たにn個体のマウスを飼育したとき，その体重の平均値は$m\,(\neq \mu)$でした．このとき，新たに飼育したマウスは，これまでと同じ生育条件にあると仮定してよいでしょうか（図1）．

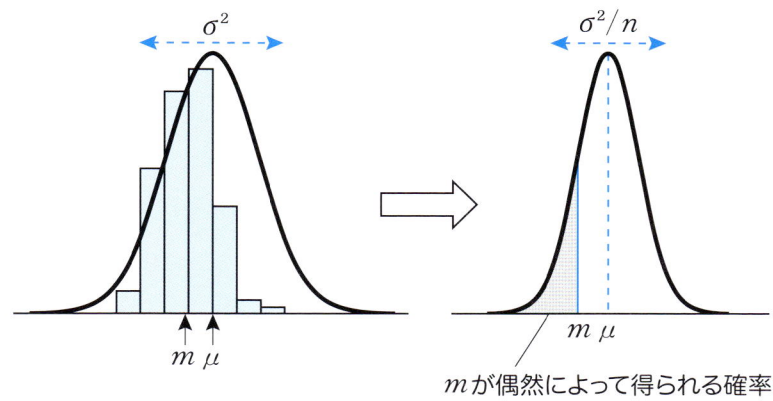

図1 ● 平均の検定（μ vs m）

　このような場合は Z 検定が適用できます．平均 μ，分散 σ^2 の集団から得た n 個体のサンプルの平均値は，平均 μ，分散 σ^2/n の正規分布に従います（参照 Q04）．この分布からただの偶然によって実際の観察値 m が得られる確率が計算できます．この確率が十分大きく，ありふれたものならば，μ と m の差は誤差の範囲内で，マウスの飼育条件が以前と変わったとは言えないと考えられます．逆に，この確率が十分小さく，滅多にないことならば，μ と m の差は誤差では済まされない重大な問題で，以前とは生育条件が変わってしまったと言えます．

　これ以外の検定も，基本的な考え方は同じです．サンプルから計算された統計量が，仮説の元での分布に照らして，ありふれたものかどうかが評価されます．

3）平均の差の検定

　異なる集団が同じ分布を示すかどうかを検証する問題で，医学生物学研究において頻出する検定です．ある疾患の患者に薬剤を投与し，回復の度合いを評価する臨床試験を考えます．回復度合いを測る検査値が，実薬を投与した患者群では平均 m_1，偽薬を投与した患者群では平均 m_2 で，$m_1 > m_2$ であったとき，薬剤の効果はあったと結論してよいでしょうか．このような場合には t 検定が適用できます．t 検定については Q07 で詳述します．

4）分散の違いの検定

　平均が変化したかではなく，ばらつきが変化したかが問題となることもあります．測定機器を使用するとき，機器の性能に由来する測定値のばらつきは大きな問題です．2種類

の測定機器AとBについて同じ検体群で性能評価を行ったとき，測定値の分散がそれぞれσ_a^2とσ_b^2($\sigma_a^2 > \sigma_b^2$)でした．このとき，BはAよりばらつきが少ないと考えてよいでしょうか．このようなときにはF検定が適用できます．

上記の平均の差のt検定は，通常は異なる集団が同じ分散を持つことを前提としており，それが成り立たない場合は，他の検定手法に切り替える必要があります．この判断のための等分散の検証にもF検定は有用です．

5）適合性の検定

仮定された理論上の確率と，観察された度数が適合するかを検証する問題です．遺伝子型がAaである両親から生まれた子供の遺伝子型は，メンデルの法則に従うなら$AA:Aa:aa=1:2:1$の頻度で分離します．しかし，何らかの阻害要因，例えば遺伝子型aaは生存に有害な形質を発現するなどの場合，遺伝子型aaの子供の数は大幅に減少し，分離比は$1:2:1$から大きくずれます．実際に生まれた子供の数がそれぞれn_1, n_2, n_3であったとき，これは$1:2:1$の比からずれていないと言えるでしょうか．それとも，なんらかの阻害要因の存在が窺えるでしょうか．このようなときにはカイ二乗分布を利用した適合度検定が適用できます．

6）独立性の検定

個々のサンプルに複数の属性が観察されているとき，属性同士に関連があるかを検証する問題です．ある疾患の患者に薬剤を投与し，回復が見られたかどうかを評価する臨床試験を考えます．実薬を投与した患者群ではn人中n_1人が回復し，偽薬を投与した患者群ではm人中m_1人が回復しました．$n_1/n > m_1/m$であったとき，薬剤の効果はあったと結論してよいでしょうか．それとも，投薬と回復は独立で，薬剤の効果はあるとは言えないでしょうか．このようなときにもカイ二乗検定が適用できます．だたし，サンプル数が少ない場合は，カイ二乗検定が適合しないことがあります．そのようなときはフィッシャーの正確確率検定が有効です．

参考図書
- 『統計学入門』（東京大学教養学部統計学教室／編），東京大学出版会，1991
  → 第12章「仮説検定」に主要な検定手法がまとめられている
- 『統計学のセンス（医学統計学シリーズ1）』（丹後俊郎／著），朝倉書店，1998
  → 群間比較と検定について，具体的な医学研究事例にもとづき詳述されている

（中道礼一郎）

1章 最低限知っておきたい知識

Question 03 「統計学的に有意」とは何を意味しているのですか？

Answer 「統計学的に有意」とは「仮説」と「実際に観察された結果」との差が誤差では済まされないことを意味します．例えば，投薬による治療効果の検証では，偽薬を投与した人たちと実薬を投与した人たちとの間で症状が改善された人数を比較して，その差が偶然得られる確率を計算します．この確率が十分に低ければ有意であると表現します．有意であるかどうかの基準（有意水準）は目的によって異なり，統計的解析を行う前に設定します．

1）その観察結果は偶然か意味があるか

統計的検定の目的は，ある集団について仮説を設定し，その集団から抽出された標本の観察にもとづいて，その仮説が正しいのか否かを検証することにあります．このとき，理論上の仮説と実際の観察が厳密に一致しないのは言うまでもありませんが，知りたいのは，両者のズレがたんなる偶然による誤差の範囲内なのか，それとも誤差では済まされない，何か意味のあるものか，ということです．後者であると考えられる場合，仮説からのズレは「有意」であるとされます．

2）有意性は標本がズレを示す確率で表される

例えば，投薬による疾病の治療効果の検証を考えます（図1）．実験群の患者には実薬を，対照群の患者には偽薬を投与し，症状の改善が見られたか否かを評価します．実験群と対照群でそれぞれに改善した患者としなかった患者の数を比較したとき，実験群は13人中10人の症状が改善し，対照群では14人中4人しか改善していません．この差は単なる偶然による誤差であるといえるでしょうか？

このような解析においてはカイ二乗検定が用いられます（参照 Q25, Q26）．計算の詳細は省きますが，実験群と対照群の差がない，つまり，投薬の効果はなく，症状の改善と

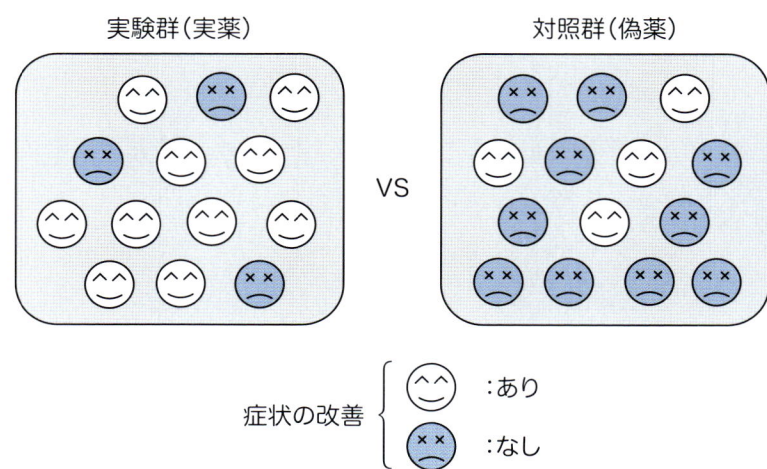

図1 ● 投薬の治療効果の検証

　投薬は独立であるという仮説を考えるとき，理論上のカイ二乗統計量の分布と，観察データをもとに計算されたカイ二乗統計量を比較することで，観察データからの値よりも偏った値が偶然によって得られる確率が0.033と計算されます．

　この確率が小さければ小さいほど，症状の改善と投薬は独立であるという仮説が支持される可能性は低いと解釈されます．この場合，0.033は相当に「まれ」な確率なので，この仮説は誤っていたと判断せざるをえません．これを仮説が「棄却」されたと言います．

3）有意水準とタイプⅠの誤り（第一種の過誤）

　ここで，0.033を「まれ」としましたが，どの程度をもって「まれ」とするかによって有意か否かが変わり得ます．この基準となる確率を有意水準といい，αと表記します．有意水準αをいくつに設定するかは研究の対象や目的によって異なり，事前に設定されなければなりません．先の例では，もし有意水準を$\alpha=0.05$と定めるならば，0.033は「まれ」であり，有意であると判断されますが，もし$\alpha=0.01$と定めるならば，「あってもおかしくない」，有意とは言えない，と判断されます．実用的には，検定結果の表示にあたって，複数の有意水準を用いて有意性に段階を付けることがあり，例えば0.05水準，0.01水準，0.001水準で有意ならば，それぞれ検定結果に「*」「**」「***」などとマークします．

　統計的検定においては，タイプⅠとタイプⅡの2種類の誤りを犯す可能性があります．仮説と観察のズレが単なる誤差であるのに，「誤差ではない意味がある」「有意である」として，仮説を棄却してしまうのがタイプⅠの誤り（第一種の過誤，または偽陽性とも言います）です．逆に，仮説が正しくないのに仮説を棄却しないのがタイプⅡの誤り（第二種

の過誤，または偽陰性とも言います）です．

　先の例の，観察データからの値よりも偏った値が偶然によって得られる確率0.033は，このタイプⅠの誤りの確率であり，有意水準はタイプⅠの誤りを一定以下に抑えるための基準であるといえます．よって，統計的に有意であるからといって，絶対に誤差ではないと断定できるわけではなく，例えば有意水準$\alpha=0.05$で有意という場合には，偶然に過ぎないのに，誤って意味があると判断している可能性が5％あります．逆に，統計的に有意でない場合にも，絶対に誤差だと断定できるわけではなく，あくまで偶然に起こってもおかしくないという，弱い判断になります．

　統計的検定は論理学の背理法に相当し，仮説と観察のずれが有意であることをもって仮説を否定することを目的とするため，仮説が棄却された（有意である）場合と棄却されない（有意でない）場合では判断の強さが異なります．ある仮説が棄却された場合は反対の仮説（参照 Q06）が採択されますが，棄却されなかった場合は，それが何かの証明になるわけではなく，単に観察と仮説がとくに矛盾しないことが言えるだけで，その仮説が採択されるわけではありません．

4）多重比較とタイプⅠの誤りの増加

　複数の検定を繰り返して，全体で有意性の判断を行うとき，タイプⅠの誤りの確率が増加するという問題があります．これが多重比較の問題です．（参照 Q27）先の投薬実験の例では，実験群と対照群の比較を1回しか行っていませんが，複数の薬剤について検証を行うとしたらどうでしょう（図2）．この場合，実験群1と対照群，実験群2と対照群，実験群3と対照群…というように，単に10回の検定を行うだけでよいでしょうか？

　個々の検定で有意水準を5％に設定し，その検定で偶然に有意差が出る確率を5％以下に抑えても，10回の検定全体で，どれか1つに偶然に有意差が出る確率は5％よりかなり大きくなります．

　多重比較の問題への対処には，複数の比較をまとめて1つの解析と見なして，全体でのタイプⅠの誤りを一定以下に抑える方法が考えられます．例えばボンフェローニの補正法では，L回の比較を行うとき，全体の有意水準をαにしたいならば，個々の検定の有意水準をα/Lに設定します．これにより，L回の比較のうち，どれか1つでもタイプⅠの誤りを犯す確率をα以下に抑えられますが，一方で，これでは基準が厳しすぎ，検定結果が保守的になりすぎるきらいがあります．

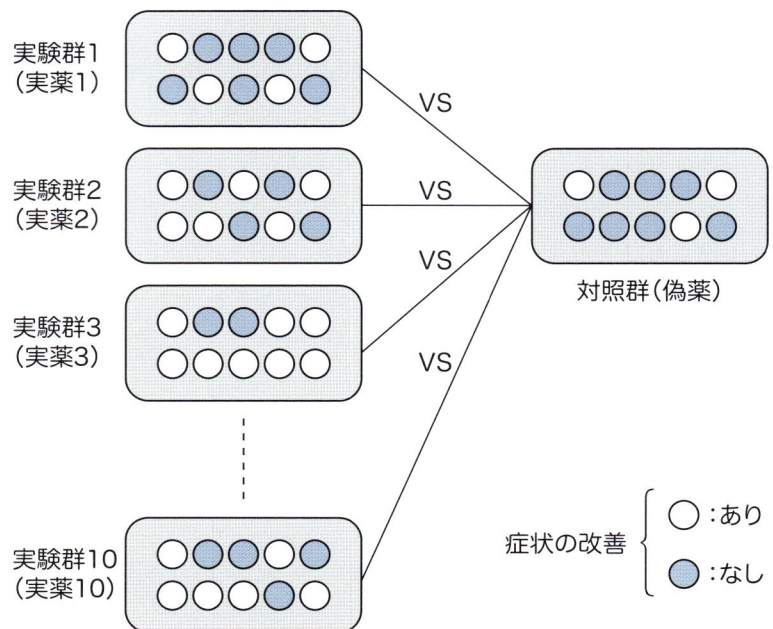

図2 ● 10種類の投薬の治療効果の検証(多重比較)

参考図書
・『統計学入門』(東京大学教養学部統計学教室/編),東京大学出版会,1991
　→ 第12章「仮説検定」に検定の基礎的概念が解説されている
・『統計的多重比較法の基礎』(永田　靖,吉田道弘/著),サイエンティスト社,1997
　→ 多重比較について詳述されている

(中道礼一郎)

1章 最低限知っておきたい知識

Q04 正規分布とはどのような分布でしょうか？ 正規分布の区間推定についても教えてください．また，そのほかの分布もあるのですか？

A 無作為に抽出されたサンプルの平均値は，頂点が1つで左右対称の釣り鐘型の分布を取ります．この分布が正規分布です．自然現象のなかには，平均値だけでなく元の集団そのものがこの分布に従う例が数多く知られています．また標準正規分布に変換することで，求めたい確率を簡単に得ることができます．そのほかの分布の代表的なものとしては，二項分布，ポアソン分布，幾何分布，指数分布などが知られています．

1）多くの観察を重ねると

　ある集団から独立かつ無作為に抽出された多数のサンプルを観察すると，大数の法則により，その平均値は真の値の近くに分布します．このときの分布の形は，頂点が1つ，左右対称，中心から離れるにつれ頻度が急速に減少する，釣り鐘型の分布となります．元の集団の分布がいかなる形であっても，抽出されたサンプルの平均値の分布は，サンプル数が十分多ければ，この釣り鐘型分布に近づきます．これを中心極限定理といい，このときに現れる釣り鐘型分布を正規分布と呼びます．平均 μ，分散 σ^2 の正規分布を $N(\mu, \sigma^2)$ と表記します（図1）．

　元の集団が，平均 μ_0，分散 σ_0^2 の分布をとるとき，ここから抽出された n 個のサンプルの平均値の分布は，平均 μ_0，分散 σ_0^2/n の正規分布になります．このことは，サンプル数 n が増えると，サンプルの平均値の分散が小さくなり，もとの集団の特性をより正確に推定できる，という大数の法則を示しています．

2）標準正規分布とデータの標準化

　平均0，分散1の正規分布 $N(0, 1)$ をとくに標準正規分布と呼びます．ある確率変数 X

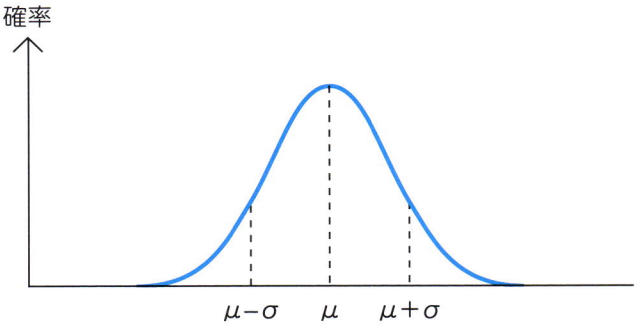

図1 ● 正規分布 $N(\mu, \sigma^2)$

が正規分布 $N(\mu, \sigma^2)$ に従うとき，その線形変換

$$Z=(X-\mu)/\sigma$$

は，標準正規分布に従います．この線形変換を標準化と呼びます．標準正規分布の変量に応じた確率は，一覧表として多くの統計書に与えられていますので，正規分布に従う事象について Z 値を計算し，標準正規分布表（付録❹）に照らすことで，コンピューターを使わずともその事象の確率を求めることができます．

3) 正規分布の適用範囲

　自然現象のなかには，サンプルの平均だけでなく，そのものが正規分布に従う例も，数多く知られています．代表的なものは測定誤差の分布です．そのため，測定が行われる限り必ず正規分布がかかわります．また，生物形質の測定値は，正規分布に従う，あるいは，正規分布で近似できるものが多く見られます．例えば，ヒトの身長や体重などです．

　そのため，調べたい事柄についてよくわからないとき，とりあえず正規分布を仮定することが多くあります．ただし，厳密には正規分布に従わない事象も数多く見られることから，本当に正規分布で近似してよいか，事前に検証する必要があります．検証には，サンプルのヒストグラムを見る，尖度と歪度をチェックする，コルモゴロフ・スミルノフ検定を行う，などが一般的です．

4) 正規分布にもとづく区間推定

　確率変数 X が正規分布 $N(\mu, \sigma^2)$ に従うとき，X の値は，
・$\mu \pm \sigma$ の範囲に 68.26% の確率で

- $\mu \pm 2\sigma$ の範囲に 95.44% の確率で
- $\mu \pm 3\sigma$ の範囲に 99.74% の確率で

含まれます．また，

- 95% の確率で $\mu \pm 1.96\sigma$ の範囲に
- 99% の確率で $\mu \pm 2.58\sigma$ の範囲に

含まれます．これらの目安は，正規分布にもとづいた区間推定の信頼限界の算出や，リスクの評価などに有用です．

　ここでは，ある飼育条件下でのマウスの生育の見積りを考えます．十分な数のサンプル n 個体のマウスについて体重の測定を行うと，平均値が m となりました．これが，この条件下で飼育されたマウスの体重の推定値です．では，この推定はどの程度信頼できるでしょうか．

　前述したように体重のような生物形質の測定値は，おおむね正規分布に従うと考えられます．この飼育条件下のマウスの体重も正規分布 $N(\mu, \sigma^2)$ に従うとすると，n 個体のサンプルの体重の平均値は正規分布 $N(\mu, \sigma^2/n)$ に従います．サンプルから計算された不偏分散を s^2 としたとき，サンプル数が十分多ければ（実用的には $n>30$），上記の目安を用いると，この飼育条件下のマウスの体重 μ の区間推定は，95% 信頼限界が $m \pm 1.96 s/\sqrt{n}$，99% 信頼限界が $m \pm 2.58 s/\sqrt{n}$，などと推定できます．サンプル数 n が増えると信頼区間の範囲は狭まり，推定の精度が増します．

5）正規分布以外の代表的な分布

5-1）二項分布

　コイン投げやサイコロのように，1回試行すると，あるできごとが確率 p で起き，確率 $1-p$ で起きないとします（図2）．この試行を n 回行ったとき，できごとが起こった回数の合計値の分布です．ある疾患の治療の効果があったかなかったか，などの評価に用いられます．二項分布は確率 p と試行回数 n によって様々な形をとります．また一般に n が増えると正規分布に近づきます．

5-2）ポアソン分布

　二項分布の確率 p が極めて小さく，試行回数 n が極めて大きいときの，できごとが起こった回数の分布です．事故の発生件数や，遺伝子の突然変異の発生数などの評価に用いられます．ポアソン分布の形は二項分布によく似ており，期待値 λ（$=n \times p$）によって様々な形をとります．

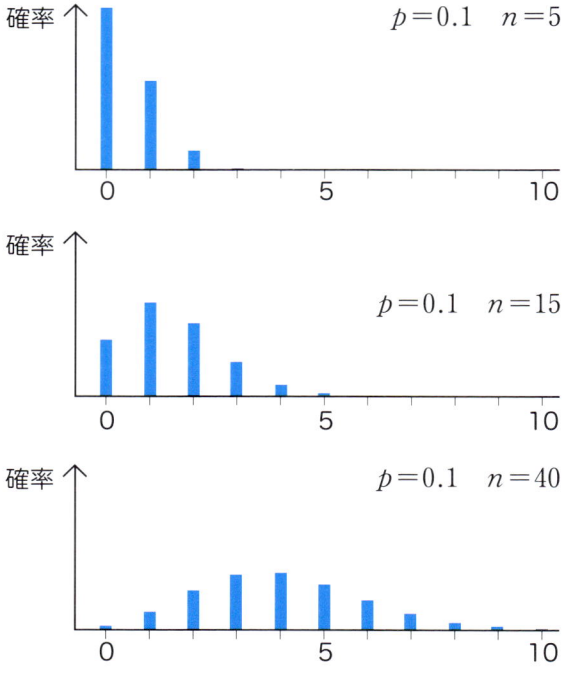

図2 ● 様々な二項分布

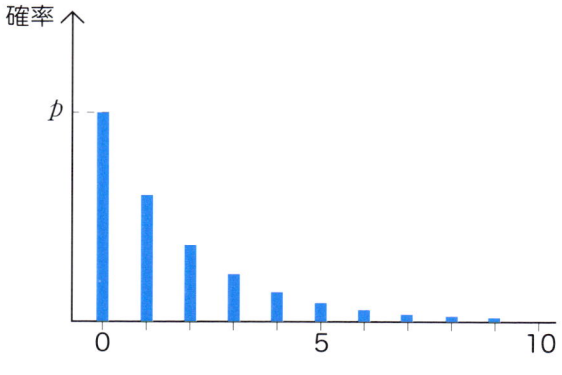

図3 ● 幾何分布

5-3）幾何分布

　　あるできごとが，1回の試行で起きる確率 p とします．このできごとが実際に起きるまで試行を繰り返すとき，そのできごとが最初に起きるまでの試行回数の分布です（図3）．離散的な待ち時間分布といえます．接触感染する疾患の感染までの所要回数などの評価に用いられます．

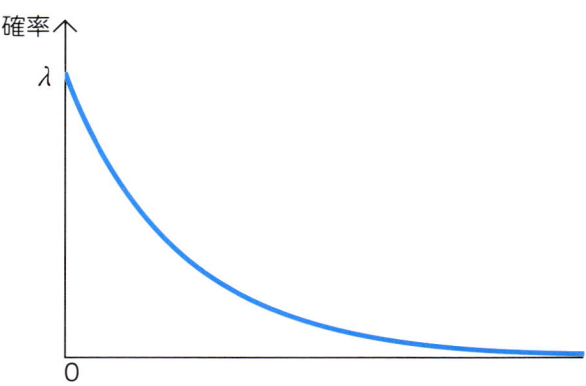

図4 ● 指数分布

5-4）指数分布

　単位時間あたり λ 回の頻度で起きるできごとがあるとき，それが起きる時間の間隔の分布です（図4）．連続的な待ち時間分布と言えます．疾患を発症してから死亡するまでの生存期間の評価などに用いられます．

参考図書
- 『統計学入門』（東京大学教養学部統計学教室／編），東京大学出版会，1991
  - → 第6章「確率分布」に主要な確率分布のまとめと詳細な解説がある
  - → 第11章「推定」に正規分布の区間推定が詳述されている
- 『生物統計学入門』（山田作太郎，北田修一／著），成山堂書店，2004
  - → 第3章「いろいろな確率分布」に主要な確率分布のまとめと詳細な解説がある
  - → 第4章「推定」に正規分布の区間推定が詳述されている

（中道礼一郎）

1章 最低限知っておきたい知識

Question 05 母集団と標本について詳しく教えてください

Answer 研究の対象とし，情報を得たいと考えている対象の集合全体を母集団と呼びます．日本人について研究したいときは全ての日本人が母集団です．種類としては無限母集団と有限母集団があります．有限であっても母集団全てに対して調査を行うことは困難なため，標本を抽出して母集団の形を推定します．その際には標本誤差が大きくならないように注意する必要があります．

1）母集団と標本

　研究の対象とし，そこから知識や情報を得たいと考えている対象の集合全体を，母集団と呼びます（図1）．例えば，日本人の肥満率を知りたいときには，全ての日本人が母集団です．多くの場合，母集団の全てに対して調査を行うことは現実的に困難です．そのため，母集団の一部を標本として抽出し，そこから母集団の姿を推定します．

　母集団は，有限母集団と無限母集団に分類されます．正確な数が不明であっても有限であることが明らかな母集団，例えば，「ある時点の日本人全体」は有限母集団です．一方，同種の実験を繰り返すような場合，例えば，「ある薬剤で治療を受けた患者」は，将来に渡る全ての患者を考える必要があるため，無限母集団となります．標本から母集団を推定するとき，無限母集団のほうが有限母集団よりもはるかに計算が容易です．有限母集団であっても十分に大きな集団ならば，無限母集団であると近似しても誤差はわずかです．

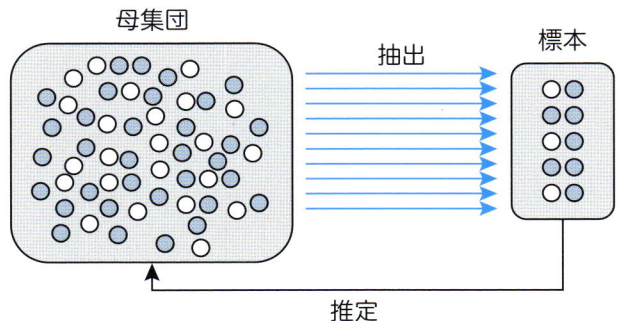

図1　母集団と標本

2）適切に標本を抽出するには

2-1）無作為抽出

標本は母集団のほんの一部分に過ぎないため，標本から母集団の姿を推定する際には不確実性が伴います．この不確実性を制御することは，統計の主要な目的の１つです．推定が正確に行われるためには，標本は母集団を代表している必要があります．母集団中のどの個体が代表として選ばれるにふさわしいかについて，人間の主観的な判断が入り込むと，統計的な扱いが困難となります．そのため，標本の抽出には，無作為抽出法を行う必要があります．無作為抽出法によって母集団からある個体を選ぶとき，母集団に属する全ての個体にとって選ばれる確率が等しくなります．また，それぞれの個体は独立に抽出されます．このような標本を確率標本といいます．

2-2）多段抽出法

日本人全体を母集団とするような大規模な研究では，単純に無作為抽出するだけでも作業量が膨大になります．そこで，母集団内の小集団を無作為抽出し，その小集団内で個体を無作為抽出する多段抽出法があります．例えば，まず，都道府県を抽出し，市区町村を抽出し，そのなかで個人を無作為抽出します．作業量は大幅に軽減されますが，抽出された小集団に偏りがあった場合，全体での単純な無作為抽出に比べて精度が落ちる欠点があります．

2-3）層別抽出法

母集団内に性質が大きく異なる小集団（＝層）があり，その小集団同士に重なりがないとき，単純に無作為抽出を行うと，母集団の構成が標本に反映されないことがあります．このとき，小集団ごとに別に標本を抽出する層別抽出法が有効です．例えば，年齢によって罹患率が大きく異なる疾病の調査を行う場合，母集団を年代別に分け，それぞれの小集団内で個人を無作為抽出します．これにより，小集団内の分散を小さくし，小集団間の分散を大きくすることで，推定の誤差を小さくするメリットがありますが，母集団内の構成に関する正確な情報にもとづく層別でなければ，偏りを生じます．

3）母集団の推定と標本誤差

母集団の全体像をそのままとらえるのは困難であることから，母集団が少数のパラメータによって規定される分布をとると仮定し，標本からそのパラメータを推定します．このとき，母集団の分布を規定するパラメータを母数と言います．例えば，母集団の分布に正規分布を仮定すれば，その分布は平均と分散によって規定されます．

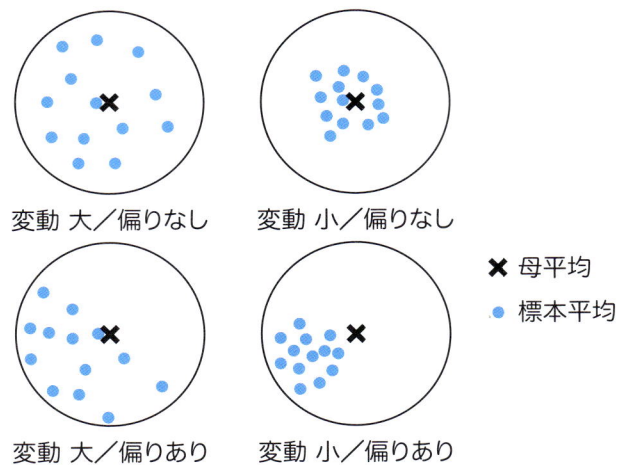

図2 ● 標本誤差と偏り
標本平均を求めるための標本数が多いほど，変動は小さくなります

　標本から母数推定によって，母集団を知ろうと試みるとき，全数調査では生じえない，標本抽出の過程に由来する誤差が生じます．これを標本誤差といいます．いま母集団に平均 μ，分散 σ^2 の正規分布を仮定し，n 個の確率標本を抽出したとき，母平均 μ は標本平均 $\overline{X}$ によって推定されます．標本は調査のたびに異なる個体が選ばれるため，標本平均 $\overline{X}$ は毎回変わります．標本抽出が適切であれば，標本平均 $\overline{X}$ は，平均 μ，分散 σ^2/n の正規分布に従うことが知られています．よって，n を大きくとれば変動が小さくなり，標本平均 $\overline{X}$ は母平均 μ の周辺の狭い範囲に存在するようになります（図2）．

　一方で，標本抽出の方法が適切でない場合，標本平均 $\overline{X}$ の平均が母平均 μ からずれてしまいます．このとき，いくら標本数 n を増やしても，標本平均 $\overline{X}$ は母平均 μ と異なる偏った値の周辺の狭い範囲に存在するようになります．これを偏りといいます．

　これらのような標本抽出に起因するものを除いたすべての成因により生ずる誤差を，非標本誤差といいます．非標本誤差の原因はさまざまで，全数調査においても生じ得ます．標本誤差はその大きさを統計的に評価可能であるのに対し，非標本調査では困難です．また，標本誤差は標本数を増やすと減少するのに対し，非標本誤差は，調査が大規模になるとその発生源も増えるため，標本数の増加とともに増大します．

参考図書
・『生物統計学入門』（山田作太郎，北田修一／著），成山堂書店，2004
　→ 第8章「サンプリング」に様々な目的別のサンプリング手法が詳述されている
・『統計学入門』（東京大学教養学部統計学教室／編），東京大学出版会，1991
　→ 第9章「標本分布」に有限母集団の扱いについて解説されている

（中道礼一郎）

1章 最低限知っておきたい知識

Q06 帰無仮説と対立仮説とはなんですか？なぜ仮説を立てる必要があるのですか？

Answer 帰無仮説は「無に帰すことが期待される仮説」です．対立仮説とは検証したい仮説で「帰無仮説と対立する仮説」です．投薬実験では「薬剤に効果がない」が帰無仮説で，「効果がある」が対立仮説です．統計解析では，帰無仮説が棄却されることで対立仮説が採択されるという考え方を取るため，仮説を立てることが必要です．仮説の棄却・採択に際しては，タイプⅠとタイプⅡの誤りを一定以下に制御する必要があります．

1) その観察結果は偶然か意味があるか，あるならどんな意味か

これまでのQで述べてきたように，統計的検定の目的は，母集団について仮説を設定し，母集団から抽出された標本の観察にもとづいて，その仮説が正しいのか否かを検証することにあります．Q03では，投薬による疾病の治療効果の検証を考えました．「実験群と対照群に差はない，投薬の効果はない，症状の改善と投薬は独立である」という仮説を立てたとき，この仮説のもとで観察結果が偶然によって得られる確率は0.033であり，有意水準 $\alpha=0.05$ でこの仮説は棄却されました．

「投薬の効果はない」という仮説が棄却されたことで判断が終わるという考え方もありますが，もう少し積極的判断をしたいならば，あらかじめもう1つの仮説，例えば「実験群では対照群より症状の改善した患者が多い，投薬の効果はある」という仮説を立てておき，「効果はない」という仮説が棄却されたことで，「効果はある」という仮説が採択されたと考えることができます．

2) 無に帰すことが期待される仮説

研究者が投薬による治療効果を定量的に評価したいとき，本当は「効果がある」という仮説の検証をしたいと考えています．しかし，「効果がある」という仮説のもとでの母集団の分布をどのように設定したらよいでしょうか？ 投薬の有無による違いをどれぐらいの大

33

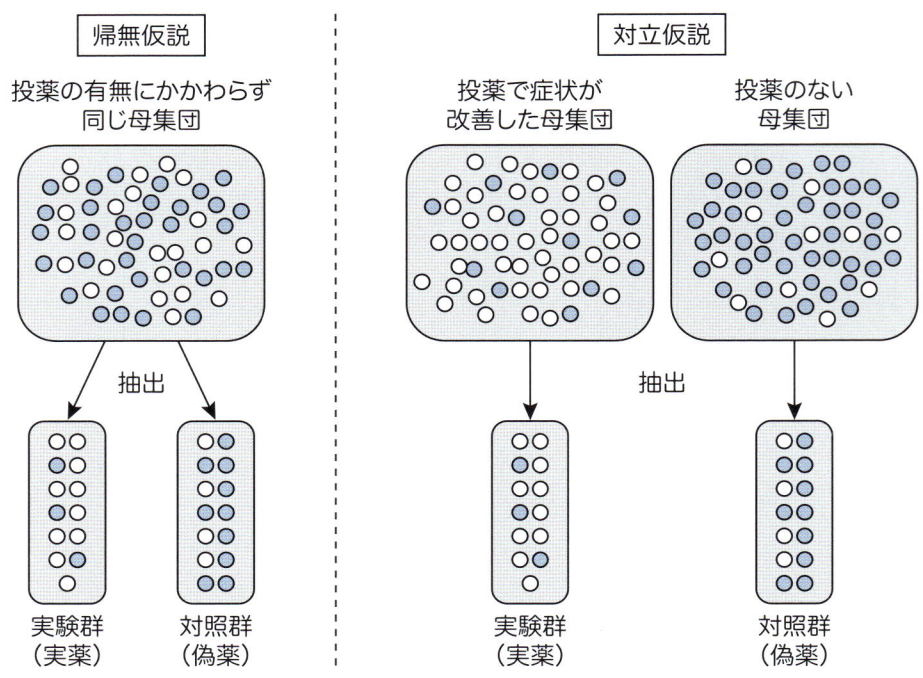

図1 ● 帰無仮説と対立仮説

きさに設定すれば，それが「効果がある」という仮説になるかは，明瞭ではありません．一方で，「効果がない」という仮説のもとでの母集団の分布は明瞭です．投薬の有無による違いを0と設定すればよいのです．

このように，検証したいことと反対の仮説の方が，定量的評価が容易です．これを「無に帰すことが期待される仮説」すなわち帰無仮説と呼びます．これに対し，検証したいことを「帰無仮説と対立する仮説」として設定し，対立仮説と呼びます．帰無仮説と対立仮説は，それぞれ H_0，H_1 と表記します．帰無仮説 H_0 と対立仮説 H_1 は互いに否定の関係にあり，帰無仮説 H_0 が棄却されれば，対立仮説 H_1 が採択できるように，適切に設定します（図1）．

投薬実験の例では，さらに第3の可能性として，「実験群では対照群より症状の改善した患者が少ない，投薬の効果はマイナス」という仮説も一応は考えられますが，通常は現実的でないことから，帰無仮説 H_0 の棄却は対立仮説 H_1 の採択を意味します．

3）統計的誤りと検出力

Q03でタイプⅠとタイプⅡの誤りについて述べましたが，これを帰無仮説・対立仮説の

表1 ● 帰無仮説 H_0・対立仮説 H_1 と統計的誤り

		事実	
		H_0 が正しい	H_1 が正しい
決定	H_0 を採択	正解	タイプⅡの誤り
	H_1 を採択	タイプⅠの誤り	正解

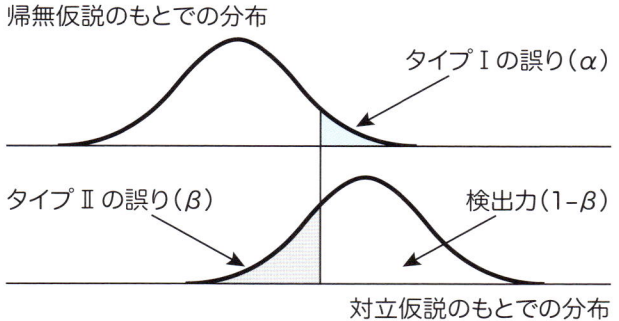

図2 ● 帰無仮説・対立仮説と統計的誤り

概念を用いて説明すると，タイプⅠの誤りは帰無仮説 H_0 が正しいときにこれを棄却する誤りで，タイプⅡの誤りは帰無仮説 H_0 が間違っているのにこれを棄却しない誤りです（表1）．タイプⅠの誤りの確率は，帰無仮説 H_0 が正しいとしたときの分布から求められ，有意水準 α に等しくなります．同様に，タイプⅡの誤りの確率は，対立仮説 H_1 が正しいとしたときの確率から求められます．

検出力は，帰無仮説 H_0 と観察のズレが本当に誤差ではなく意味のあるものであるときに，帰無仮説 H_0 を棄却し，対立仮説 H_1 を採択する確率です．検出力は，統計的検定の有意差の出やすさの指標だといえます．タイプⅡの誤りは，対立仮説 H_1 が正しいにもかかわらず対立仮説 H_1 を採択せず，帰無仮説 H_0 を棄却しないことなので，タイプⅡの誤りの確率を β とおくと，

$$検出力 = 1 - \beta$$

となります（図2）．

一般に，タイプⅠの誤りとタイプⅡの誤りはトレードオフの関係にあります．タイプⅠの誤りの確率 α（有意水準 α）を小さくとると，タイプⅡの誤りの確率 β は大きくなり，検出力が下がります．帰無仮説 H_0 が間違っているとき，正しい対立仮説 H_1 のもとでの分布が，帰無仮説 H_0 のもとでの分布から大きく離れているほど，検出力は上がります．

4)検出力と標本数

　大数の法則により,標本数が増えるほど母数のより正確な情報が得られるため,対立仮説 H_1 が正しいときに帰無仮説 H_0 が棄却されやすくなります.つまり検出力は標本数を増やすと上がります.よって,帰無仮説 H_0 を棄却できないからといって,必ずしも帰無仮説として記述された内容が正しいとは限りません.帰無仮説 H_0 を棄却できない理由として,真に対立仮説 H_1 が間違っている可能性と,対立仮説 H_1 は正しいが標本数が不十分で帰無仮説 H_0 が棄却に至らなかった可能性があるからです.

　実際の解析においては,あらかじめ α を設定し,その上で β が十分小さくなるために必要な標本数を算出してから,実験にとりかかるのがよいとされています.

参考図書
- 『統計学入門』(東京大学教養学部統計学教室/編),東京大学出版会,1991
    → 第12章「仮説検定」に検定の基礎として仮説の概念が解説されている
- 『自然科学の統計学』(東京大学教養学部統計学教室/編),東京大学出版会,1992
    → 第6章「検定と標本の大きさ」に検出力とサンプル数の問題が詳述されている

〈中道礼一郎〉

基本編 Q&A

1章 最低限知っておきたい知識

Question 07　t検定はどのようなときに使うものですか？また関連する方法があれば教えてください

Answer　t検定は，2群の平均値に差があるかないかを比べるときに，「2群の母集団が同一である」という帰無仮説のもとで使用します．独立な2群，対応のある2群の両方に使えますが，使用するための条件として，母集団の正規性と，調べたい2群の等分散性に注意する必要があります．なお，t検定が使えない場合は正規性を必要としない，ノンパラメトリック検定（マン・ホイットニーのU検定，ウィルコクソンの符号順位検定）などが使用できます．

1）平均値の違いを調べたい

　医学生物学分野において，もっとも頻繁に登場する統計的検定の問題は，恐らく集団の平均値の変動についての知見を得ることではないでしょうか．例えば，疾患の指標となる検査値が，投薬のある患者で，ない患者より改善したか，あるいは同じ患者で投薬の前後で改善したか，などを定量的に評価したいとき，t検定とその関連手法が有力な道具となります．

2) 対応のある2群の検定（1群の検定）

　t検定の適用例を紹介しましょう．ここでは，高血圧の患者に薬剤を投与して，血圧を下げる効果があったかを検証する実験を考えます．それぞれの患者に対して，投薬の前と後で血圧を測定したところ，投薬前には平均160.9mmHgであったのが，投薬後には151.4mmHgとなったとします（表1）．この投薬前と投薬後の差9.5mmHgの低下は，誤差でしょうか，意味があるでしょうか．

　帰無仮説を「投薬の効果はない」と設定し，帰無仮説のもとでの投薬前と投薬後の差の分布を定義し，9.5mmHgという差が，その分布から逸脱しているか否かを検定します．

　血圧のような生物形質は，一般に正規分布をとると考えられています．よって投薬前と

表1 ● 投薬の治療効果の検証（対応2群）

患者	投薬前	投薬後	差
a	151.1	130.4	－20.7
b	162.6	145.1	－17.5
c	177.4	156.2	－21.2
d	152.1	144.7	－7.4
e	159.4	167.9	8.5
f	157.2	153.1	－4.1
g	158.5	162.3	3.8
h	168.8	151.5	－17.3
平均	160.9	151.4	－9.5

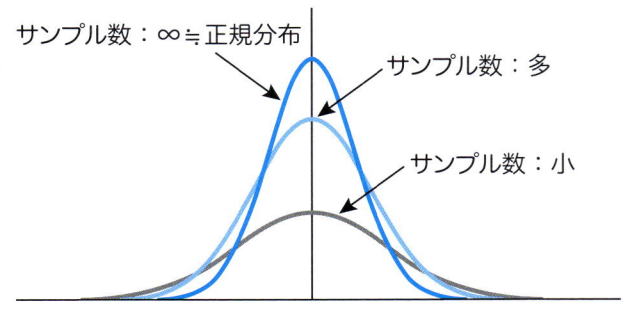

図1 ● t 分布とサンプル数

投薬後の血圧も，それぞれ母集団は正規分布をとると仮定できます．ここで，帰無仮説は「投薬の効果はない」つまり「両群の母集団の平均（母平均）が等しい」という仮説で，対立仮説は「投薬の効果はある」つまり「投薬後の母平均は投薬前の母平均より低い」という仮説です．帰無仮説のもとで両群の差の平均は，平均が0の正規分布に従うと考えられます．

この正規分布の母分散がわかれば，両群の標本平均の差から正規分布に基づく検定統計量を計算し，検定を行うことができますが，通常はこの母分散を知ることはできません．そこで，標本分散を用いてこれを代用します．この，代用品の統計量を t 値と呼び，帰無仮説のもとでのその分布を t 分布と呼びます．t 分布は正規分布によく似た左右対称の分布で，標本のサンプル数が十分大きければ正規分布の近似が得られますが，少ないと正規分布との違いが大きくなります（図1）．そして，t 値を t 分布に照らして，帰無仮説からの逸脱を検定するのが t 検定です．（参照 Case01）

計算の詳細は省きますが，この例では t 値は－2.34となり，サンプル数に応じた t 分布に照らすと，この値が偶然に生じる確率は0.026となります．よって，有意水準5％で帰無仮説は棄却され，投薬の効果は有意に認められます．ただし，ここではプラセボ効果を無視しています．

対応のある2群の場合は，個々の患者に対して血圧の差を計算して検定を行うことから，実質的に「投薬前」と「投薬後」という2群ではなく，「前後の差」という1群での検定であるとも言えます．

3) 独立な2群の検定

もう1つ t 検定の適用例を紹介しましょう．再び，高血圧の患者に薬剤を投与して，血

表2 ● 投薬の治療効果の検証（独立2群）

実験群（実薬）		対照群（偽薬）	
患者	前後の差	患者	前後の差
A	－19.5	I	5.5
B	－21.2	J	－4.1
C	－13.4	K	4.8
D	3.3	L	－8.1
E	－4.9	M	－3.7
F	－7.3	O	－10.2
G	－18.2	P	－2.3
H	5.6		
平均	－9.5	平均	－2.6

圧を下げる効果があったかを検証する実験を考えます．前述の例では，同じ1群の患者で薬剤を投与して経過を見ましたが，実際にはプラセボ効果を考慮して，偽薬との比較を行うのが一般的でしょう．ここでは，実験群の患者には実薬を，対照群の患者には偽薬を投与し，投薬の前後で血圧の変化を測定したとします（表2）．実験群と対照群は独立で，人数も同じであるとは限りません．このとき群内での血圧変化の平均値が，実験群では9.5mmHg低下，対照群では2.6mmHg低下となりました．実験群と対照群の差6.9mmHgは誤差でしょうか，意味があるでしょうか．

前述の例と同様に，帰無仮説を「投薬の効果はない」と設定すれば，帰無仮説のもとで，実験群と対照群の平均の差は，平均が0の正規分布に従うと考えられます．そして，母分散を標本分散で代用して両群の標本平均から t 値を計算し，t 検定を行います．こちらの例では t 値は－1.55となり，サンプル数に応じた t 分布に照らすと，この値が偶然に生じる確率は0.073となります．よって，有意水準5％で帰無仮説は棄却されず，投薬の効果は認められません．プラセボ効果を考慮すると，誤差の範囲内であったと言えます．

4) t 検定を適用できる条件

t 検定を適用するには，母集団が前提となる条件を満たしている必要があります．まず，すでに述べたように，母集団が正規分布をとる必要があります．また，独立な2群の検定の場合は，両群の分散が等しい必要があります．t 検定を適用する前に，母集団がこれらの条件を満たしているかを，事前に調べなくてはなりません．正規性の検定には，コルモゴロフ・スミルノフ検定が用いられます．独立2群の等分散の検定には，F 検定が用いられます．

母集団が正規分布から逸脱していた場合でも，中心極限定理により，サンプル数が増えると標本平均の分布は正規分布に近づきます．また，t 分布もサンプル数が増えると正規分布に近づくことから，ある程度サンプル数が大きければ，計算上は t 検定を用いても結果は大差なくなります．実用的にはサンプル数 $n>30$ なら t 分布で近似してよいと言われています．また，独立２群が等分散から逸脱していた場合には，ウェルチの t 検定という，近似法が利用できます．

5）t 検定を適用できないときには

　母集団の正規性などの条件が満たされず，さらにサンプル数も少ない場合，t 検定での近似も困難になります．このようなときにはノンパラメトリック検定が有効です．独立２群の検定の場合はマン・ホイットニーの U 検定が，対応２群の場合はウィルコクソンの符号順位検定が利用可能です．ともに，計測値そのものでなく，その大小関係による順位を用いる検定法で，t 検定が集団の差異を平均値の違いで評価するのに対し，ノンパラメトリック検定では中央値（データを大小順に並べた場合に中央に位置するサンプルの値）の違いで評価する点が異なります．

　一般に t 検定のようなパラメトリックな検定手法は適用のための制約が多く，ノンパラメトリック検定は汎用性があります．しかし，パラメトリック検定が適用可能な事例にノンパラメトリック検定を適用すると，多くの場合，検出力が低下します．

参考図書
- 『統計学入門』（東京大学教養学部統計学教室／編），東京大学出版会，1991
  → 第12章「仮説検定」に t 検定とウェルチの近似法が詳述されている
- 『生物統計学入門』（山田作太郎，北田修一／著），成山堂書店，2004
  → 第9章「ノンパラメトリック検定」に正規性検定とノンパラメトリック検定が詳述されている

（中道礼一郎）

1章 最低限知っておきたい知識

Question 08 片側検定,両側検定とは何ですか? どのように違いますか?

Answer 1つの帰無仮説に対して2つの対立仮説が考えられることがあります.例えば,投薬実験において,「効果がない」に対して「プラスの効果がある」「マイナスの効果がある」という具合です.片側検定は1つの対立仮説を考慮すれば問題ない場合に,両側検定は2つを考慮したほうがよい場合に用いられます.一方だけに限れば片側検定のほうが結果が有意になりやすくなりますが,どちらの検定を採用するかは研究目的に応じて事前に決められなければなりません.

1) 対立仮説と研究者の関心

　これまでのQの統計的検定の説明で,具体例として,投薬による治療効果の検証の話題をいくつか取り上げました.実験群と対照群を比較し,帰無仮説を「投薬の効果はない」と設定して検定し,それを棄却することで,本来の研究者の関心である対立仮説「投薬によって症状が改善する」を採択する,というのが一般的な手順でした(参照 Q06, Q07).さて,これまでの説明では曖昧にしてきましたが,帰無仮説「投薬の効果はない」が棄却されたとき,それは本当に,対立仮説「投薬によって症状が改善する」が採択されることを意味するでしょうか?

　実際には第3の可能性として,「実験群では対照群より症状の改善した患者が少ない,投薬の効果はマイナス」ということもありえます.患者から被験者を募って臨床試験を行う段階まで研究が進んだ薬剤では,通常は「投薬の効果はマイナス」という可能性はあまり現実的ではないため,ここまでの説明では省いてきましたが,研究の性格によっては,そのような可能性が研究者の関心となることもあります.

2) 非劣性試験と同等性試験

　ここでは,ジェネリック薬の効能評価の問題を考えましょう.ジェネリック薬は,先発の標準薬と同じ薬効成分を含みますが,薬効成分以外の成分が異なったりするため,効き

A) 片側検定の棄却域　　　　　　　B) 両側検定の棄却域

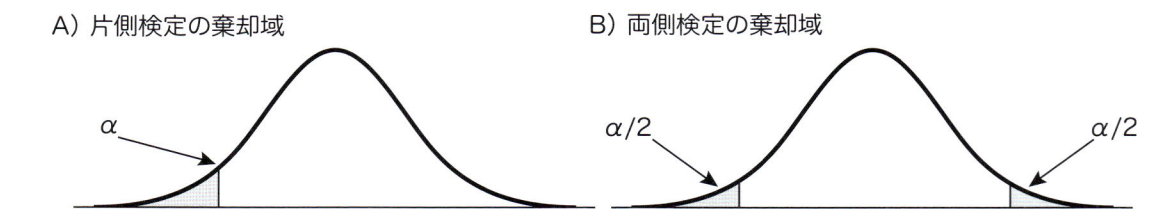

図1　片側検定と両側検定の棄却域

目が違ってくることがあります．そのため，ジェネリック薬を当局に申請する際には，標準薬と同じ効能を持つことを証明するデータが必要とされます．

いま，実験群の患者にはジェネリック薬を，対照群の患者には標準薬を投与し，症状の改善を比較したとします．このとき，両者の違いを検定するにあたって，2種類の考え方があります．1つは，非劣性試験，つまりジェネリック薬が標準薬より「劣る」かどうかの検定で，もう1つは同等性試験，つまりジェネリック薬が標準薬と「違う」かどうかの検定です．投薬による症状の改善の指標値を測定したとき，対照群の母平均を μ_0，実験群の母平均を μ とすると，両検定はそれぞれ，

非劣性試験…帰無仮説 $H_0 : \mu = \mu_0$，対立仮説 $H_1 : \mu < \mu_0$

同等性試験…帰無仮説 $H_0 : \mu = \mu_0$，対立仮説 $H_2 : \mu \neq \mu_0$

と，記述できます．

3) 非劣性試験と片側検定

Q07で解説したように，このような場合には t 検定が有効です．対照群と実験群の標本平均の差を計算し，そこから t 値を求め，t 分布に照らして，帰無仮説から逸脱していないか評価します．図1Aに t 分布と，有意水準 α のもとで，帰無仮説 H_0 が棄却される t 値の領域（棄却域）を示します．標本から計算された t 値が小さすぎて，そのような値が偶然によって得られる確率が有意水準 α よりも下回るならば，帰無仮説 H_0 は棄却され，ジェネリック薬は標準薬よりも劣ると結論されます．そうでないならば，ジェネリック薬は標準薬よりもとくに劣るとは言えない，と結論されます．

ここで，t 値が大きすぎたとしても，とくに評価はしません．ジェネリック薬を認可するに当たって，効能が標準薬より劣らなければよい，優れている分には気にしない，という考え方です．このような検定を片側検定と言います（Q07も片側検定の例です）．

4) 同等性試験と両側検定

　こちらも，対照群と実験群の標本平均の差から t 値を計算して検定します．図1Bに t 分布と，有意水準 α のもとでの棄却域を示しますが，対立仮説の違いにより，棄却域が異なります．こちらでは，t 値が小さすぎ，あるいは大きすぎて，そのような値が偶然によって得られる確率が有意水準 α よりも下回るならば，帰無仮説 H_0 は棄却されます．棄却域は，t 値が大きすぎる場合と小さすぎる場合に，均等な確率 $\alpha/2$ を与えるように割り振られます．帰無仮説 H_0 が棄却されたならば，ジェネリック薬は標準薬と異なると結論され，そうでないならば，ジェネリック薬と標準薬はとくに違いはない，と結論されます．

　t 値がとても小さい，つまり，ジェネリック薬が標準薬より劣るときに問題視するのは非劣性試験と同じですが，こちらは，t 値がとても大きい，つまり，ジェネリック薬が標準薬より優れるときにも問題視します．効能が優れているならば，表面的にはいいかもしれませんが，異なる効能の背後には未知の副作用が潜んでいるかもしれず，認可には再検討を要する，という考え方です．このような検定を両側検定と言います．

5) 片側検定と両側検定のどちらを採用するか

　両側検定は方向性を問わずに違いを評価するのに対し，片側検定は違いの方向性を事前に絞り込みます．そのため，一方の方向性だけに限れば，片側検定の棄却域は両側検定より2倍も大きく，結果が有意になりやすくなります．そのため，片側検定なら有意だが，両側検定なら有意でないということが起こりえます．だからといって，有意差を得たいから，あるいは得たくないからという主観的な理由で，どちらを採用するか決めてはいけません．検定手法は，研究の目的によって事前に決められなければなりません．片側検定が採用されるのは，

　　a）事前情報により片方の変動はありえないと強く予想されるとき

　　b）片方の変動にしか関心がないとき

が考えられます．それ以外は両側検定がよいでしょう．

参考図書
- 『統計学入門』（東京大学教養学部統計学教室／編），東京大学出版会，1991
  → 第12章「仮説検定」に検定の基礎として片側・両側検定の概念が解説されている

（中道礼一郎）

2章 論文で頻出する統計のパラメーター

Question 09 グラフで登場するエラーバーとは何ですか？

Answer エラーバーは真の値についての推定値のばらつきを示したものです．これにより，視覚的にサンプル群間の比較を行うことができます．意味しているものは，グラフ作成者によって標準誤差であったり95％信頼区間であったりと異なるので，注意してください．

　エラーバーは，真の値についての推定値のばらつきを表し，群間の比較を行うためにグラフに付与するものです．一般的には，「測定値の平均値±推定値の標準誤差」，推定値の95％信頼区間（「測定値の平均値±1.96×推定値の標準誤差」）を表示することなどが多いようですが，分野により様々な流儀があるようです（**図1**，**参照Q14**）．

　群間のデータ比較の際には，基本的にはエラーバーが重なっていればこれらに差異はない可能性があり，データの違いは測定の際のランダムに入るばらつき（実験の誤差）によ

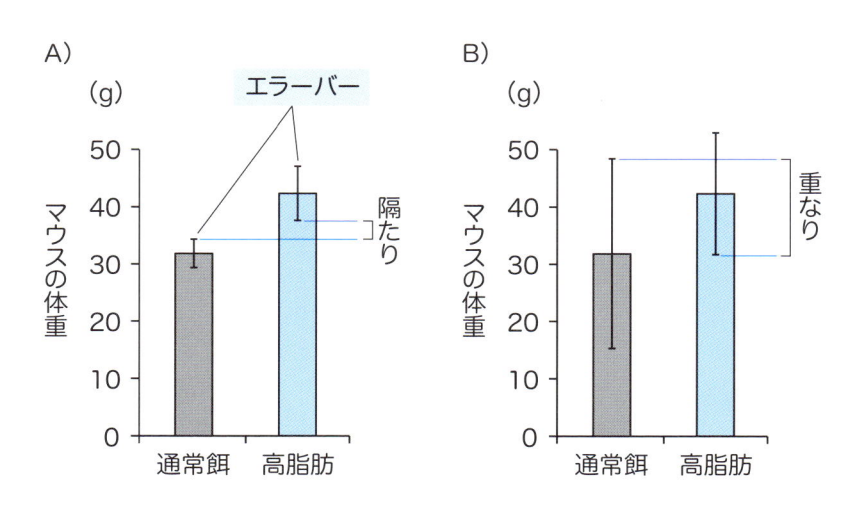

図1　エラーバーの意味
AとBの棒グラフは同じものでエラーバーの大きさだけ変えている．Aでは，エラーバーの間に隔たりがあるために，有意である可能性が示唆される．これに対してBのエラーバーは重なっているために，有意でない可能性が強い．きちんと有意性を言うには統計的検定が必要である

るものであると考えられます．また，エラーバーの隔たりが大きければ，これらの群には実験の誤差では説明できない本質的な違いがあるいえます．

　それではどのくらいのエラーバーの隔たりがあれば有意といえるのでしょうか？　実は，「測定値の平均値±推定値の標準誤差」を採用した場合，母集団の持つ真の値がそのエラーバーの中に含まれる確率はおよそ68％しかありません．また，95％信頼区間（参照Q11）を採用した場合は，有意性を示すには前者の場合よりも少ない量の隔たりがあれば有意であることが言えるでしょう．このようにグラフのエラーバーを解釈する際には，そこで使われているエラーバーの意味に充分に注意する必要があります．

　また，実際に差を示すためには，やはりエラーバーによるビジュアルによって示すこととともに，t検定や分散分析法など，群間の差を示す統計的手法をとるべきでしょう（参照Q07，Q27）．

（白石友一）

Question 10 EC$_{50}$とは何ですか？

Answer 薬品などが最大反応の50％を示す濃度を意味します．同様の概念にIC$_{50}$というものもあります．計算は少し複雑でヒルの式という関数系を用います．

　EC$_{50}$は，half maximal effective concentrationの略語で，日本語では50％効果濃度と言います．薬品などが最大反応の50％を示す濃度を表します．またIC$_{50}$は同様の概念でhalf maximal inhibition concentrationの略語で，最大阻害能の50％を示す阻害剤の濃度を表します．

　概念としては簡単なのですが，データからEC$_{50}$やIC$_{50}$を計算する際には，少し複雑となります．薬品の濃度と，反応の度合いの関係が単純な線形の関係になることは稀であり，少し複雑な曲線を描くデータポイントから，ちょうど反応の度合いが50％になる地点を推定しなければなりません．通常生化学で登場するヒルの式という関数系で濃度と反応の強さの関係が表されると仮定して，EC$_{50}$の値を推定することが行われています．

（白石友一）

2章 論文で頻出する統計のパラメーター

Question 11 信頼区間とは何ですか？ どうやって求めたらよいですか？

Answer 例えば，20打席6ヒットのときの打率の95％信頼区間は0.099～0.501です．これは95％の確率で打率が0.099から0.501の範囲に収まることを意味します．

1）信頼区間の考え方

　例えば，あなたが野球で，20回打席に立ち，ヒットを6本打ったとします．これはあなたの打率が3割ということと考えられるでしょうか？ この考え方は，一面としては正しいです．この20打席は（あなたに調子の波などがないとすれば）やはりあなたの成績を反映したものです．しかし，問題としては限られた回数しか打席に立っていないので，たまたまその20打席だけ，通常よりも多くヒットを打てたり，また逆に打てなかったということもありうるでしょう．もっと正確な値を調べるにはやはり多く試行を重ねるのがよいですね．プロ野球の世界でも，より正確な推定をするために，規定打席といって，ある一定以上の回数打席についた選手の打率のみが正式な記録として残ります．

　ただ，現実には多くの試行を重ねることは難しい状況が多く，（特に生物学実験の場合は実験の手間や費用から，多くの試行を行うことは難しいですね）実際には有限の回数から，ありうる打率の範囲を推定することが求められます．そこで，信頼区間という概念が登場します．

　信頼区間とは，与えられたデータから，真の値（野球の例では打率）の取りうる範囲を推定する統計的な考え方です．打率を θ とすると，

$$\Pr(U \leq \theta \leq V) = 0.95$$

のときに，$[U, V]$ は θ の95％信頼区間と言います．95％の確率で，真の打率は U から V の範囲にあるということですね．95％という値のほかには99％などがよく用いられます．

20打席で6回ヒットのときの真の打率は？

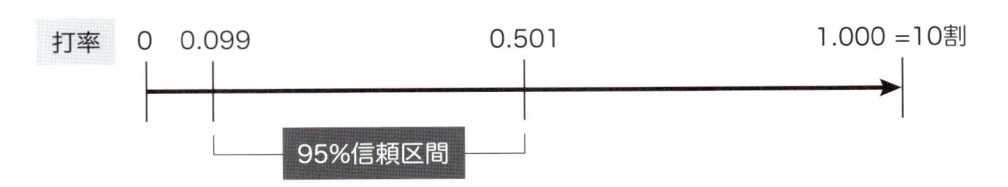

図1 ● 95％信頼区間の意味
95％の確率で，真の打率は0.099から0.501の間にあると見なす．

2）信頼区間の求め方

さて，U，Vの求め方ですが，2つのよくあるケースで，信頼区間はどのように計算されるかを紹介します．

1つ目は，上記の野球の例のような，ある回数の試行における成功確率の信頼区間を求める方法です．試行数をn，それまでの成功割合を$\hat{p}$とします．このときに95％信頼区間は，

$$\left[\hat{p}-1.96\frac{\sqrt{\hat{p}(1-\hat{p})}}{\sqrt{n}},\ \hat{p}+1.96\frac{\sqrt{\hat{p}(1-\hat{p})}}{\sqrt{n}}\right]$$

となります．また99％信頼区間では上記の1.96という数値を2.58に変えます．では，先ほど野球の例で20打席で6回のヒットを打ったときでは，95％信頼区間はおよそ[0.099, 0.501]となり，99％信頼区間は[0.036, 0.564]となります（図1）．やはり20打席ではまだまだ正確な打率の推定は無理ですね．ちなみに，以上の計算においては，各試行は独立であり，各試行はそれまでの結果には影響しないという仮定が加えられております．前の結果に一喜一憂しているような選手については，また信頼区間の推定は一段と難しくなるのです．

もう1つ代表的な例は，データが正規分布に従っていると考えられる状況です．このときは，標本平均を$\hat{\mu}$，標本標準偏差を$\hat{\sigma}$，試行数をnとすると，95％信頼区間は

$$\left[\hat{\mu}-1.96\frac{\hat{\sigma}}{\sqrt{n}},\ \hat{\mu}+1.96\frac{\hat{\sigma}}{\sqrt{n}}\right]$$

となります．99％信頼区間は先ほどと同様に1.96を2.58に変えればOKです．

（白石友一）

基本編 Q&A

2章 論文で頻出する統計のパラメーター

Question 12 相関係数 R とは何ですか？

Answer 相関係数 R とは2つの要因の相関関係の強さを表す係数です．±1に近づくほど相関が強く，0のとき相関関係はない状態です．2つの要因に相関があるかどうかは，Rの値とサンプル数で見ることができます．

　相関係数 R とは，2つの要因が関連があるかどうかを表す値です．1，−1のときは2つの要因に完全な線形関係がある状態です．ですが，測定誤差などが入ることにより，完全に相関係数が1または−1になることはほとんどありえません．xとyに線形関係があるとは，$y=ax+b$で表せる状況のことで，相関係数が1のときはaが正の値，相関係数が1から小さくなるにつれて，だんだんと線形関係からばらついた状況になり，相関係数が0のときには線であった散布図の形状があとかたもなく消えてしまいます．さらに相関係数が小さくなって負の値になると，だんだんと線形の形状が復活してきて，−1になると完全な線形関係となります．ただし，$y=ax+b$でaの値は負となります．（図1）

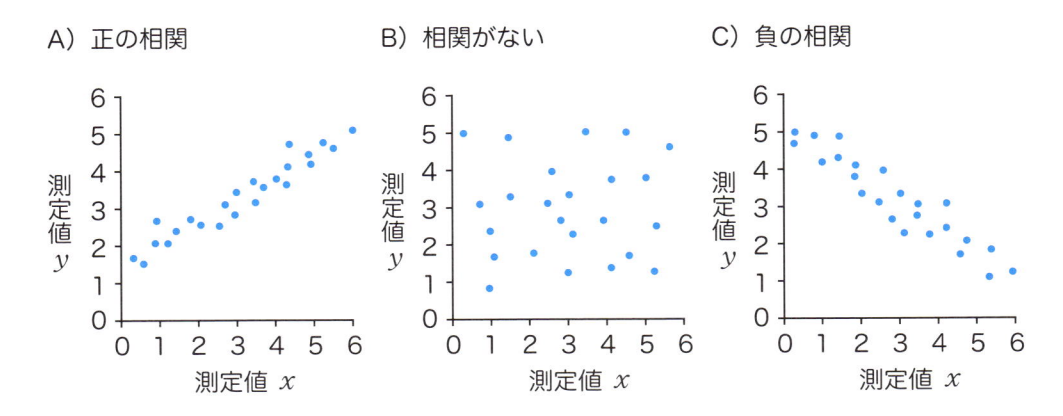

A）正の相関　　　　　　　B）相関がない　　　　　　C）負の相関

図1 ● 2つの測定値と相関の関係
A）xとyは強い正の相関関係にある．B）相関係数がほぼ0の状態で，xとyに相関関係は見いだせない．C）xとyは強い負の相関関係にある．⇒相関係数が完全に±1のときは，各点が同一直線上に乗る

きちんとした定義ですが，2組の数値からなるデータ $(x, y) = \{(x_i, y_i)\}_{i=1, 2, \cdots, n}$ が与えられているときに，相関係数は以下のようになります．

$$R(x, y) = \frac{\sum_{i=1}^{n}(x_i - \overline{x})(y_i - \overline{y})}{\sqrt{\sum_{i=1}^{n}(x_i - \overline{x})^2}\sqrt{\sum_{i=1}^{n}(y_i - \overline{y})^2}}$$

ここで $\overline{x}$, $\overline{y}$ はデータの平均であり，$\overline{x} = \frac{1}{n}\sum_{i=1}^{n}x_i$, $\overline{y} = \frac{1}{n}\sum_{i=1}^{n}y_i$ となります．

（白石友一）

2章 論文で頻出する統計のパラメーター

Question 13　なぜ平均値でなく，ばらつきも調べなくてはならないのですか？

Answer　実験結果の2群間の平均値に差が出ているとき，その差が誤差ではなく有意な差であると言うために，データにばらつきが少ないことを明らかとする必要があります．

　薬品を投与した①群と投与していない②群において，ある物質の活性度の値の平均がそれぞれ，30, 50だったとします．これで投与した薬には効果があるといってよいでしょうか？

　測定を伴う生物実験では，細胞の状態，試薬の量の誤差，実験した時間の状態（気温，湿度）など様々な要因により，結果に誤差が生じてしまいます．比較したい群に差がある

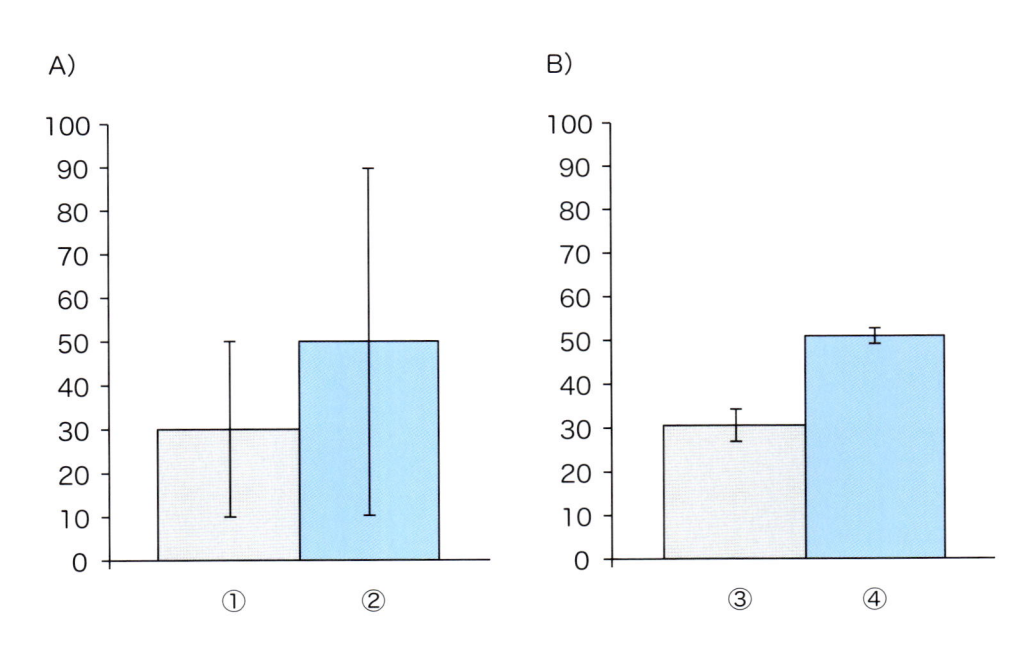

図1　平均値とばらつき
本文中の①群〜④群のグラフ．AとBで，平均値は同じだが，ばらつき（ここでは標準偏差をエラーバーで示す）がかなり異なる．Aでは，エラーバーが大きく重複し，有意な差が出ていない．Aでは，誤差も大きそうなことが考えられる

ことを言うためには，それが測定の誤差によるものではないことを言わなければなりません．

各検体の活性度が

$$①群：(10, 30, 50), ②群：(5, 65, 80)$$

だった場合は，①群と②群の差（もしあれば）に比べかなりばらつきが大きい実験です．これでは，平均値は30, 50と②群の方が大きいですが，それは測定の誤差によりたまたま②群の試行において高い活性度が検出されただけかもしれないので，この段階で2つの群間に差があるとは言えません（図1）．しかし，

$$③群：(27, 29, 34), ④群：(48, 51, 51)$$

であった場合は全く状況が異なります．この状況では，測定にはさほどばらつきがないために，③群と④群の差が，測定誤差によるものとは考えづらく，群間に有意な差があると言えるでしょう．

実際に差があることを示すためには，t 検定などの統計的検定手法を用いることがよいでしょう．（参照Q07，Case01）

（白石友一）

2章 論文で頻出する統計のパラメーター

Question 14 標準偏差（SD）と標準誤差（SE）とは何ですか？ また，使い分けについても教えてください

Answer 標準偏差（SD）は実験のばらつき（母集団自体の散らばり具合）を示します．標準誤差（SE）は母集団の平均値の推定の不確実性を表したものです．

　実験はばらつきを伴うので，何回やっても結果が全く同じになることはまれです．実験の結果（標本）は図1の母集団から抽出されるとします．この母集団の平均値は，実験のある代表的な値を表したものであり，またこの母集団の標準偏差（SD）はこの実験のばらつき具合を表したものです．実際には数回の試行しかできないことがほとんどなので，限られた回数から，母集団の形についての推論を与えることが必要になります（参照 Case11）．

　通常は，数回の試行の平均をとることで，母集団の平均値の推定を行います．限られた回数の試行では，完全に正確な平均値を推定することができず，ある程度の不確実性がどうしても生じてしまいます．その不確実性を表したものは，標準誤差（SE）と呼ばれるものです（参照 Q29）．

　母集団の標準偏差の推定ですが，これもやはり限られた試行では完全に正確なものを推

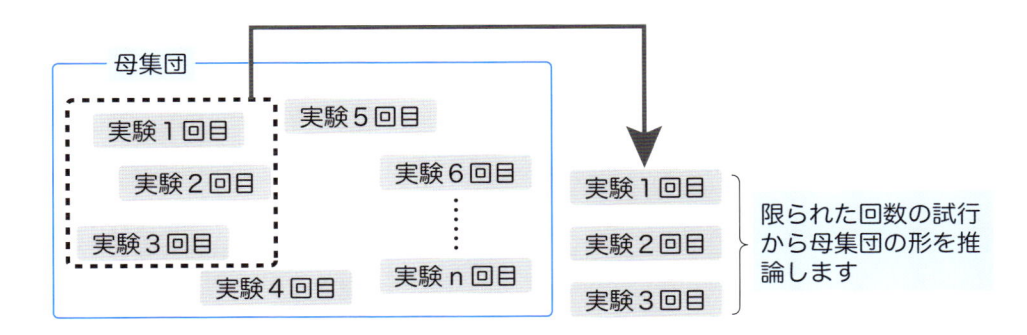

図1　母集団と実験結果
母集団を n 回の実験の集合と考える．実際には n 回の実験を行うことはできず，数回の実験結果から母集団の平均値や標準偏差を推論する

定することはできません．

　以上のように，SDは実験結果の取りうる値のばらつきを示した量であり，SEは，母集団についての平均の推定値のばらつきを表した量です．例えば薬剤の効果についてのばらつきを表すときはSDを用いて，その平均について推定の不確実性を表すときはSEを用います．

（白石友一）

2章 論文で頻出する統計のパラメーター

Question 15 散布図では，n，R値，p値は何を意味していますか？ またどのようなときに使いますか？

Answer 散布図では，nはデータの個数，R値は相関の強さを表しています．p値は無相関検定で得られる値で，ある水準より小さければ相関があると考える根拠になります．

　これらの値は散布図においてしばしば使用されるものです．nは散布図のデータの個数，R値は前述（参照Q12）のように相関係数を表しています．基本的にはRの絶対値が1に近いほど，2つの要因は相関が強いと言えます．もしかしたら，見かけ上は少し大きいR値が得られていても，これはたまたま起こったもので，実際には2つの要因の相関はないかもしれません．それではRがどのくらいであれば，「2つの要因は相関がある」と言えるのでしょうか？

　通常「2つの要因に相関はない」という帰無仮説に基づいて，データの相関があるかどうかを検定する無相関検定という方法が採られます．散布図に付与されるp値（p-value）はその際に得られるもので，p値がある水準（0.05, 0.01 など）よりも小さければ，相関があることを示す根拠になりうるでしょう．得られているR値，標本数から相関の有無を調べる表（付録❸相関係数検定表）を付録に収めたので，参考にしてください．

（白石友一）

2章 論文で頻出する統計のパラメーター

Question 16 カプラン・マイヤー法，カトラー・エデラー法は何を表すものですか？ また，その違いは何ですか？

Answer 両者とも生存曲線を推定する方法です．生存曲線とは，集団の中で個体が生き残る確率を時間ごとにプロットしたもので，通常は医学生物学分野ではカプラン・マイヤー法が利用されます．カトラー・エデラー法はカプラン・マイヤー法に比べると必要な情報が少ないため，保険会社などの大規模なスタディーに向いていると言われています．

　医学生物学分野において，種間や異なる条件下に置かれたマウスの生存率を解析したり，臨床データについて様々な治療条件下での予後を調べたりする際に，生存曲線を描くことが有効ですし，成果発表の際に期待されることでもあります．ここで生存曲線とは，集団の中の個体が生き延びる確率を時間ごとにプロットしたものです．

　とても単純な方法としては，ある期間ごとに生存している検体数と全体の数の比をプロットしていくことが考えられます．しかし，特に臨床研究において現実的な問題点として，患者さんが病院を変えてしまったり，研究期間が打ち切りになり，その後の観察ができなくなってしまうことが頻繁に起こり，こうした「打ち切り」をどのように扱うかが問題になります．「打ち切り」した患者さんを無視してしまうと，有意差を検証するのに十分な検体数が得られないということもしばしばあります．

　カプラン・マイヤー法，カトラー・エデラー法は，こうした「打ち切り」した患者さんのデータを取り入れつつ，生存曲線を推定する方法です．

　カプラン・マイヤー法においては，各々の患者さんが死亡した時点を基準に，各々の時点で観察の対象にあった（打ち切り，または死亡していなかった）患者数と，その期間に死亡した患者数の比を累積を計算することにより，生存曲線の推定を行います．そのために，各患者さんについての観察期間とその帰結（打ち切り，死亡）の情報が必要となります．通常，生物学や医学においてはカプラン・マイヤー法が利用されます（参照 Case20）．

　カトラー・エデラー法は時間をある間隔に区切り計算を行うために，各時点での観察している対象の数，死亡数，打ち切り数のみが必要となり（各々の患者さんの情報を，各時点での総計にまとめてもよい），カプラン・マイヤー法に比べると，詳細な情報が必要ではないので，保険会社の調査など，より大規模なスタディーに向いていると言われています．

（白石友一）

3章 マイクロアレイ解析の基本

Question 17 マイクロアレイデータ解析の際のデータの標準化とは何ですか？

Answer 標準化とは，データを比較できるように単位や分布を統一することを意味します．マイクロアレイでは，実験日や実験者・プラットフォーム（製品）によって統計的なばらつきが生じるため標準化を行う必要があります．標準化には緩いものから厳しいものまで様々な階層・方法があります．

1）標準化とは異なるデータを同じ基準に乗せ換えること

　　メートルとインチのように単位が違うものを比較するときには比較できるように単位を統一しなければなりません．

　マイクロアレイにおいても全く同じことが言えます．遺伝子発現データの単位が異なるマイクロアレイ間で遺伝子を比較することは困難です．比較できる同じ単位や分布に乗せ換えることを標準化と呼んでいます．より厳密には，手元のデータを比較できるように数値的に処理することは「正規化」とも呼ばれます．「標準化」という用語はより広義の意味を含み，例えば国際標準化機構（ISO）などが1つの世界標準を設定して，そこに準拠させる場合にも「標準化」と呼ばれます．標準化にはどのようなデータの属性（例えば実験者名や実験日などの情報）を持つかまで定義されていることがあります．

2）実験者や実験日が異なっても標準化は必要

　　マイクロアレイのプラットフォーム（製品）や実験者が異なったりするとデータの単位や分布が異なることはほぼ確実に起こります．ところが，同じ実験者が同じプラットフォームで行ったマイクロアレイの実験でも，アレイによって遺伝子発現量の最小値から最大値までの数値分布が異なってきます．また，実験日が異なる日のアレイデータの方が，この数値分布がさらに異なる傾向があるのがわかっています．

　これはなぜ起こるのでしょうか．そこには，大きく分けて①テクニカルノイズ，②バイ

オロジカルノイズの2通りあります（参照Q19）．

　テクニカルノイズは，全く同じサンプルを等分したものを用いた場合でも起こるノイズで，これは実験者のスキルで起こるだけでなく，蛍光物質の反応度など実験者の腕とは関係なく，温度，湿度，光，振動，内在的なゆらぎなどにより起こる統計的なばらつきによって引き起こされるものです．

　また，バイオロジカルノイズと呼ばれるものは，計測しようとしているサンプルそのものに含まれるノイズです．例えば，全く同じ患者の同じ組織（がん組織など）を用いたとしても，組織を断片化してそれぞれの断片からRNAを抽出した場合，断片間ではばらつきが含まれることがあります．

3）マイクロアレイの標準化には階層がある

　一口に標準化と言っても，そこにはどれだけの範囲を含むのかによって階層が分かれています（図1）．例えば，実験室で最も使う標準化は，同じプラットフォームで測定されたマイクロアレイデータの単位や分布を統一する「正規化」と呼ばれる標準化です．次に異なるプラットフォーム間では，MIAMEガイドライン[1]と呼ばれる必要最低限の項目が揃っているかを要求する緩い標準化があります．さらに，同じ遺伝子に対応するプローブを用いる標準化，外部標準物質を用いるより客観的な標準化までその程度は様々です．この最も客観的と言える外部標準物質を用いた標準化は米国立標準技術研究所（NIST）[2]が先行して研究を行っています．また，日本でも特定非営利活動法人日本DNAチップコンソーシアム（JMAC）[3]を中心に日本国内での標準化を目指した活動が行われています[4]．将来的には，国際標準化機構（ISO）に提案がなされ，世界標準の規格化が行われることが予想されます．

グローバル ↑↓ ローカル	国際規格による標準化	ISO（International Organization for Standardization）／TC（Technical Committee）212など
	コンソーシアムなどによる標準化	ERCC（External RNA Control Consortium） FDA（Food Drug Administration）／ MAQC（MicroArray Quality Control） MIAME（Minimum Information About a Microarray Experiment）
	共通ソフトウェアによる標準化	MASS／RMA／LOWESSなど アレイ装置に付属の標準化ソフトウェア
	個人での標準化	Internal／External controlによる実験間の標準化 中央値／平均／分散などによる正規化

図1 ● マイクロアレイデータの標準化のレベル

異なるプラットフォーム間でデータを統合して処理するには，①対応する遺伝子プローブを用い，②外部標準物質によるマイクロアレイ間のキャリブレーションを行うことが必要だと考えられます．

4）数値の分布を標準化する

マイクロアレイで測定された生の遺伝子発現データは，基本的に細胞内の遺伝子から転写されたRNAの数を反映しています．遺伝子によって異なるこのRNAの数を横軸に取り，その値を取る遺伝子の数を縦軸にもつヒストグラムを作成すると，RNA数が多くなるほど裾野が長く広がるジップの法則（Zipf's law）[5]に従う分布が出てきます（図2）．この分布は，RNA数の対数を取ると正規分布に近似できることが知られています．したがって，同じプラットフォームからのマイクロアレイの遺伝子発現値はその値の対数を取ることが正規化としてよく用いられます．さらに，分布の形状が正規分布に近くなっても，他のデータと比較するには，平均値が0で標準偏差が1の「標準正規分布」にしなくてはなりません（参照Q04）．このように標準正規分布にしたものが基本的な標準化としてはよく用いられます（参照Q18）．また，世界的シェアの高いマイクロアレイメーカー数社（アフィメトリクス社，アジレント社，イルミナ社など）には，様々な正規化の方法が研究されており，フリーの統計ソフトであるRのBioconductorパッケージを通じてより高度な正規化を行うことができるようになっています．

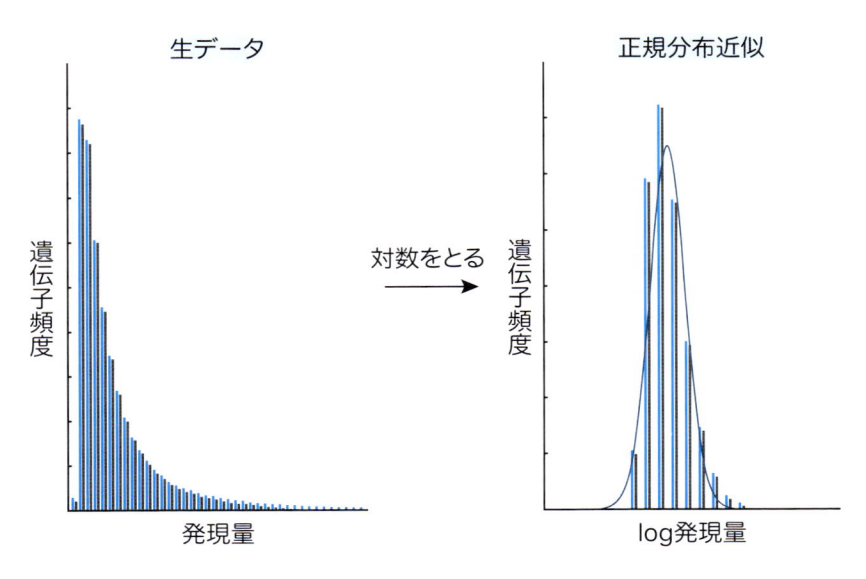

図2 ● 細胞内遺伝子の発現分布

参考文献・URL

1) MIAME（Minimum Information About a Microarray Experiment，http://www.mged.org/Workgroups/MIAME/miame.html）
2) 米国立標準技術研究所（National Institute of Standards and Technology：NIST, http://www.nist.gov/index.html）
3) 特定非営利活動法人バイオチップコンソーシアム（Japan Micro Array Consortium：JMAC, http://www.jmac.or.jp）
4) 『マイクロアレイデータ統計解析プロトコール』（藤渕　航, 堀本勝久／編），羊土社，2008
5) Hoyle, D. C. et al. : Bioinformatics, 18 : 576-584, 2002

（藤渕　航）

3章 マイクロアレイ解析の基本

Question 18 Microsoft Excelによるデータの標準化の簡単な方法を教えて下さい

Answer
Microsoft Excelを用いて行う簡単な標準化には，遺伝子のシグナル値の対数をとって標準正規分布にする方法，あるいは分位数正規化と呼ばれる方法があります．なお，無料の統計解析ソフトRを用いるとより高度な標準化を行うことも可能です．RのBioconductorと呼ばれるパッケージには多くのメーカーに対応する標準化ソフトが含まれています．

1）標準正規分布か分位数正規化を用いる

マイクロアレイで測定した遺伝子発現の生データでは，転写されたRNAコピー数（シグナル値）の対数を取ってから，平均が0，分散が1の標準正規分布 $N(0, 1)$ に直します．（参照Q04，Q17）または，シグナル値の最高値から最低値までの分布をサンプル平均値に置き換える分位数正規化法を行います．

以後の説明では，バックグラウンド値（シグナル値に含まれる加算的ノイズ）をすでに引いた後の純粋なシグナル値を用います．

2）標準正規分布を用いた標準化

細胞内で転写されたRNAコピー数とその遺伝子の数の間の関係は，正規分布（釣り鐘型）ではなく，コピー数が多くなればなるほどその遺伝子数が徐々に少なくなっていく裾野が長い分布に従っています（参照Q17）．これを統計で扱いやすい正規分布または，標準正規分布にすることが標準化ではよく行われます．

標準正規分布にする手順としては，Z変換による正規化がよく用いられます．まずExcelを開き，それぞれの遺伝子のシグナル値について対数を取ります（図1）．対数は通常は底が2か10を用いることが多いですが，ここでは発現量が2倍になることを意味する底2を取ることにしましょう．Excelの場合，「＝LOG（シグナル値，2）」という式で2を底とする対数をとることができます．対数を取ったら，次は平均値と標準偏差を計算します（参

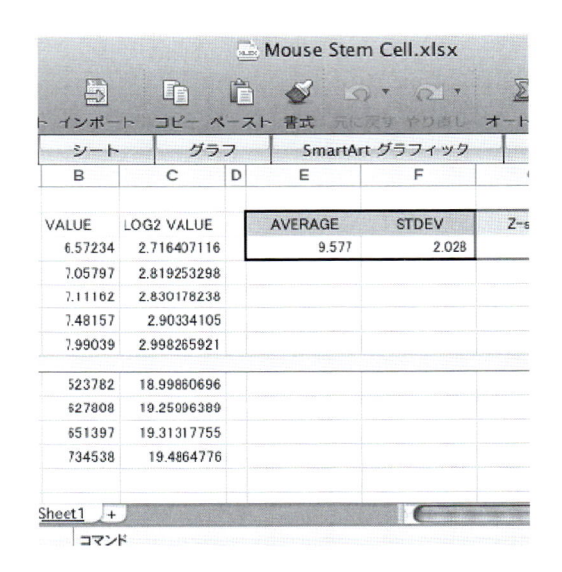

図1 ● シグナル値の対数と平均値と標準偏差

照Case11）．次に各対数シグナル値から平均を引いて標準偏差で割りましょう．

$$Z =（シグナル値 - 平均値）／標準偏差 \sigma$$

これで，標準正規分布に標準化したシグナル値の分布ができ上がります．

3）分位数正規化を用いた標準化

　　　正規分布とは全く異なる方法で，お互いのマイクロアレイデータに含まれる遺伝子の発現順位は入れ替わっても，データの最小値から最大値に並んだ遺伝子の発現値はどのマイクロアレイでも同じはずであるという仮定に基づいて標準化する方法は，分位数正規化（Quantile Normalization）と呼ばれます．

　分位数正規化ではまず，Excelを開き，各マイクロアレイのなかで遺伝子をそのシグナル値の順番に並べ替えます（図2AB）．並べ替えた遺伝子のうち，最高値を持つ値をそれぞれのデータから抜き出して平均値をとったものを別の列のセルに入れます．次に二番目の最高値をもつ値をそれぞれのデータから抜き出して同じように平均値をとったものを次のセルに入れます．これを繰り返して，最小値をもつ値まで行います．

　この新しい平均値だけからなる列が完成したら，それぞれのマイクロアレイのシグナル値と対応する順位の平均値を入れ替えます（図2C）．これで標準化は終わりです．この分位数正規化を行った後に，一般の統計検定を利用したいのなら2）の標準正規分布による標準化をすることも可能です．

A)

遺伝子	マイクロアレイ①
1	121
2	305
3	291
4	105
5	116
6	408
7	456
8	58
9	27
10	38

遺伝子	マイクロアレイ②
1	294
2	156
3	11
4	15
5	206
6	159
7	243
8	86
9	159
10	35

↓データをシグナル値の順に並び替えて，値の高い順に平均を求める

B)

遺伝子	マイクロアレイ①
7	456
6	408
2	305
3	291
1	121
5	116
4	105
8	58
10	38
9	27

遺伝子	マイクロアレイ②
1	294
7	243
5	206
6	159
9	159
2	156
8	86
10	35
4	15
3	11

平均値
375
325.5
255.5
225
140
136
95.5
46.5
26.5
19

↓シグナル値と平均値を入れ替える

C)

遺伝子	マイクロアレイ①
1	140
2	255.5
3	225
4	95.5
5	136
6	325.5
7	375
8	46.5
9	19
10	26.5

遺伝子	マイクロアレイ②
1	375
2	136
3	19
4	26.5
5	255.5
6	225
7	325.5
8	95.5
9	140
10	46.5

図2 分位数正規化の手順

4）高度な標準化

　　Excelではできませんが，ほかに論文等でよく用いられている標準化の方法は，自分のパソコンにまずRという無料の統計解析ソフトウェア（http://www.r-project.org/）をインストールして，さらに，Bioconductorと呼ばれるマイクロアレイ解析用のパッケージをインストールして行う方法があります．ここでは簡単な標準化のみ扱うので詳しい手順は省きますが，Bioconductorのライブラリーとして，アフィメトリクス社なら上述した分位数正規化を用いる「justRMA」やアフィメトリクス社独自の「mas5」，アジレント社（1色法）なら「Agi4x44PreProcess」（ヒト），イルミナ社なら「beadarray」といったものが用意されています．

5）2色法マイクロアレイの標準化

　　以前はよく用いられましたがマイクロアレイで2色の異なる蛍光色素を用いて2つのサンプルを同時に定量する方法があります．この方法の標準化もLOWESS法などが有名で様々な手法が研究されました．最近ではマイクロアレイの価格が下がったこともあり，ノイズにも強く扱いやすい1色法マイクロアレイを2回やることが好まれる傾向があるようです．

参考図書
- 『マイクロアレイ統計解析プロトコール』（藤渕　航，堀本勝久／編），羊土社，2008
  →標準化，正規分布，分位数正規化，Rによる正規化
- 『Rによるバイオインフォマティクスデータ解析 第2版』（樋口千洋／著），共立出版，2011
  →RとBioconductorの使い方

（藤渕　航）

3章 マイクロアレイ解析の基本

Q19 マイクロアレイデータを解析する際，データ再現性についてどのようなことに気をつけたらよいですか？

Answer マイクロアレイ解析で再現性を見る場合にはノイズ（バイオロジカルノイズとテクニカルノイズの2つ）があることに気をつけます．自分の解析データにどのような特性があるのか，分散分析や変動係数によって調べることができます．なお，論文などでは，最低限の再現性を示す必要がある場合には2回程度の再現実験をすればよいでしょう．

1） バイオロジカルノイズとテクニカルノイズに気をつける

　理論上は同じ試料から抽出したサンプルの等分画などを用いると，全く同じ測定値を示すはずです．では，1つの検体組織から抽出したサンプルでは全く同じ測定値を示すのでしょうか？ 実は同じサンプルの等分画したものを用いても，実験者の手ぶれや測定に用いるマイクロアレイ装置の誤差であるテクニカルノイズと呼ばれるノイズが含まれています．テクニカルノイズは，これ以外にも，蛍光物質の反応度など実験者の腕とは関係なく，温度，湿度，光，振動，内在的なゆらぎなどにより起こる統計的なばらつきによって引き起こされるものです（表1，参照Q17）．実際は，同じ検体組織でも2つの異なる切片から作成したサンプルの場合には，測定値に差があることが普通です．これは検体そのものに由来するもので，このようなノイズをバイオロジカルノイズと呼んでいます．

　自分が実験しているデータがどのような特性を持っているのかについて調べたい場合には，サンプルの測定データのばらつきとコントロールのばらつきを比較する分散分析の方

表1 ● ノイズの種類

ノイズタイプ	説明	ノイズの例
バイオロジカルノイズ	原因がサンプルそのものに由来するノイズ	個人差，細胞組成差，ゲノムの違い，健康度，活性度など
テクニカルノイズ	原因がサンプルに由来しない技術的なノイズ	手ぶれ，試薬量，反応誤差，測定装置の振動，蛍光度のばらつき，ブラウン運動など

法があります．これが得られない場合には，変動係数（coefficient of variance：CV）で代用することがあります．

2）分散分析による測定試料の分布を評価する

　同じ値を示すはずであるサンプルからの等分画を使用してマイクロアレイの測定を行います．通常よく用いられる各社のマイクロアレイにはコントロールスポットなどが用意されており，この値を使用することもできます．

　コントロールの分散を計算しておきます．同じように測定値からの分散を計算しておきます．この2つの分散の分散比（大きい方を分子にします）を取ると，これがF分布と呼ばれる統計量に従うことがわかっています．分母と分子に用いた測定回数がn_c回とn_s回だとすると，自由度が（n_c-1，n_s-1）のF分布表（有意水準5％など）を見て，分散比が表の値よりも大きければ測定データはコントロールとは異なる分布でばらついていることがわかります．もし，測定データの分散がコントロールの分散よりも大きかった場合には，測定データの方がばらつきが大きいことになります．つまり，測定データのノイズには，コントロールに含まれるテクニカルノイズだけでは説明がつかない何か他の原因が含まれているのではないかということを示しています（図1）．

3）変動係数によるばらつきを計算する

　コントロールのばらつきが計算できない場合に使用されることがある統計量に変動係数

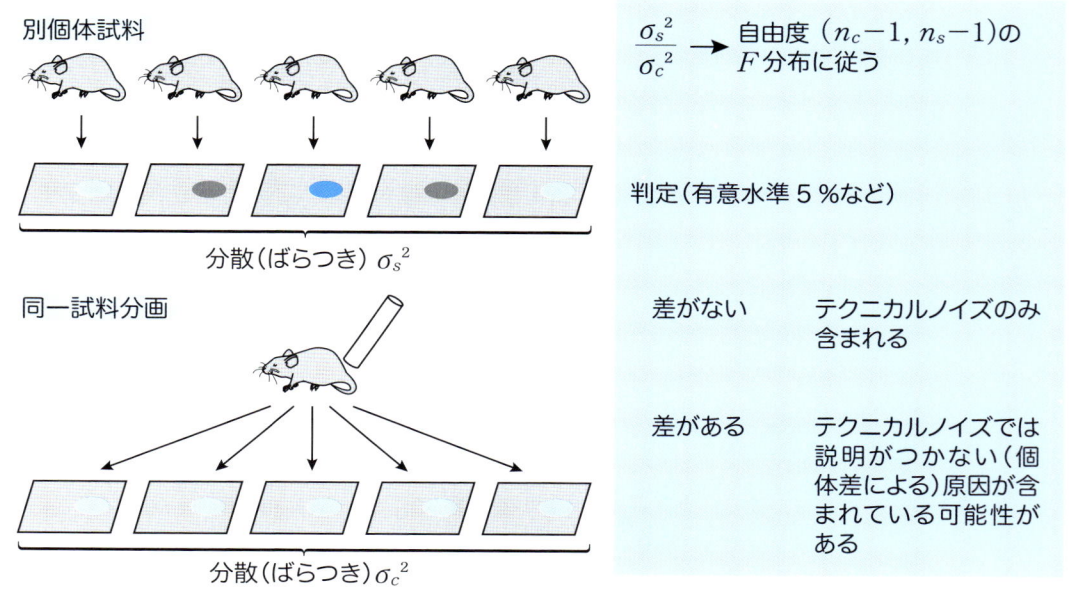

図1 ● 測定試料の評価

と呼ばれるものがあります．これは，測定値の標準偏差／平均値という非常に単純な値です．この値は，平均値の何％が誤差かという意味を持っています．しかし，この変動係数では平均値が大きいほど誤差（標準偏差）もそれに比例して大きいはずだということを仮定しています．マイクロアレイの場合にそれが成立するのかどうかが疑問です．

例えば，ある遺伝子ＡＡの発現量としてＲＮＡコピー数が平均1,000分子だとして，他の遺伝子ＢのＲＮＡコピー数が平均10分子だとすると，両者とも10％の変動係数の場合には，遺伝子ＡとＢの標準偏差がそれぞれ100コピーと１コピーになってしまいます．ＲＮＡポリメラーゼは1,000コピーＲＮＡを作る方が10コピーより間違いが大きいのでしょうか．そうでない場合には，この変動係数は使用することはやめた方がよさそうです．

4）データの再現性のためには何回マイクロアレイ実験をやればよいのか

再現性を音楽に例えると，どのＣＤを聴いても同じ演者の演奏に聞こえ，かつS/N比が小さい雑音のないことが重要なことは知っていると思います．同じように，どのマイクロアレイ（ＣＤ）でも同じサンプル（演者）からはほぼ同じ測定値が得られ，そこにはテクニカルノイズしか含まれないことと，テクニカルノイズでも十分に小さい（S/N比が小さい）ことの２つを示すことが重要です．

2000年頃のマイクロアレイでは，全く同じサンプルで繰り返し測定を行うと，ほとんどの遺伝子で本当の発現値（母集団の平均値）の1/2倍から２倍の間の値に99％のデータが入るくらいの精度でした．このような分布に従う遺伝子で，マイクロアレイ実験を n 回行うときに，その測定値の平均が本当の発現値（母集団の平均値）からの誤差が10％を超えないようにするためには，およそ $n=31$ 回の実験が必要でした．

その後，マイクロアレイの精度も上がり，全く同じサンプルで繰り返し測定を行うと，ほとんどの遺伝子で本当の発現値の1/1.2から1.2倍に99％のデータが入り，同じように測定値の平均の誤差が母集団の平均値の10％を超えないようにするには，約３回の実験でよくなりました．

現在では，さらにマイクロアレイの精度も上がっているため，同じように計算すると統計的には繰り返し実験は１回でもよいことになります．ただし，論文などに最低限の再現性を示す必要がある場合には，２回だということになります．

参考図書
- 『Nature Biotechnology』24：1039-1176, 2006
  →MAQCによるマイクロアレイプラットフォームの違い研究の特集号

（藤渕　航）

3章 マイクロアレイ解析の基本

Question 20 マイクロアレイデータのクラスタリングを行うと何がわかるのですか？

Answer
同じタイミングで転写される遺伝子群をグループ分けすることで，機能的に関連する遺伝子群を探し出せます．クラスタリングにはボトムアップ式とトップダウン式の2つの方法があります．グループ分けした遺伝子群は，機能が明らかにされている遺伝子群を用いて機能的な意味付けをすることができます．また，実験条件とともにクラスタリングすることで，遺伝子の機能の最小単位である「遺伝子モジュール」を突き止めることもできます．

1）機能的に関連する遺伝子群を探し出すことができる

　条件を変えてもいつも同じタイミングで転写される遺伝子群にはどのような意味があるのでしょうか．実は何らかの生物的な機能を実現するには，タイミングよく関連する遺伝子群が使用される必要があると考えられています．マイクロアレイからこのタイミング合わせが起きている遺伝子群を調べることがクラスタリングの目的です．

2）ボトムアップ式とトップダウン式の2つの方法がある

　10年以上も前からマイクロアレイデータのクラスタリング手法は様々なものが開発されてきました．その中でよく使用されてきた2つの手法が，ボトムアップ式と呼ばれる階層クラスタリングと，トップダウン式と呼ばれる自己組織化マップクラスタリングです[1]．

　ボトムアップ式と呼ばれるのは，遺伝子間の発現のタイミングの類似度を計算し，この類似度が最も近いものから遺伝子を2つずつまとめ，次にまとめられた2遺伝子のクラスターを1つの遺伝子と見なしてまた2つずつ徐々にまとめていき，最終的には全ての遺伝子を1つのクラスターにしていく方法です．最終結果には，1つのクラスターになるまでの過程でどのようにクラスターが形成されてきたかについて樹形図で表されます（図1）．

　一方，トップダウン式と呼ばれる方式は，あらかじめクラスタリングの個数やクラスター間

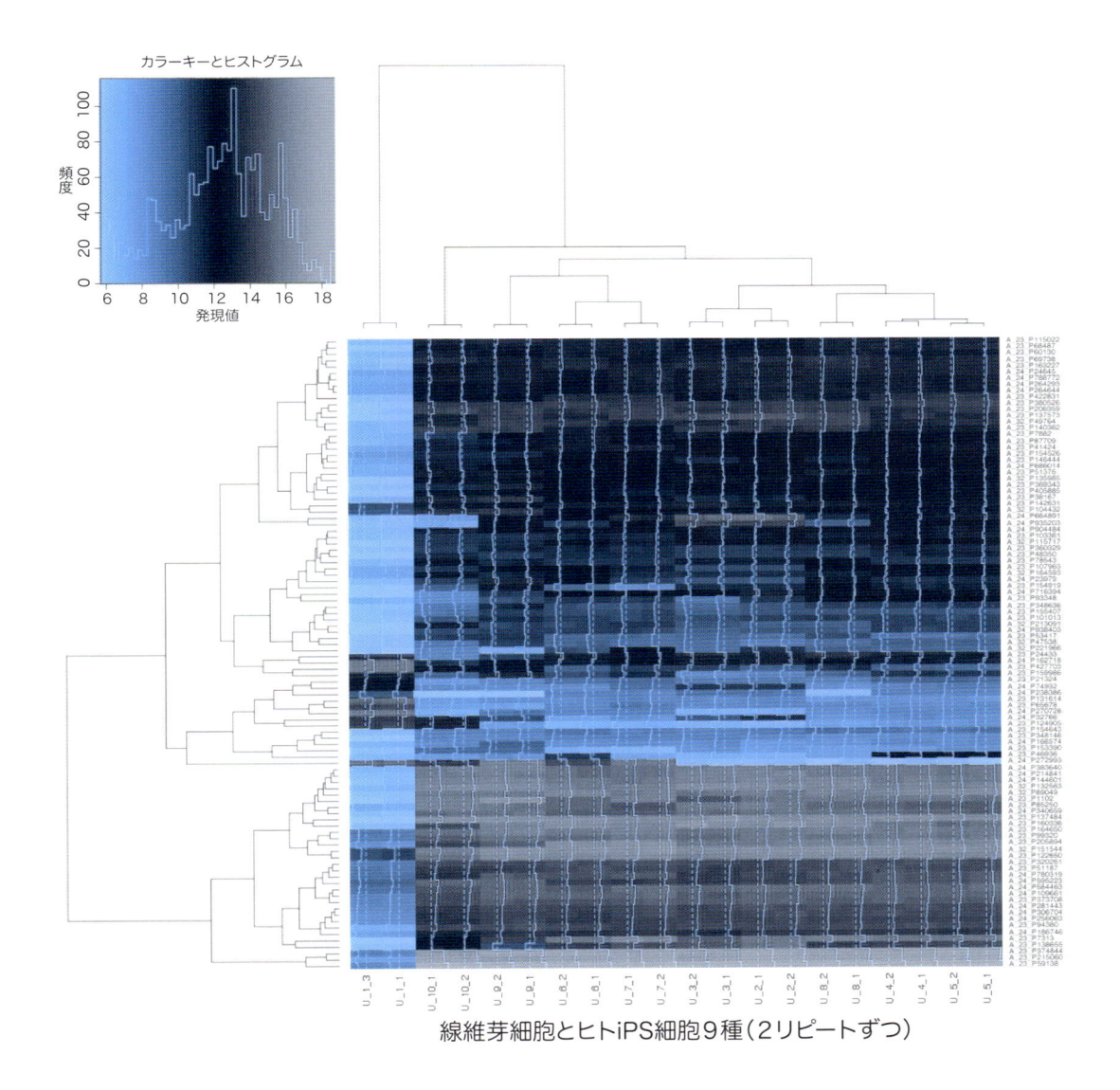

図1 ● ヒトiPS細胞9種と線維芽細胞での階層クラスタリング例（巻頭カラー❶参照）
遺伝子はone-way ANOVAで選択した上位100個を使用した（謝辞：実験データ提供は産業技術総合研究所中西真人先生のご厚意による）

の配置を決めておき，発現のタイミングが類似した遺伝子群を同じクラスターに入れる方法です．このトップダウン方式の中でもクラスタリングの精度のよい自己組織化マップクラスタリングと呼ばれる方法が特に論文等ではよく用いられているようです．この自己組織化クラスタリングでは，他のクラスタリング手法にない特徴として，クラスター間の二次元や三次元配置関係も表すことができ，空間的に距離が近いクラスターには，やはり類似した（しかし同

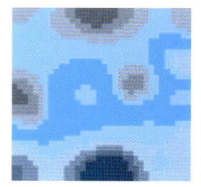

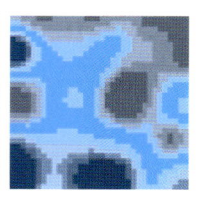

アジレント社　　イルミナ社　　ロシュ・
　　　　　　　　　　　　　　ニンブルジェン社

図2　自己組織化マップクラスタリングの例（巻頭カラー❷参照）
どれも公共データベース GEO（http://www.ncbi.nlm.nih.gov/geo/）から取得したヒト胚性幹細胞からの遺伝子発現データを用いた．全プラットフォームに共通の遺伝子に対応するプローブのみを使用してクラスタリングした．得られた結果をサンプルごとに分割して表示している

じクラスターには属さない）発現パターンをもつ遺伝子（群）が入れられています（図2）．

3）機能が既知の遺伝子グループやパスウェイと比較して意味付ける

最もよく用いられる KEGG パスウェイデータベース[2]では，マップと呼ばれる単位で遺伝子グループがその機能ごとに定義されています（図3）．また，タンパク質の相互作用データベースや遺伝病関連データベースなど，既知の生物学の知識から作成された生物機能単位のグループデータがたくさんあります．

クラスタリングした結果，得られる遺伝子群（例えば同じタイミングで発現している遺伝子5個の組など）をこれらのグループデータベースと比較し，どのグループに高頻度で見つかるかを超幾何分布による確率で計算します．確率が十分に小さく，有意であればそのグループの機能を発現していた可能性が高いことが示されます．

しかし，ここに1つ問題があります．それは，KEGG データベースのマップグループなどに登録されている遺伝子はゲノム中のほんのわずかの割合に過ぎないということです．例えば，ヒトの遺伝子約20,000個のうち，KEGG マップに出現するのは6297個にしか過ぎません．このことを考慮すると，全遺伝子のクラスタリングを行ってもほとんどの遺伝子とクラスターは機能が未知のものばかりだということがわかります．

この弱点に対して，機能未知の遺伝子について少しでも手がかりを得る方法として，これまで統計値を計算するときに捨てられていた弱い発現の遺伝子を集団にして検定を行うことで機能グループを発見する手法である Gene Set Enrichment Analysis（GSEA）という方法があります．この GSEA では，KEGG マップで使用されている遺伝子のうち，検定できる個数が増えることになり，有意になる率も上がります．このように機能が見つかりにくい弱い発現の遺伝子を解析する場合に強さを発揮する方法です．

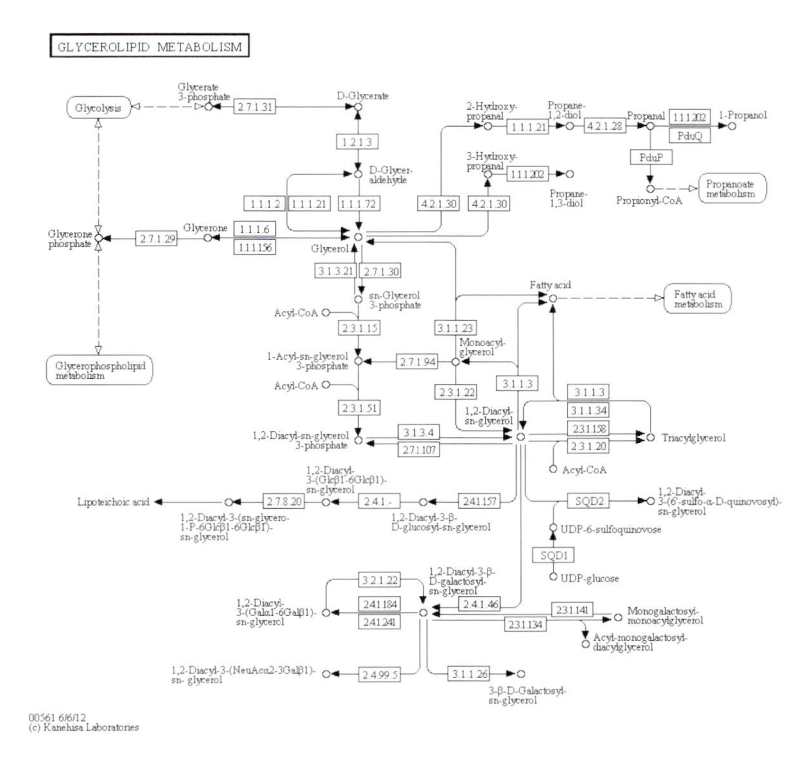

図3 ● KEGGマップの例（http://www.genome.ad.jp/kegg/）

4）実験をクラスタリングするとどうなる？

　　遺伝子をクラスタリングするのみだけでなく，実験をクラスタリングすることも可能です．実験をクラスタリングすると，同じ反応を起こさせる実験条件がわかることになります．例えば，開発した薬効のある化合物のうち，近い反応を生体に起こさせるものはどれかについて化合物の機能グループが得られることになります．遺伝子の場合と同じように，化合物を既存のケミカルグループ名と比較してどの化学的な構造や機能に効果があったのかの示唆を得ることができます．

5）遺伝子と実験の両方を一度にクラスタリングする

　　遺伝子のクラスタリングは，実験条件がある程度の数までは効果的ですが，実験条件が増加すれば遺伝子群が細分化されて，同じ遺伝子が複数の発現クラスターに入っていることが普通になります．さらに条件が増加すると，最終的には遺伝子間の発現に違いが発見

されやすくなり，遺伝子群と呼べるものがなくなってしまいます．そこで，実験条件を全て使用するのではなく，実験条件の様々な組合わせを生成してその中で最も大きな遺伝子クラスターを探索するバイクラスタリングと呼ばれる方法が研究されています．

　バイクラスタリングは，実験数が増えると組合わせが爆発的に増加するため，通常の方法では計算機で解くことが非常に困難です．うまく解を見つける方法として組合わせ最適化と呼ばれる問題に属する様々なアルゴリズムを適用して解くことになります．または，最近では組合わせを高速に全て列挙するアルゴリズム（飽和アイテム集合列挙法）も開発され，数千実験くらいなら精度のよいバイクラスタリングが可能となりました．このようにして実験条件の組合わせで見つかる遺伝子クラスターは，遺伝子の機能の最小単位を示すことから，「遺伝子モジュール」とも呼ばれています（図4）．

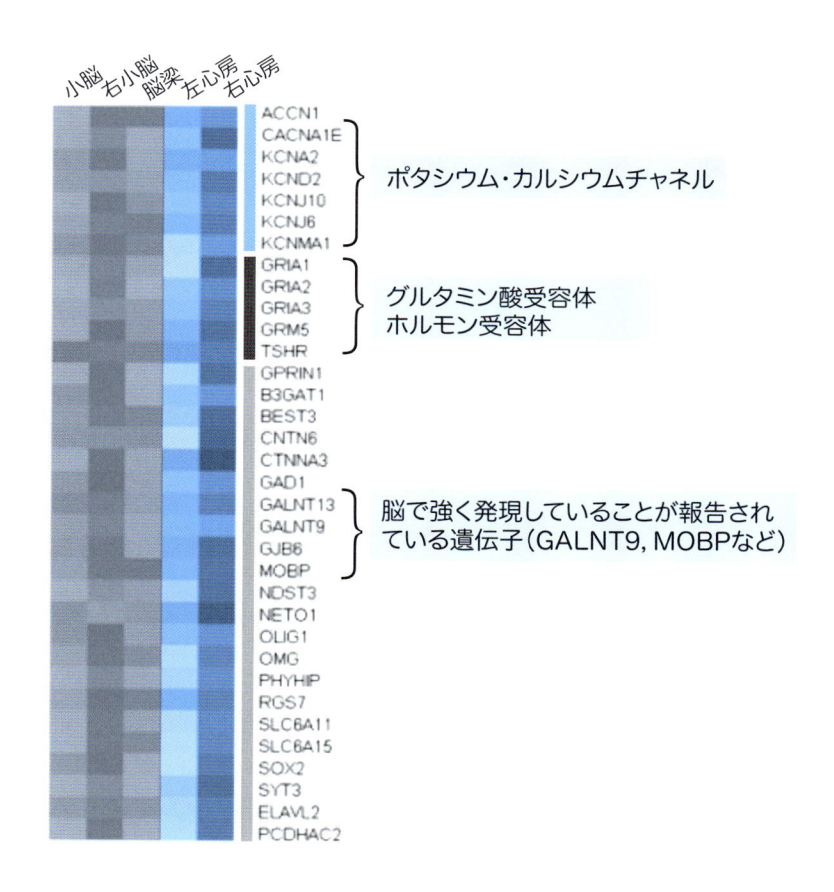

図4　バイクラスタリングによる発見モジュールの例（巻頭カラー3参照）
ヒトの組織細胞の発現データへ適用（20,703遺伝子×83細胞種）．脳で発現し，心臓で抑制される遺伝子のモジュール（文献3より転載）

参考文献・URL

1) Tamayo, P. et al. : Proc. Natl. Acad. Sci. USA, 96 : 2907-2912, 1999
2) KEGG PATHWAY Database (http://www.genome.jp/kegg/pathway.html)
3) Okada, Y. et al. : IAENG, 34 : 119-126, 2007

(藤渕　航)

3章 マイクロアレイ解析の基本

Question 21 マイクロアレイデータから遺伝子ネットワークを調べるにはどうしたらよいですか？

Answer まず，使いたいネットワークモデルを選択してマイクロアレイのデータを当てはめます．モデルは，ベイズ統計に基づくベイジアンネットワークや相関係数に基づくグラフィカルガウシアンモデルなどがあります．どのモデルを使っても，遺伝子間の行列が得られます．得られた行列を用いてネットワークのクラスタリングを行うと，ネットワークの類似度がわかります．

1）使いたいネットワークモデルを選択し，データを当てはめる

一口に遺伝子ネットワークと言っても，その「ネットワーク」が意味する生物学的な意味は曖昧です．よく使用されるのが，遺伝子発現データの相関係数を遺伝子間距離に用いる手法と，ベイズの定理にもとづくベイジアンネットワークです．どちらにしても，遺伝子ネットワーク解析の大きな流れは共通で，解きたいのは遺伝子間の関係ですから，遺伝子数×遺伝子数（遺伝子数^2）の行列を作成し，その表に関係性を数値で表すことになります（図1）．一般に遺伝子の影響には方向性（例：遺伝子A→遺伝子B）があるので上記の行列でよいですが，方向を想定しない場合には行列の対角線から上（または下）半分のみを用います．

2）ベイジアンネットワーク

これまで論文ではよく用いられてきた手法の1つで，ベイズの定理を用いて，事前確率とネットワークモデルの尤度から事後確率の計算を行うベイジアンネットワーク（BN）[1]という手法があります．BNでは，先ほどの遺伝子間行列を定義する場合に，矢印の経路が巡回しない「非循環有向グラフ」のネットワークモデルだけを扱うという特徴があります．このとき，モデルにあるパラメータを少しずつ変化させながら事後確率を求めて，よりデータと適合性のよいモデルを選択することになります．このような「組合わせ最適化」

	遺伝子B				
	1	2	3	4	5
遺伝子A 1	0.64	0.92	0.35	0.21	0.98
遺伝子A 2	0.51	0.38	0.66	0.89	0.18
遺伝子A 3	0.28	0.47	0.11	0.57	0.32
遺伝子A 4	0.87	0.14	0.78	0.23	0.41
遺伝子A 5	0.56	0.81	0.27	0.73	0.77

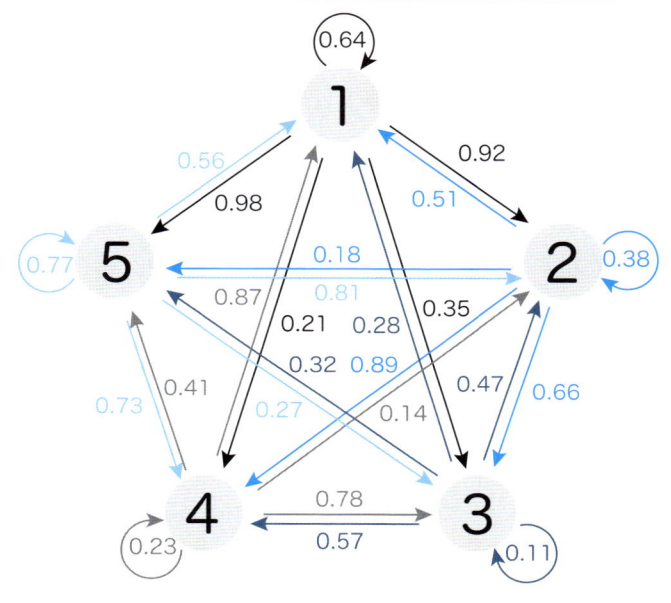

図1　遺伝子間距離

によって最大事後確率（maximum a posteriori：MAP）を求める方法は，考え方は簡単ですが，実際に計算機で探索すると探索空間（パラメータの組み合わせ）が大きすぎて，最大解が得られず極大解になってしまうことが知られています．また，計算を何度も行うと，毎回同じ極大解になるとは限らず，異なった遺伝子ネットワークが得られてしまうという弱点があります．

　この弱点を少しでも補うために，考案された方法がマルコフ連鎖モンテカルロ（MCMC）[1]法で，MCMC法の中でも，もとの事後確率分布をシミュレートするように考案されているギブスサンプリングがよく用いられます．ギブスサンプリングでは，パラメータを変化させるときに，1つ以外のパラメータをすべて固定して，その1つのパラメータだけをもとの確率分布からルーレットでランダムに選ぶ方法です．このルーレットによるモデルパラメータの変遷を多数回繰り返すと，出てきたモデルパラメータの本当の事後確率分布に近づくことがわかっています．最も単純な例として，遺伝子Aと遺伝子Bの2つしか遺伝子がない遺伝子ネットワークを考えます．上述した遺伝子間行列を方向性がなく，かつ0

か1で表すモデルを作るとします．ギブスサンプリングによって遺伝子A⇔遺伝子Bの関係が1である回数を1と0すべての回数を足した数で割れば，その関係が1である（事後）確率が計算できることになります．

3）グラフィカルガウシアンモデリング

　クラスタリングに近い方法で遺伝子ネットワークをモデル化する方法にグラフィカルガウシアンモデリング（GGM）[2]と呼ばれる手法があります．この方法では，遺伝子の依存関係（グラフィカルモデル）を計算するのに，遺伝子発現データの相関係数から偏相関係数を計算します．偏相関係数は第3の遺伝子の発現状態を固定することによってみかけの相関を排除し，2遺伝子間の発現状態の類似度を定量的に表します．ここで，偏相関係数＝0であるということは，2つの遺伝子が「条件付き独立」であることを意味し，この2つの遺伝子間に直接的な制御関係が存在しない（2つの遺伝子をエッジでつながない）ことが推定されます．こうして計算した偏相関係数のうち，絶対値が小さいものから0におきかえていきます．実際のデータから計算された偏相関係数は0ではありませんから，0に置き換えた時点でモデル化が行われたことになります．このモデル化した偏相関係数行列から相関係数行列を逆算することができ，作成した相関係数行列で同じ様に上記の偏相関係数を計算して，0に置き換える操作を何度も繰り返します．この相関係数計算は背後に正規分布（ガウス分布）を仮定するのでグラフィカルガウシアンモデルと呼びます（図2）．
　モデル化した偏相関係数行列から相関係数行列を逆算すると，逆算された相関係数行列は，元の測定データから算出された（標本）相関係数行列から少しずれています．そこで，このモデル化した相関係数行列がどのくらい元の相関係数行列とずれているかを表す「逸脱度」を統計的に計算します．有意水準1%や5%などに達すると繰り返し計算を終了し，逸脱しない範囲でシンプル化された遺伝子ネットワークモデルの作成を行います．

4）遺伝子ネットワークの類型化

　上記のBNでもGGMでも，例えば生体への活性の種類が異なる化学物質を細胞に暴露するなど，実験条件を様々に変えて遺伝子ネットワークを推定した場合に，何か遺伝子ネットワークにパターンが出てくる場合があります．このようなネットワークパターンを見つけるには，まずはネットワーク全体の類似度を見ることが考えられます．遺伝子ネットワークといってもやはり，上述した遺伝子間行列が得られることになるので，異なる遺伝子ネットワークでこの行列の値を使用してクラスタリングを行うことが可能です．遺伝子ネットワーク行列のクラスタリングでは，マイクロアレイデータのクラスタリングと同じ手法（参

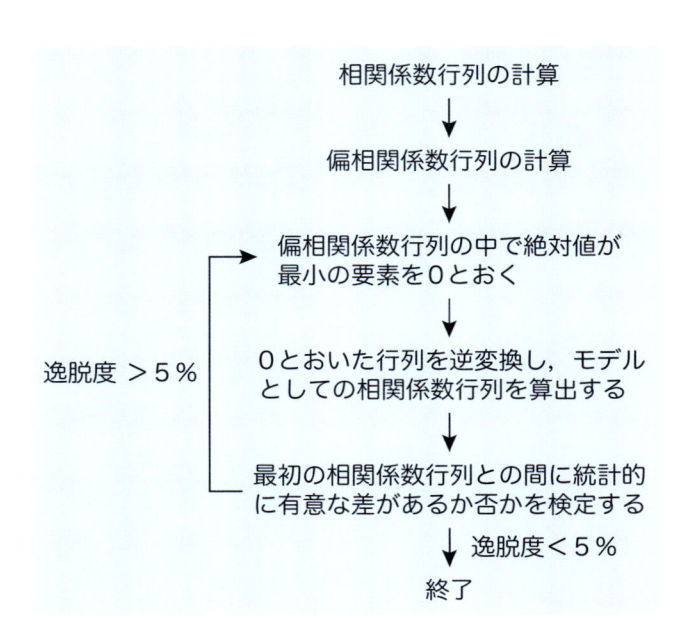

図2 ● グラフィカルガウシアンモデル（文献2の227ページから引用）

照Q20）がほぼそのまま使えるので便利です．ただし，あまり多くの行列要素が0になる場合にはうまくいかないこともありますので注意が必要です．

参考図書
1）『岩波講座 物理の世界 物理と情報〈3〉ベイズ統計と統計物理』（伊庭幸人／著），岩波書店，2003
2）『マイクロアレイ統計解析プロトコール』（藤渕　航，堀本勝久／編），羊土社，2008

（藤渕　航）

4章 実験の目的に合った検定の選び方・実験計画

Question 22 自分の実験に，どのような統計手法が適切か判断するポイントを教えてください

Answer どんな統計手法を選べばよいかは，主に2点で判断します．①どんなデータを持っているか，②どんな結論を得たいか，です．データに含まれるサンプルは1群か多群か，時系列か，ヒストグラムはどんな形か，などを明確に把握した上で，異常サンプルを見つけたいのか，2群が同じかどうかを見たいのか，などの目的を設定すると，おのずと適用できる手法が絞られてきます．

実験データの意味を考えるにあたって利用される「統計手法」は，ごくおおざっぱにいって「統計量の推定」および「検定」に分けられます．

1）統計量を計算する

　統計量の推定とは，決められた値を計算することです．ある1群あるいは多群のサンプルに対し，平均値や分散または標準偏差（ばらつきの大きさ），尖度（せんど，分布の尖り具合），歪度（わいど，分布がどのくらい左右対称からずれているか），標準誤差（リピート実験の再現性のよさ）などを計算するのが「統計量の推定」です．これらは計算方法が決まっているので，経験や判断は必要ありません．データに対して，サンプル数とこれらの値を提示すれば，分布の形を知る参考になります．

　平均値と標準偏差は，ほとんどの場合に計算します．データのヒストグラムが正規分布でなさそうで，かつ他のよく知られている分布とも違いそうなときには，尖度や歪度も計算します．リピート実験が5回程度以上になるときには，標準誤差（平均値の標準偏差）も計算します．

　なお，これらの値を「推定」と呼ぶのは，それらは多くの場合，母集団（真の分布）から得られる限られた数のサンプルから計算される値だからです．母集団の真の値の推定値である，という意味です．

2）検定法を選ぶ

　一方，検定とは，自分の持っている仮説があるときに，その仮説が真実である確率を計算することです．例えばサンプルの分布が正規分布であるか，2群あるサンプルが互いに同じ分布か，あるサンプルが外れ値かどうか，そして，それぞれどのくらいの確率でそう言えるのか，という判断を行うための手法です．検定は非常に多種多様ですが，検定できる仮説はあまり多くありません．よく行われる検定は，以下のようなものです．

- **ある群が，ある特定の分布モデルにしたがって分布しているかどうか**
  - 正規分布，F 分布，カイ二乗分布，t 分布など
- **ある2つの群が，同じ分布をしているかどうか（同じ母集団から発生したといえるかどうか）**
  - 平均値が同じかどうか
  - 分散が同じかどうか
  - 平均値，分散ともに同じかどうか
  - 平均値も分散も同じで，同じ分布かどうか
- **ある群に含まれるあるサンプルが，外れ値かどうか**
  - つまり，あるサンプルがある群に入っているのは，当然なのか偶然なのか

　そして，具体的にどんな検定を行うかは，以下のような点から考えます（図1）．

- 観測対象は1群か，2群か，それ以上か
- 各群は定性値（カテゴリカル）か定量値か
- 定量値なら，分布が正規分布と見なせるか
- 各群のサンプル数はどの程度か
- サンプルは母集団の一部か，それとも全部か

　群の数とは，例えば複数の健常者と複数の患者のサンプルなら，2群です．学校のあるクラスで生徒の身長を測ったデータなら1群ですが，それが男女で分けられていれば2群です．2群またはそれ以上の群があれば，群どうしを比較できます．1群のみの場合は統計量を計算します．

　2群の場合には，その2群の違いが単なる偶然かどうかを数値で示すことができます（p 値，p –value などと呼ばれる値です．参照 Q15）．平均値や分散の違いが偶然でない確率などで，これによりその2群が同じか，有意に違うかを結論します．

分布モデルの検定1
(ある1群に対する検定)

どれかと同じ分布か？
（近似的に同じ形といえるか？）

分布モデルの検定2
(2群を比較する検定)

同じ分布か？
平均値は同じか？
分散は同じか？

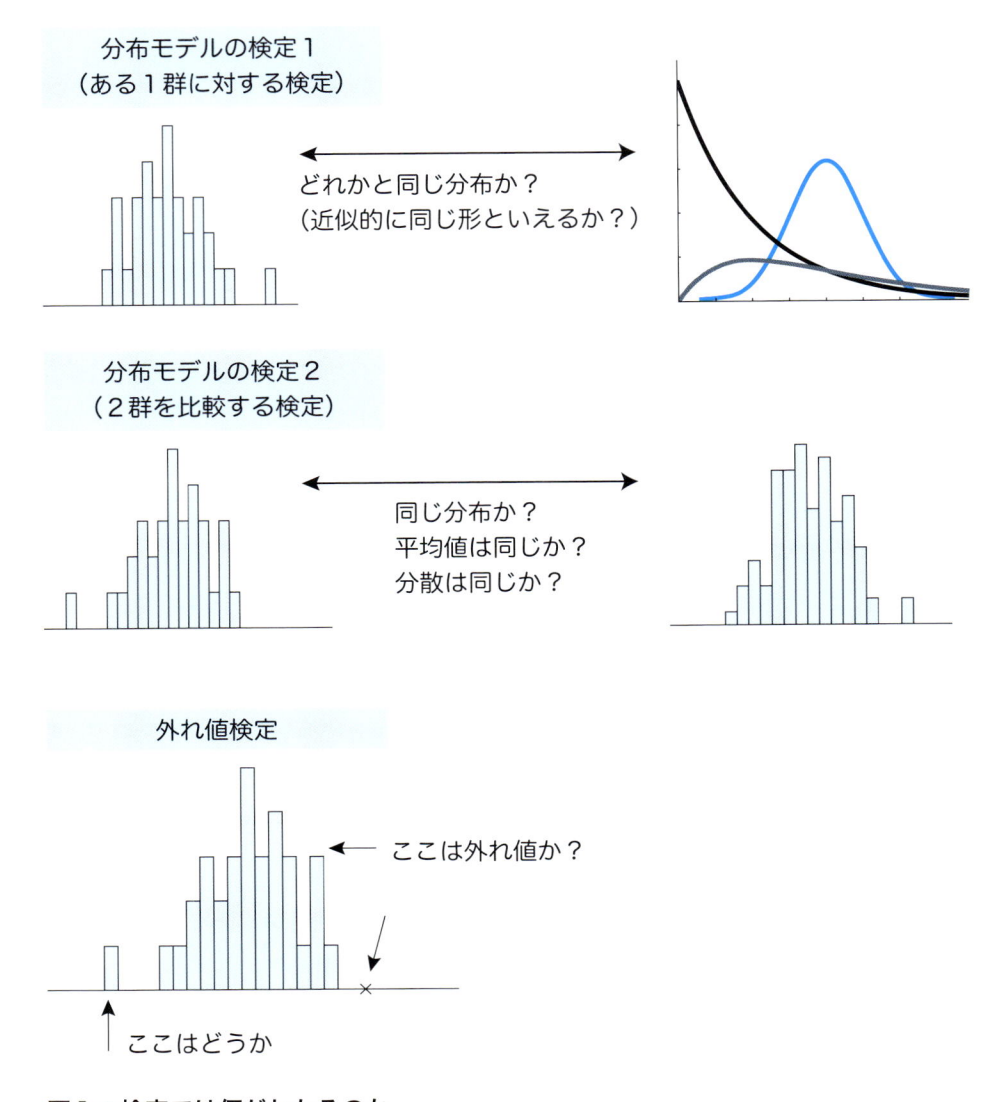

外れ値検定

ここは外れ値か？

ここはどうか

図1 ● 検定では何がわかるのか

「カテゴリカル」というのは，データが数値ではなく，文字や記号で分類を示したものだということです．数値データの場合とは異なる方法で検定を行いますが，どちらがデータとして優れているか，というようなものではありません．データが数値として記録されていても，例えば値として0，1，2の3種類しかないような場合はカテゴリカルであると言えます．「散布図」を描いてみて，すべてのサンプルがいくつかの点に完全に重なっているような場合はカテゴリカルです．カテゴリカルデータでも2群の比較が p 値で行えます（参照Q25）．

平均値

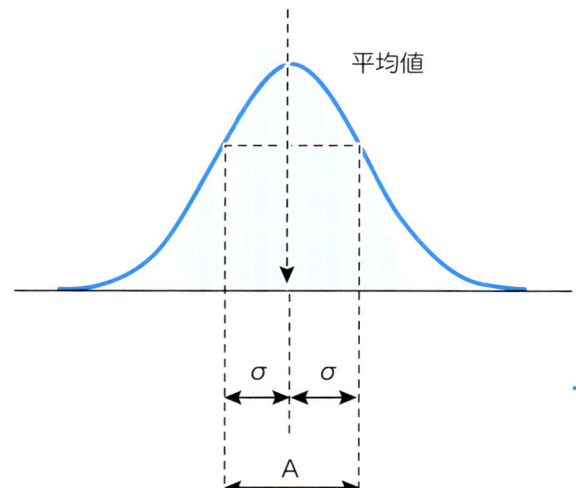

σ σ
A

データから描いたヒストグラム

ヒストグラムにできるだけうまく合うように描いた正規分布のグラフ

σ　標準偏差〔二乗した値（σ^2）を分散と呼ぶ．値はデータから計算される〕

図2　ヒストグラムと正規分布
・正規分布なら，Aの範囲（平均値から±σ）にサンプルが入る割合／確率が約68.26％
・Aの2倍の広さの範囲（平均値から±2σの範囲）に入る割合は約95.44％（有意水準が両側5％の時の大体の信頼範囲）
・サンプルが95％入る正確な範囲は，±1.96σ（もっと正確には，1.959964…）
　→このようなことがすでにわかっているので，データが正規分布であれば解析しやすい

3）まずヒストグラムを見る

　カテゴリカルではなく定量値の場合は，いろいろ考える前に，まずヒストグラムを描いてみます（図2，参照Q24）．ビンの幅を調整して正規分布型のヒストグラムのようになるなら，正規分布と言えるかどうかを検定した上で，「パラメトリック検定」が適用できます．正規分布のデータにはパラメトリックとノンパラメトリックの両方の種類の検定が使えます．どうも正規分布には見えない，という場合は，ノンパラメトリックな検定を行います．既知の分布モデル（t分布やF分布，一様分布など）が当てはまるかどうかを検定することもあります．

　正規分布のデータなら「外れ値」の検定ができます．そうでない場合もできますが，なんらかの分布モデルにしたがっていなければ，外れ値の検定はできません．

4）サンプル数と信頼性

　サンプル数は，多ければ多いほど検定の信頼性が上がります．したがって多いほどいい，とはっきり言えます．例えばデータが1群だけでしかもサンプル数が2，のような場合は解析のしようがありません．またサンプル数が多くても，その全部がまったく同じ値であるような場合も解析できません．検定法の種類によって，どの程度のサンプル数が必要か

は違います．ごく大ざっぱに言って，パラメトリックな方法は，ノンパラメトリックな方法よりも，サンプル数が少なくても問題が生じにくいと言えます．分布モデルがわかっている方が，わかっていない場合よりもサンプル数は少なくて済みます．

　自然科学における観測データでは多くの場合，サンプルは母集団のごく一部です．しかし例えば誰かが以前に作った10個の製品のサイズのばらつき，といったデータの場合は，サンプルは全数サンプル，つまり母集団と同じと捉えられます（その10個のほかにはそもそも観測対象が存在しえないため）．このときは，計算した統計量は推定値ではなく，真の値です．

参考図書・URL
- 『すぐわかる統計処理の選び方』（石村貞夫，石村光資郎／著），東京図書，2010
  →データの形式と調べたいことから，フローチャート的に用いるべき統計手法を選べる解説
- 高木廣文：超音波検査技術，23：329-334，1998
  →臨床統計にあたっての統計用語，概念の捉え方の解説，http://homepage2.nifty.com/halwin/stat.html で公開
- 『統計解析入門 第2版（MSライブラリ3）』（篠崎信雄，竹内秀一／著），サイエンス社，2009
  →推定と検定全般に関する解説
- 『たったこれだけ！統計学』（Michael Harris，Gordon Taylor／著　奥田千恵子／訳），金芳堂，2009
  →統計用語の非常に簡単な解説
- 『統計入門（サイエンスライブラリ 理工系の数学20）』（和田秀三／著），サイエンス社，1979
  →様々な分布モデルの解説
- 『Statistics Hacks―統計の基本と世界を測るテクニック』（Bruce Frey／著　鴨澤眞夫／監　西沢直木／訳），オライリー・ジャパン社，2007
  →サンプルサイズ，全体的な考え方の解説

（富永大介）

4章 実験の目的に合った検定の選び方・実験計画

Question 23 差の検定などにあたって，適切なサンプル数はどのように決めたらよいのですか？

Answer サンプルは多いほどよいのですが，一般には，検定に求めたい信頼性の高さと，サンプリングのコストのバランスで決められます．またサンプルの分布が正規分布になるかどうかで，同じサンプル数でも適用できる検定の種類が変わるため，本格的なサンプリングの前に，予備実験として小数のサンプルを取ってみることも行われます．

　原理的に，パソコンなど利用する機器で扱えないほど多いのでなければ，サンプル数は多ければ多いほどよいと言えます（1つのファイルで数百メガバイトといった大きさになると，ファイルを開いたり，Microsoft Excelなどの表計算ソフトで処理をするのが，パソコンの性能によっては困難なことがあります）．

　実験の（時間的，金銭的，人材的な）コストによってサンプル数が制限されることもありますが，サンプル数を調整できる場合には，可能な限り多くとることが統計解析の信頼性を向上させます．つまり，検定においてp値のより小さな解析結果につながりやすくなり統計量の信頼区間を狭めることができます（精度を上げることができます）．

1）必要最低限のサンプル数

　必要とされるサンプル数は，データが正規分布になっているかどうかによっても違います．例えば，真の分布が正規分布であるような母集団から少数のサンプルをとるとき，そのサンプルの分布はt分布になるとされています（図1）．したがってt分布は，サンプル数が多くなるにつれて正規分布に近づいていきます．t分布の信頼区間の表（図2）を見るとわかりますが，正規分布の95％信頼限界（信頼区間の上下限）の値は1.960ですが，t分布だとサンプル数が10（自由度が9）のときは2.262，サンプル数30（自由度が29）のときは2.045で，サンプル数が30であれば正規分布とt分布の信頼区間の差を約4％［＝（2.045－1.960)/1.960］程度にできることがわかります．ここから，多くの場合サンプル数が30

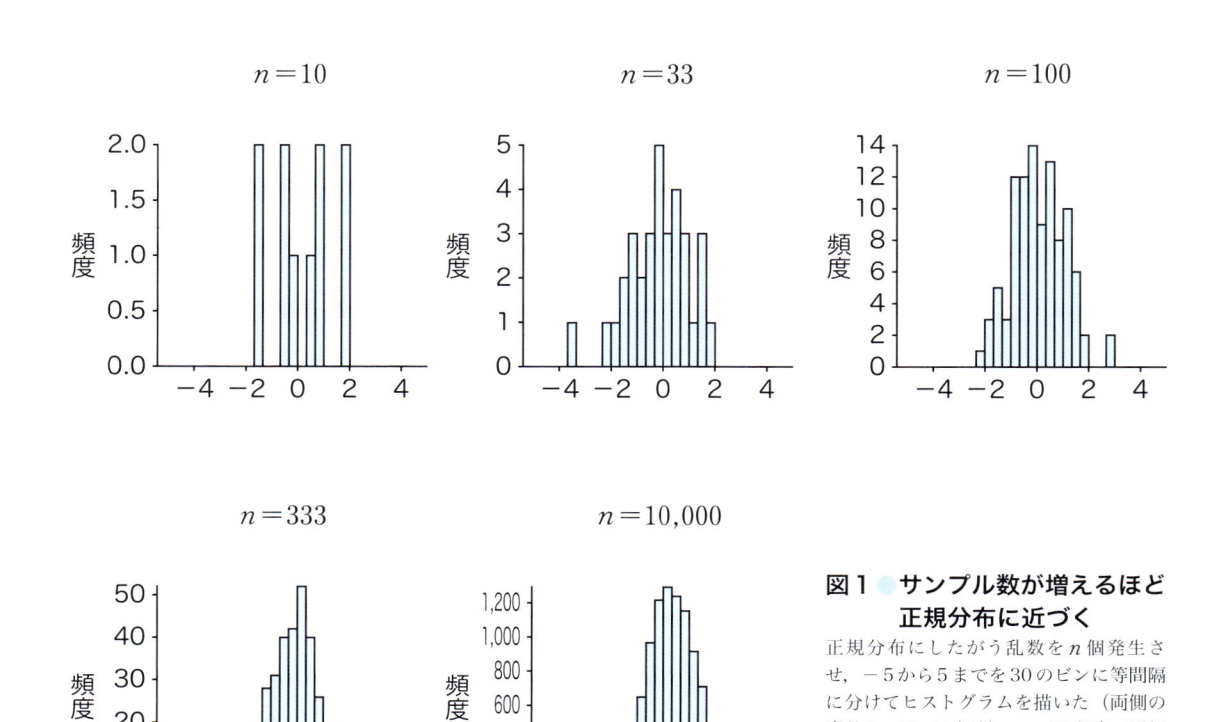

図1 ● サンプル数が増えるほど正規分布に近づく

正規分布にしたがう乱数を n 個発生させ，−5から5までを30のビンに等間隔に分けてヒストグラムを描いた（両側の度数0のビンは省略）．$n=30$程度で正規分布していると見なすことが多い．母集団が正規分布でも，そこから少数のサンプルしか得られなければ正規分布には見えない

未満のときは t 分布，30以上のときは正規分布であると見なすといったことが行われます．

　パラメトリックな検定を用いたい場合には，サンプルが正規分布であることが前提条件となるので，サンプル数が30以上であることが望ましい，と言われています．

　正規分布という仮定が置けない場合はノンパラメトリックな検定を行うことになりますが，その場合はパラメトリックな検定よりも多いサンプルが必要なときと，より少なくてよいときと，両方があります．パラメトリックな方法はいくつかの制約条件を付けることでよりシンプルな計算で済みますが，ノンパラメトリックな方法はそられの制約を回避するために，様々な工夫（より複雑な計算や条件づけ）を p 値を計算する過程で行っています．正規分布しているサンプルにノンパラメトリックな検定を行っても構いませんが，可能な場合はパラメトリックな検定を行い，データが正規分布に見えないときはノンパラメトリックな検定を行う，という考え方が一般的です．

　以上から，サンプル数を決める際にはまず，観測値が正規分布するかどうかを予想する必要がありますが，現実的には，サンプルを取ってみないと正規分布かどうかはわかりません．そのため，前もって試験的な観測や文献のサーベイなどで，サンプルが正規分布しそうかどうかの見当をつけてからサンプル数を決めるか，またはすでに得られているサン

有意水準 自由度 （サンプル数−1）	90% (0.1)	95% (0.05)	99% (0.01)
・・・	・・・	・・・	・・・
9	1.8333	2.262	3.250
・・・	・・・	・・・	・・・
29	1.699	2.045	2.756
・・・	・・・	・・・	・・・
正規分布	1.645	1.960	2.576

あまり大きくない差でも見つけたい ← ゆるい　有意水準　厳しい → 明白な差だけを見つけたい

差が大きくないと確実に差があるとは言えない ↑ 小　サンプル数　大 ↓ 差が小さくてもより確実に差があると言える

図2　t 検定の各有意水準における統計量 t の値（両側検定）
有意水準とは，2 つのものに差があるかないかについての判断基準である．計算で得られた p 値が各自で決めた有意水準よりも小さければ「偶然では起こりにくいことだ，だから必然的に生じた差なのだろう」と考え，差があることを認める．例えばサンプル数が 10 の 1 群があるとき（自由度が 9），その平均値がある値と有意に違うかどうかを検定する場合，サンプルの値から計算した統計量 t の値が 2.262 であれば，p 値は 0.05 である．これは，『0.05 < 0.1 なので，有意水準 0.1（= 90%）で有意と判断され』，『0.05 = 0.05 なので，有意水準 0.05（= 95%）で有意と判断される』が，『0.05 > 0.01 なので，有意水準 0.01（= 99%）では有意と判断されない』．サンプル数が大きくなると統計量 t の値は小さくなる．したがってサンプル数が 30（自由度が29）に増えればより小さな p 値になり，分散や平均が同じであれば，有意であると判断されやすくなる．なお，サンプル数が大きくなると統計量 t の分布（t 分布）は正規分布に近づく．

プルにおいて，サンプルの値の分布を見て検定方法を選ぶ，ということになるでしょう．

2）ノンパラメトリック検定のサンプル数

　　ノンパラメトリックな方法は非常に多種多様であり，パラメトリックな場合のようにおおよそ 30 以上であればよさそう，といったことが一般にはいえません．しかしノンパラメトリックな方法は二種類に分けられることがヒントになりえるでしょう．1 つは「直接に」正確な確率を求める検定法，もう 1 つは統計量を計算することで「間接的に」確率を求める方法です．前者はサンプル数が数個でも信頼性の高い検定ができます（と言っても 1 群あたり 5〜6 個以上のサンプルは必要です）．それらには

- 二項検定（2 群が同じかどうかの検定）
- フィッシャーの正確確率検定（クロス集計表または分割表が与えられたときの，多群がすべて同じかどうかの検定，参照 Q25，Q35）

があります．これら以外のノンパラメトリックな検定はおおよそ，内部で計算する統計量が何らかの分布モデルにしたがうという近似を使っているため，正確確率を計算する検定よりは多くのサンプルが必要で，おおよそパラメトリックな検定法と同程度です．

　正確確率が計算できない場合はG検定またはカイ二乗検定が使われますが，カイ二乗検定はG検定の近似なので，G検定の方が推奨されます．

参考図書・URL
- 『44の例題で学ぶ統計的検定と推定の解き方』（上田拓治／著），オーム社，2009
    → 正規分布のサンプルサイズを見積もる計算式の解説
- 『Statistics Hacks —統計の基本と世界を測るテクニック』（Bruce Frey／著　鴨澤眞夫，西沢直木／訳），オライリー・ジャパン社，2007
    → t検定のサンプルサイズの決め方の解説
- 『Sample Size Tables for Clinical Studies, Third Edition』（David Machin，他／著），Wiley-Blackwell，2009
    → t検定や生存率の検定を含め様々なケースの臨床データ解析におけるサンプル数の決定方法の解説
- 『サンプルサイズ計算表』（森實敏夫）（http://www.kdcnet.ac.jp/hepatology/technique/statistics/samplesize.htm）
    → 神奈川歯科大学内科の森實敏夫先生のホームページ「Hepatology on the Web」から，『Sample Size Tables for Clinical Studies, Second Edition』にしたがったサンプル数の計算が自動で行えるMicrosoft Excelのシートをダウンロードできる
- 『統計学自習ノート』（青木繁伸）（http://aoki2.si.gunma-u.ac.jp/lecture/index.html）
    → 群馬大学社会情報学部の青木繁伸先生による統計全般に関する解説，「統計・検定」ページにはフィッシャーの正確確率検定やパラメトリック，ノンパラメトリックな各種の検定が詳細に説明されている

（富永大介）

4章 実験の目的に合った検定の選び方・実験計画

Question 24 データが正規分布になっているかどうすれば確認できますか？ また正規分布となっていない場合，どのように検定すればよいのでしょうか？

Answer どんなデータも，ヒストグラムを描いてみて，その形を視覚的に確認することが重要です．左右対称な正規分布の釣り鐘型に見えるなら，正規性の検定を行います．しかし目では正規分布に見えなくても，データ変換をすると正規分布の形になることもあります．データが正規分布ではなさそうな場合には，ノンパラメトリック検定を行います．

1）第一にヒストグラムを描く

　最も重要なことは，まず最初にデータのヒストグラムをプロットして，目で確認することです．明らかに左右非対称であれば，それは「そのままでは」正規分布ではないと考えます（対数正規分布であるなどの可能性を考えます．後述）．ヒストグラムのビンの数は，増やしたり減らしたりして試行錯誤し，できるだけ正規分布の形に近くなるように調整し，もっともよく形が見えるようにして見当をつけます（図1）．その際，各ビンの幅（そのビンに含まれるサンプルの値の範囲）が同じになるようにします．

2）正規分布かどうか検定する

　ヒストグラムの形が鋭いピークであったり，一様分布に近いような平たい形に見えても，じつは正規分布にしたがっている場合もあります．したがって，ヒストグラムが左右対称に見えるようなら，正規分布と見なせるかどうかを検定で確かめます．よく使われる検定法には以下のようなものがあります．使えるときにはできるだけ上のものを使うべき，という順番にあげます．

・アンダーソン・ダーリング検定（任意の分布モデルと比較，Anderson-Darling test）

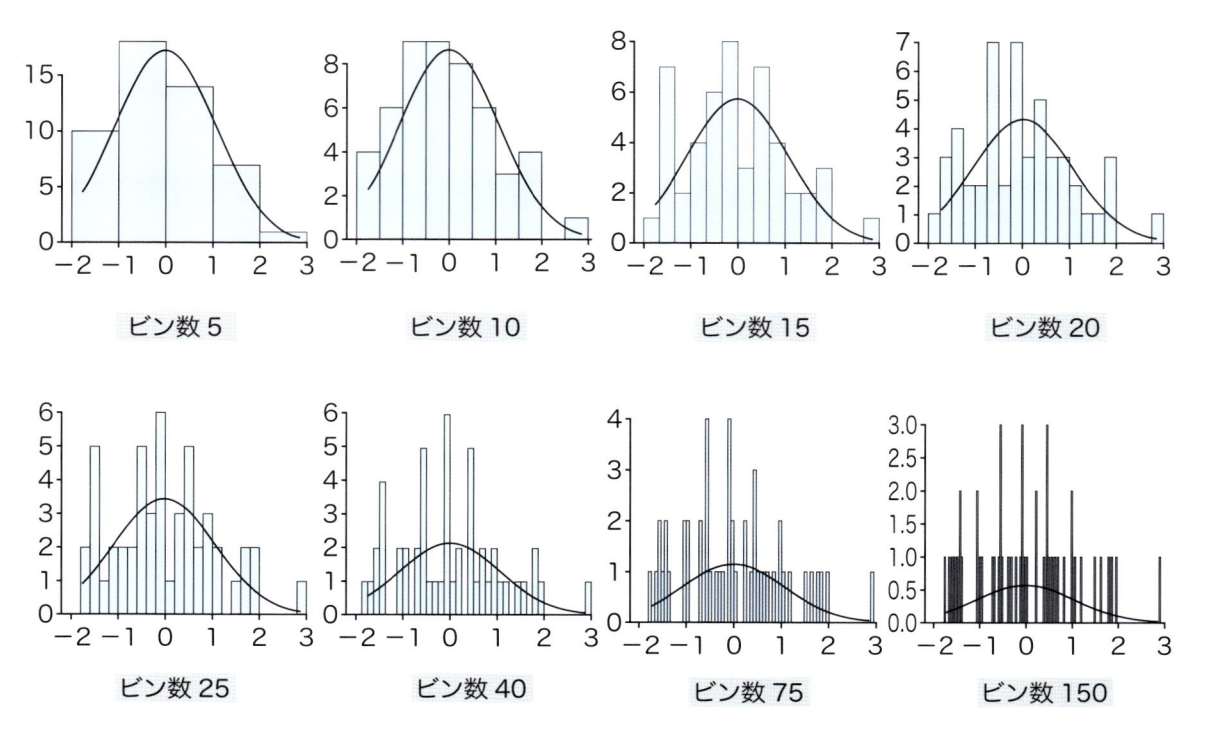

図1 ● ビン数によりヒストグラムの形が変わる
上のヒストグラムは全て同じデータで描いているが，ビン数を15程度よりも大きくすると，ヒストグラムの凹凸が激しくなり，正規分布曲線がうまく合わせられなくなる．つまり，むやみに多いビン数のヒストグラムだけを見て，そのデータが正規分布でないと判断するのは危険である．見てもよくわからない場合は，検定する

- シャピロ・ウィルク検定（正規分布性の検定，Shapiro-Wilk test）
- リリフォース検定（正規分布性の検定，Lillifors test）
- コルモゴロフ・スミルノフ検定（任意の分布モデルと比較，KS検定，Kolmogorov-Smirnov test）
- カイ二乗検定（任意の分布モデルと比較，Pearson's Chi-square test）

　アンダーソン・ダーリング検定とコルモゴロフ・スミルノフ検定（KS検定），カイ二乗検定は，サンプルの分布を任意の分布モデル（図2）と比較し検定する方法です．またリリフォース検定はKS検定を正規分布性の検定に利用する場合に限って改良したものです．KS検定やリリフォース検定に比べると，アンダーソン・ダーリング検定はサンプル数が少ないとき（25以下程度）にも正しく確率を計算できるので，これが使える場合は，KS検定やリリフォース検定をやる理由はほぼないと言っていいでしょう．KS検定は，サンプル数が数千程度あれば問題なく使えます．

　一方シャピロ・ウィルク検定は，サンプルの分布が正規分布かどうかだけを検定する方

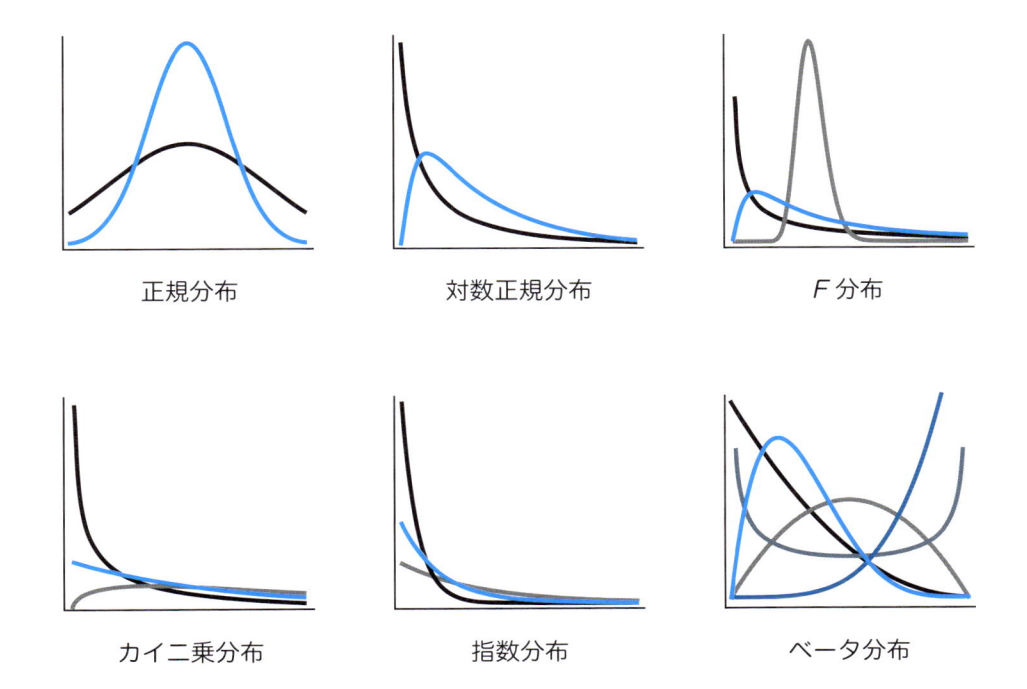

正規分布	対数正規分布	F分布
カイ二乗分布	指数分布	ベータ分布

図2 ●様々な分布の形（確率密度関数（PDF：Probability Density Function）のプロット）

法です．サンプル数ががあまり多いとき（2,000以上）には使いません．

　上にあげた検定の帰無仮説はいずれも「サンプルの分布と正規分布との違いはない」です．したがって検定で計算される p 値は，そのデータの母集団が正規分布である確率なので，p 値が0.05や0.01といった小さな値なら「正規分布とは言えない」ということになります．逆に p 値が大きいときは「正規分布じゃないとは言えない（だから正規分布だろう）」という意味です．

3）データを変換すると正規分布になることがある

　データのヒストグラムを見たときに明らかに左右非対称であった場合は，データの対数値のヒストグラムを見てみるといい場合があります（図3）．またボックス・コックス（Box-Cox）変換で，対数変換を含む様々な変換ができます（パラメータ λ が，0だと対数変換，1だと無変換，0.5だと平方根を取ることになる）．こういった変換をすることでデータのヒストグラムを正規分布に近くすることができるようなら，変換後のデータに対してパラメトリック検定を行うことができます．これはケースバイケースで，いろんな変換をやってみて，その都度ヒストグラムを見るか検定するかで正規分布しているかどうかを調べるしかありません．

A）対数変換

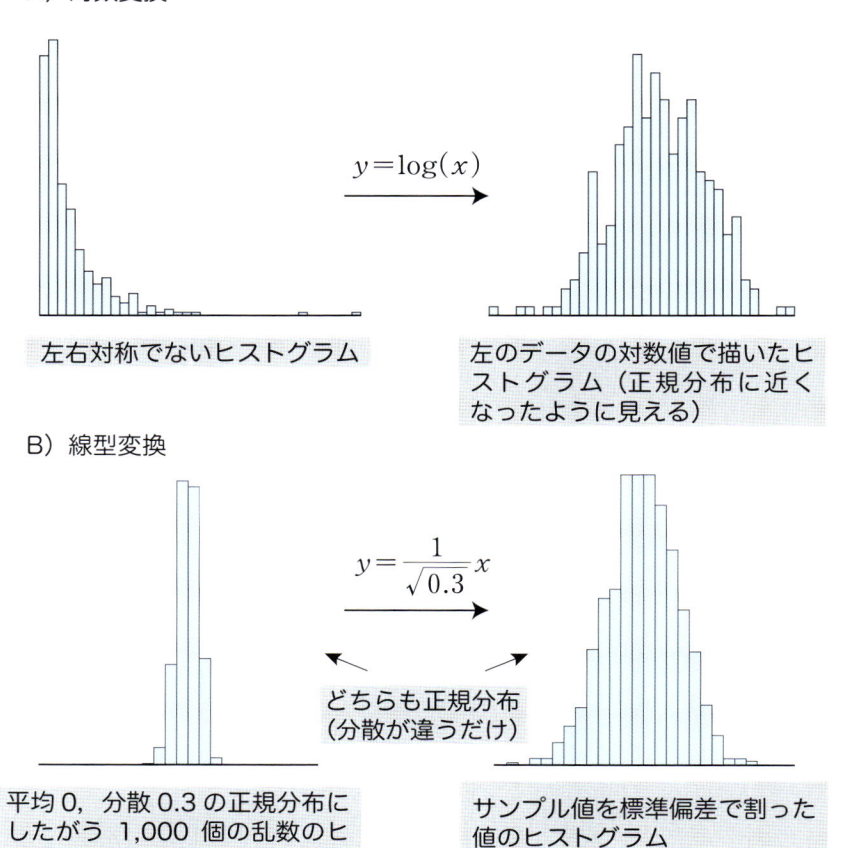

$y = \log(x)$

左右対称でないヒストグラム　　左のデータの対数値で描いたヒストグラム（正規分布に近くなったように見える）

B）線型変換

$y = \dfrac{1}{\sqrt{0.3}} x$

どちらも正規分布（分散が違うだけ）

平均 0，分散 0.3 の正規分布にしたがう 1,000 個の乱数のヒストグラム　　サンプル値を標準偏差で割った値のヒストグラム

図3 ● データ変換の例

　データの変換にはほかに，逆数を取る，または線型変換する（適切に決めたパラメータ a，b を使って元データ x から $y = ax + b$ として変換後のデータ y を得る）などがあります．しかし，現在はノンパラメトリック検定がパソコンで手軽に利用できるようになっているのに加えて，変換をやってよいという統計学的に積極的な根拠がないため，しなくて済むなら変換はしないほうがよいと考えられます．

4）正規分布ではない場合

　データが正規分布ではないと判断される場合は，以下の2つの状況が考えられます．

　　・データの分布に，特定の分布モデルが当てはめられるとき

・分布モデルを当てはめられない（または当てはめない）とき

　特定の分布が当てはめられるかどうかは上述のように，アンダーソン・ダーリング検定とコルモゴロフ・スミルノフ検定（KS検定），カイ二乗検定で確かめられます．データに当てはめる分布モデルはどれが最適なのかは，データのヒストグラムを見ながら，経験と試行錯誤で探さなければなりません（図2）．

　分布モデルを決めたら，その分布モデルに対応した検定法がある場合があります．そうした検定法が見つからない場合，あるいは分布モデルが当てはめられない場合は，ノンパラメトリック検定を行います（参照Q25, Q27）．

　なお，パラメトリックな検定法が利用できる条件が揃っている場合は，積極的にパラメトリックな方法を使うべきであるとされています．それは，そういった条件ではノンパラメトリックな検定法は検出力が落ちる（有意差が出にくい）ことがあるためです．

参考図書・URL
- 『生物学を学ぶ人のための統計のはなし』（粕谷英一／著），文一総合出版，1998
　　→パラメトリックとノンパラメトリックの違い，検定の概念の解説
- 『たったこれだけ！統計学』（Michael Harris, Gordon Taylor／著　奥田千恵子／訳），金芳堂，2009
　　→統計用語の非常に簡明な解説，ごく簡単な変換の例がある
- 『医学研究のための統計的方法』（P. Armitage, G. Berry／著　椿美智子，椿 広計／訳）サイエンティスト社，2001
　　→データ変換を含む統計全般の解説
- 『統計科学辞典』（B. S. Everitt／著　清水良一／訳），朝倉書店，2011
　　→Box-Cox変換の解説

（富永大介）

4章 実験の目的に合った検定の選び方・実験計画

Question 25 臨床統計において，治療効果の信頼区間と有意差はどのように求めるのですか？

Answer 信頼区間とは，データから計算した統計量（平均値など）の精度，つまりそれが母集団の真の値とどれだけ近いか，を表します．多くの場合，データが正規分布していることを前提に，あるいはそう仮定して信頼区間を計算します．

1）信頼区間とは？

ある疾患を持つ100人の患者の集団を，投薬対象とそうでないという50人ずつの2群に分けて，以下のような結果が出たとしましょう（表1）．

このような場合，数字は実質4個しかない（小計は，投薬／治癒の数から計算できるため）ので，データの分布を見ようにもヒストグラムの描きようがありません．わかるのは「各群でイベントの起こっている比率」くらいです．分布の様子がわからなければ，信頼区間も何も計算できません．しかし幸いにも，臨床データは正規分布していることが多いと言われています．そこで，この場合もそうだろう，群を何度もサンプリングして比率をその度に計算すれば，比率の値は正規分布するに違いない，と信じることに決めてしまうと，信頼区間の計算などの解析（パラメトリックな手法）ができることになります．そのためには，ある程度サンプルが多いことが前提になります（参照Q23）が，イベントの比率が2群で違うかどうかだけなら，ノンパラメトリックな「正確検定」という方法が使えます．

いずれにせよこの場合にも描ける図は，ヒストグラムの代わりに，比率を表す棒グラフや円グラフになります．データが表1のクロス集計表で与えられた場合は図1のようになります．

表1　臨床研究データの例（クロス集計表）

	治癒した	治癒しない	小計
投薬した	37	13	50
投薬しない	22	28	50
小計	59	41	100＼100

円グラフの方には，それぞれの患者数そのものではなく，比率に直して記入してあります．ここでできる統計解析は「この比率は，真の比率にどれくらい近いのか？」を数値で示すことです．限られた個数のサンプルから得られた数値が，その現象の本質である真の値と比べて，ずれるとしたらどの程度なのかを計算します．その程度を「信頼区間」と呼びます（参照Q11）．このデータに対しては，以下の2つの統計解析がよく行われます．

- 各群（投薬した／しない）についての，比率（治癒した／しない）の信頼区間の計算
- 2群の比率に違いがあるかないかの検定，または2群が相関しているか，独立なのかの検定

前者，信頼区間の計算はパラメトリックな手法です．比率が正規分布する，という前提です．つまり，1群のサンプルを母集団から得て比率を計算する，ということを何度も繰り返したとき，その比率が正規分布するということが前提になっています．一方，後者の比率の差の有無の検定は，パラメトリックな方法とノンパラメトリックな方法の両方があります．

2）計算した比率の正しさを見積もる

まず1つ目の「信頼区間の計算」は，「母比率の区間推定」または「母比率の信頼区間の推定」などと呼ばれる解析です．各群に対して行われるので，1群しかなくても計算できます（この場合だと，投薬した群だけ，あるいは投薬しない群だけでもいいということです）．上の例では「50人に投薬して治癒した人は37人」ですが，この50と37という2

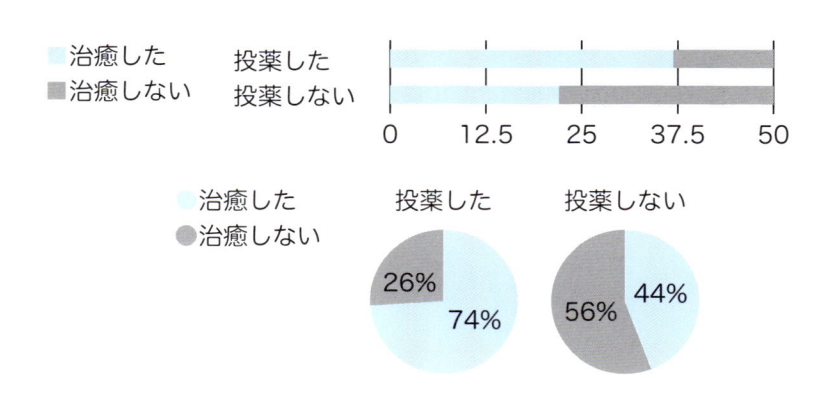

図1 ● クロス集計表（表1）から描いたグラフ

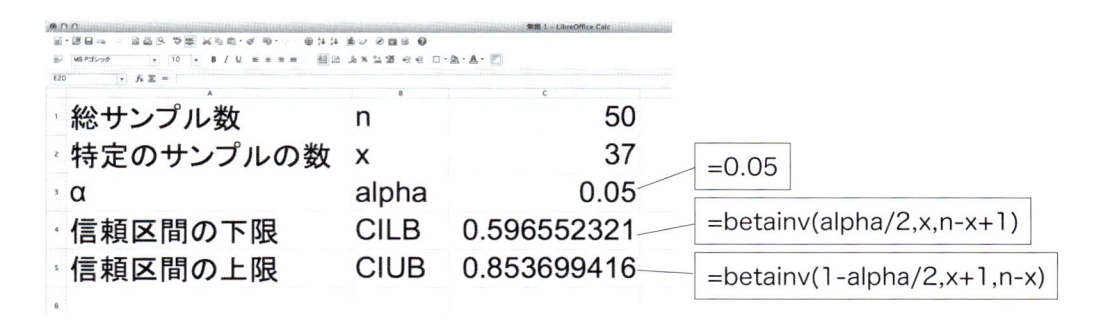

図2 ● 表計算ソフトを使った母比率の信頼区間推定[1)]

表1の「投薬した」のデータからを見ると投薬して治癒した割合は37/50＝0.74だが，この値の精度が信頼区間で示される．棄却域αを決めると「真の値がこの範囲にある可能性がαである」という範囲が計算できる．Microsoft Excelに図のように入力すればよい

つの数値だけから区間推定ができます．Microsoft Excelなど多くのソフトウェアで簡単にできるようになっていて（図2），実際に求めると，「95％信頼区間は0.597以上0.854以下である」というような値が得られます（図3）．これは，

- ・50人中37人というのは割合で示すと0.74だが，それは，たまたまそうなるサンプルが得られただけ
- ・平均値の真の値は0.597から0.854の範囲に入っているだろう
- ・平均値の真の値がその範囲に入っている確率は95％である

という意味になります．

　この信頼区間は，サンプル数が増えるとより狭くできる，つまり精度を高くできます．同じ74％でも，500人中の370人では95％信頼区間は0.699から0.778，5,000人中の3,700人では0.728から0.752になり，信頼区間の幅（大きな値から小さい値を引いたもの）は，50人では0.257なのが5,000人では0.0245と，区間の幅を非常に狭くできます．しかしサンプル数を2倍にしても信頼区間は2分の1になるわけではありません．しかもサンプル数が大きくなるにしたがって信頼区間は狭くなりにくくなります．観測の前にあらかじめ，イベントの起こる確率をごく大ざっぱでいいので予想し，乱数でサンプルを作って信頼区間を計算してみます．これをサンプル数を変えながら繰り返せば，サンプルの数をどのくらいにすれば，十分に信頼区間を狭められるかの見当がつけられます．

A)

比率の真の値は，恐らくこの範囲の中にある

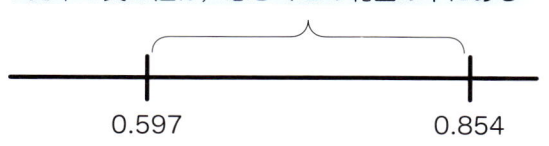

0.597　　　　　　0.854

条件
・サンプル数が50
・その中の特定の性質のものが37
・サンプル群をランダムに何度も選ぶとき
　この比率は正規分布すると言ってよい

結論
・比率の真の値は，0.597～0.854の間に
　ある確率が　95%

B)

信頼区間の幅（対数） vs サンプル数（対数）

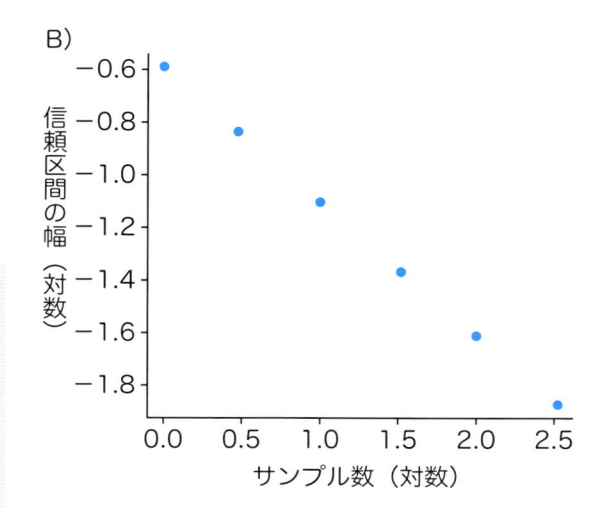

図3　サンプル数を多くすると信頼区間を狭めることができる
A）治癒した／しないの，真の比率は無限に多くのサンプルを取らないとわからない．サンプルの数と，サンプルにおける比率から，真の比率がどの範囲にありそうかが計算できる
B）サンプル数と信頼区間の幅の関係．両対数プロット．サンプル数を多くすると，信頼区間の幅を狭くすることができる．しかしサンプル数を2倍にしても信頼区間を半分にできるわけではない

3）2群の差の検定

　そして2つ目の比率の差の有無の検定ですが，パラメトリックな方法とノンパラメトリックな方法があります．どちらも，上の例で言えば投薬した群としない群の間で，治癒した比率が有意に違うかどうかを検定します．パラメトリックな方法はカイ二乗検定です．多くのソフトウェアで簡単に行えますが，サンプル数が少ないときはおかしな値がでやすくなります．そこで，サンプル数が30に満たないときは，フィッシャーの正確確率検定（Fisher's exact test，正確検定）を行います（参照Q35）．得られるp値はフィッシャーの正確確率検定の方が，その名の通り正確なので，使えるときにはこちらを使います．なお，サンプル数が数百程度になれば，どちらもほぼ同じ結論を得るようになります．

　どちらも帰無仮説は「2群の比率に差はない」なので，検定で計算されるp値が非常に小さいときに「有意に差がある」と結論されます．上の例のデータから計算されるp値は，カイ二乗検定では0.00229，フィッシャーの正確確率検定では0.00416で，有意水準を0.05（95%）や0.01（99%）にしたときは，どちらもp値が有意水準より小さいので帰無仮説が棄却され，対立仮説である「差がある」が採用されます．カイ二乗検定のソフトウェアを用いた計算例を図4に示します．

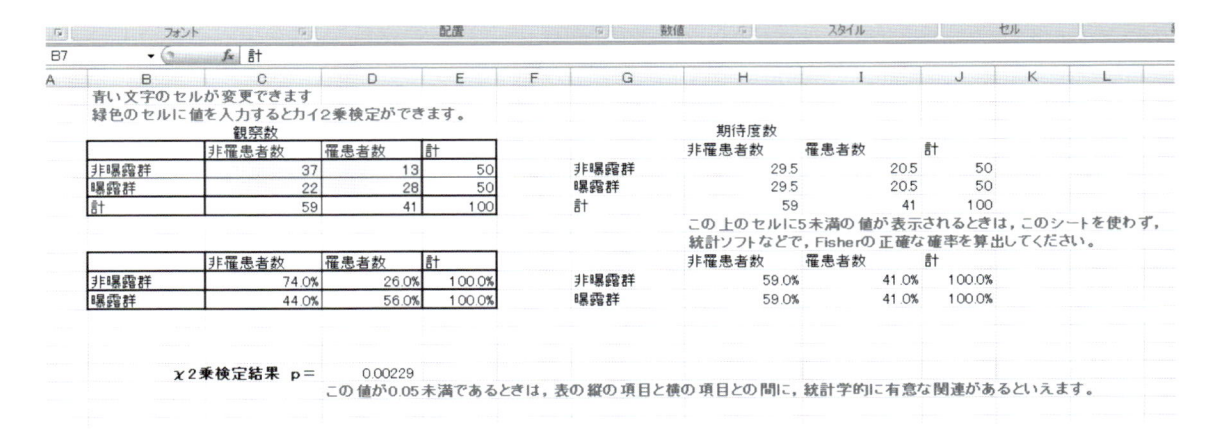

図4 ● クロス集計表からカイ二乗検定でp値を計算する

茨城県立健康プラザで公開されている Excel シート[2]を使うと，クロス集計表から簡単に p 値を計算することができる．右側の「非曝露群／曝露群」を自分のデータ（ここでは表1）で投薬／非投薬などの「原因」に相当するものに，上側の「非罹患者数／罹患者数」をその結果が現れたものとそうでないものの数にすると，原因が結果を引き起こしたかどうかが p 値で示される．p 値が例えば 0.05 より小さければ「有意水準 0.05 で有意と言える」ことになる

4）検定の示す意味

上の例における検定の結果としては「まず各 50 サンプルの観測結果として，投薬により治癒した割合は 74％で，投薬しなくても治癒した割合が 44％だった．これは，有意水準を 0.05 とするとき，投薬には有意な効果があると言える．また投薬により治癒する確率は 74％だったが，その真の値は，95％信頼区間として約 60.0％から約 85.4％の間である」と結論できます．しかしこの結論を，あえて解釈のための条件を省いて，

・投薬には効果がある
・投薬により，大体6割から8.5割の人が治癒する

と端的に表現するような例もあります．

参考 URL

1）『母比率の信頼区間の求め方（2項分布）』(堀啓造)（http://www.ec.kagawa-u.ac.jp/~hori/delphistat/binom.html）
　→香川大学経済学部の堀啓造先生による Excel を使ったベータ分布による計算法
2）『カイ二乗検定（2×2表）』(茨城県立健康プラザ)（http://www.hsc-i.jp/03_seikatsu/tiikisindan_tools.htm）
　→茨城県立健康プラザによる，クロス集計表からカイ二乗検定で p 値が計算でき，有意差の有無がすぐにわかる Microsoft Excel シートがダウンロードできる．

参考図書
- 『統計解析入門 第2版（MSライブラリ3）』(篠崎信雄，竹内秀一／著), サイエンス社, 2009
  →母比率の信頼区間の計算法と，サンプルサイズの決め方の解説
- 高木廣文：臨床泌尿器, 40：705-710, 1986
  →「臨床研究のための統計学 III. クロス表の検定」カイ二乗検定とフィッシャーの正確確率検定の例題による解説（http://homepage2.nifty.com/halwin/stat.html で公開）
- 『医学研究のための統計的方法』(P. Armitage, G. Berry／著　椿美智子, 椿 広計／訳) サイエンティスト社, 2001
  →母比率の信頼区間を二項分布を使って計算する方法の解説

（富永大介）

4章 実験の目的に合った検定の選び方・実験計画

Question 26 検定法によって有意差が出る場合と出ない場合があるのはなぜですか？

Answer

検定法ごとに前提条件があります．また，検定法によってはロバストネスや検出力に差があります．そのため，適した検定法を用いないと結果が全く変わってしまうことがあります．検定を道具として利用する立場からは，サンプル群に対して適用できる検定法をリストアップし，適切な検定法を選ぶことをお勧めします．

1）もっとも大きな前提条件：サンプル値の正規分布性

　検定法には多くの場合，前提条件があります（表1）．検定対象としているサンプル群が正規分布であると仮定している方法が「パラメトリック」，その前提を置かないものが「ノンパラメトリック」とそれぞれ分類されています．検定対象の群が正規分布であれば，どちらの方法を使っても同じ結果になります．しかしそうでなければ，まったく違った結果になることもあります（図1）．そのため，データがそろったらまずは，サンプルのヒストグラムをプロットするなどして，その分布の形を目で見てみることが重要です．それが正規分布に似ていたら，正規分布であると有意に言えるかどうかを検定し，「正規分布でないとは言えない」と判断されたらパラメトリックな検定を，そうでなければノンパラメトリックな検定を行います（参照Q22, Q24）．

　また，例えばカイ二乗検定では，サンプルの値からカイ二乗値と呼ばれる値を計算し，これがカイ二乗分布という分布モデルに従う，という仮定の元に p 値を計算します．この仮定は，サンプルの分布が正規分布，あるいは二項分布のときには正確に成立しますが，そうでない場合にはカイ二乗検定で得られる p 値は正しいとは言えない，ということになります．そしてサンプル数が少なくなると，だんだんとおかしな p 値が出やすくなってきます（図2）．これはサンプル数が少なくなるにつれて，だんだんと前提条件が成り立たなくなっていくからです．

2) 検定法にはそれぞれの性質がある

現実に得られるデータでは，母集団が正規分布であることは間違いないとされていても，サンプルの分布が完全に正規分布になることはまずあり得ません．サンプル分布の正規分布とのズレは，検定の結果である p 値に影響を与えます．サンプルが少ないほどズレが目立つケースが増え，同じズレでも受ける影響の大きさは検定の種類によって違います．また外れ値も影響を与えます．これらからの「影響の受けやすさ」はロバストネス（robustness，頑健さ）といって，検定法を選ぶ際の目安になります．特にサンプルが少ないときは「小サンプルでのロバストネスはどうか」と言った点から検定法を選びます（参照Q27）．

表1　代表的な検定の前提条件と検出力・ロバストネス

比較的多く用いられる検定	前提条件	検出力・ロバストネス
フィッシャーの正確確率検定，二項検定	なし	高
t 検定・F 検定	データの母集団は正規分布	高
マン・ホイットニーのU検定（ウィルコクソンの順位和検定）	統計量Uが正規分布に従う	中
ウィルコクソンの符号順位検定	統計量Sが正規分布に従う	中
カイ二乗検定・中央値検定	統計量χ^2がカイ二乗分布に従う	低

表中で検出力・ロバストネスが中から低のものはいずれもノンパラメトリック検定で，t 検定，F 検定がデータの分布に正規分布性を前提としているのに対し，データから計算される各検定法で固有の統計量が正規分布に従う，という前提条件に立っている．サンプルが多いときにはその条件が成立してくるが，どの程度のサンプル数でどの程度成立するかはそれぞれの統計量ごとに異なるために，検出力やロバストネスが異なる．フィッシャーの正確確率検定や二項検定では，データが示している場合の発生する確率を，すべてのありうる場合の数え上げから計算するため，サンプル数が増えると計算時間がかかるが，必要とする前提条件がない．なお t 検定，F 検定は小サンプル数に対してはロバストだが，データの正規分布性が崩れる状況には弱い．統計量を計算する上のノンパラメトリックな検定は，その逆の性質を持っている

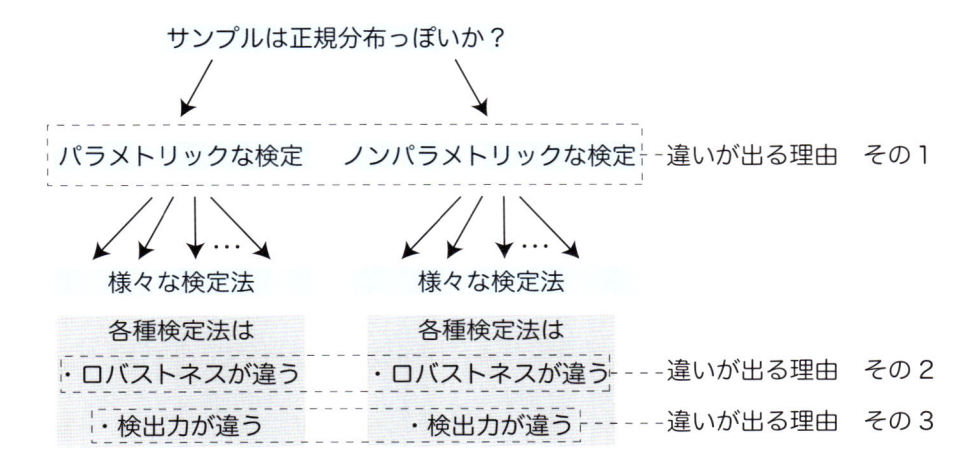

図1　有意差に違いが出る理由

投薬効果を見たいデータ

	治癒した	治癒しなかった
投薬した	1	2
投薬しない	3	1

投薬効果の有無を検定

	得られる p 値
カイ二乗検定	0.741
フィッシャーの正確確率検定	0.485

図2 ● 検定によるロバストネスの違い
どちらの検定も「投薬の効果がない」が帰無仮説,「効果がある」が対立仮説. p 値は帰無仮説が正しい可能性を表すので,カイ二乗検定では「効果がなかった,という可能性が 74.1％」つまりあえて言えば,効果があった可能性よりもなかった可能性の方が高いと結論される.しかし一方でフィッシャーの正確確率検定では,どちらの仮説もあまり可能性は変わらないが,どちらかと言えば「効果があった」可能性の方が少し高い.カイ二乗検定はサンプル数が少ないときには,正確とは言えない結果が出ることがある.いずれにせよ,p 値が 0.05 などの小さい値にならなければ,投薬効果の有無は判断できないので,サンプル数を増やす必要がある

検定法には「検出力」という性質もあります.例えば

- 帰無仮説：2群の間に違いはない.同じ母集団から発生したサンプルである.
- 対立仮説：2群は異なる.別々の母集団から発生したサンプルである.

を検定するとします.このとき,検定により小さな p 値が得られたら「帰無仮説を棄却する」,つまり対立仮説を採用します.ただ,サンプリングにはランダム性や測定誤差などが必ずありますから,p 値が小さかったとしても,それは偶然であるという可能性もあります(その可能性がすなわち p 値です).その間違いにくさ,つまり「対立仮説が正しいときに,正しくそれを採用する確率」を検出力といいます.原理的に,片側検定は両側検定より高い検出力があります(参照Q08).しかし仮説の片側性を確信できないときには,両側検定しかできません.また,検定法が同じならサンプル数が多いほど検出力は上がります.そして,検出力は検定法によって大きく違います.その違いは,サンプルの持つ「情報」をどの程度利用しているかに依存しています(例えば,t 検定はマン・ホイットニーの U 検定や中央値検定よりも高い検出力があります).しかし検定によって得られる p 値を正しく解釈する限りは,検出力を神経質に気にする必要はありません.

3) 検定法はどう選ぶべきか

およそ世の中にある検定法にはどれも,なんらかの前提条件があり,また条件によってロバストネス(あるいは信頼性)の高い場合とそうでない場合があります(表1).検定法は数学的には厳密に定義されているため,その性質は完全に明らかではありますが,検定をあくまで道具として利用する立場からは,すべての検定法の特性を把握することは現実的ではありません.サンプル群に対して適用できる検定法をリストアップし,それぞれの性質を調べ,そのサンプルに対して適切な性質を持っている検定法を選ぶのが現実的な利

表2 ● 検定法一般の性質

万能な検定法は，ない
　・データの性質
　・検定のロバストネス，検出力
検定の選択は，任意
　・他者の行った検定は，その検定を選んだ根拠を確認せねばならない
全ての検定法は，曖昧さがない
　・検定法，有意水準など，必要な情報がそろえば，誰がやっても必ず同じ結果になる

用方法であると言えるでしょう．性質をよく理解しないまま検定を行うことは，危険を伴います．ゴールデン・スタンダードとなる万能検定法というものはない，という事情が検定の難しい点であるとも言えます（表2）．

またさらに，あらかじめ用意した結論に近い結果が出る，都合のよい検定法を作為を持って選ぶことも可能です．それはサンプルさえあれば第三者が検証することは十分に可能ですが，そのためには検定に関する幅広い知識が必要である，というのも検定の難しいところです．

参考図書・URL
- 『生物学を学ぶ人のための統計のはなし』（粕谷英一／著），文一総合出版，1998
　→検定ごとの検出力の違いの図説，ロバストネスの解説
- 『医学研究のための統計的方法』（P. Armitage，G. Berry／著　椿美智子，椿 広計／訳）サイエンティスト社，2001
　→ t 検定，F 検定のロバストネスの解説
- 『統計学自習ノート』（青木繁伸）（http://aoki2.si.gunma-u.ac.jp/lecture/index.html）
　→群馬大学社会情報学部の青木繁伸先生による統計全般に関する解説，「統計・検定」ページにはフィッシャーの正確確率検定やパラメトリック，ノンパラメトリックな各種の検定が詳細に説明されている

（富永大介）

4章 実験の目的に合った検定の選び方・実験計画

Question 27 3群以上を一度に検定したいときは，どんな方法がありますか？

Answer 複数の群を含むデータに対しては，各群の平均や分散は同じか，そして分布は同じか，を検定によって判断できます．そのための手法は非常に多種多様ですが，データが正規分布かどうか，各群のサンプル数が同じかどうか，などの条件により使い分けます．

1）多群検定と多重比較

よく似た名前ですが，「多群検定（多群比較）」と「多重比較」は異なったものです．

多群検定は，多群の全体に対して，すべてが同じ母集団から得られているのかどうかを推定する方法で，具体的には各群の平均値が有意に異なっているかどうか，などを検定します．そのため，全体として同じかどうかは判断できますが，全体が同じではないとされたときに，どの群がどう違うのかはわかりません（ANOVAなど）．

それに対して多重比較では，どの群とどの群が同じで，どの群とどの群が違うのかを検定します（テューキー・クレーマーの方法など）．

いずれにせよ，サンプル数は多ければ多いほどよいと言えますが，どの程度多ければよいかは検定法によって異なります．多群検定と多重比較の両方ともパラメトリック（すべての群が正規分布）とノンパラメトリック（1つあるいは複数の群が正規分布とは言えない）があります（図1）．また，比較したいすべての群でサンプル数が等しくなければならないものと，そうでなくてもよいものがあります．

以下に，多群検定，多重比較の検定法をそれぞれパラメトリック，ノンパラメトリックなものに分けて列挙します．基本的にどの方法も「群の平均値などに差があるかどうか」を検定します．

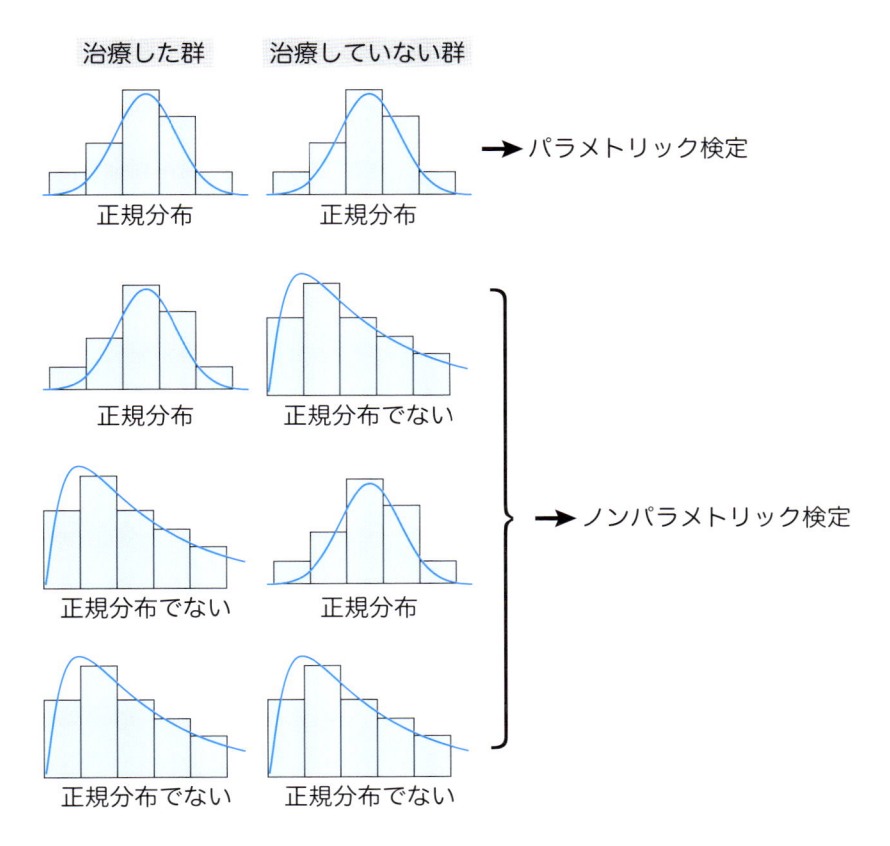

図1 ●パラメトリック検定は2群とも正規分布のとき

2）多種検定の特徴（図2）

2-1）多群検定：パラメトリック

▶ **分散分析（ANOVA）**

　　各群の平均値が全て等しいかどうかの検定．各群は正規分布で，それぞれの分散は等しくなければならない．通常，各群のサンプル数は同じ．非常に広く使われており，結果の解釈もわかりやすい．しかし多群検定なので，どの群がどう違うのかはわからない．

▶ **一元配置分散分析（one-way ANOVA）**

　　分散分析の1つ．各群には名前が1つ付いている（投与した薬剤量，患者か健常者か，年齢，性別など）．各群の平均値が全て等しいかどうかの検定．各群は正規分布で，それぞれの分散は等しくなければならない．各群のサンプル数は異なっていてよい．なお，分散が等しくない多群の検定を行う拡張法もある．

▶ **多元配置分散分析（multi-factor ANOVA）**

　　分散分析の1つ．各群には名前が複数付いている（投与した薬剤の種類と量，年齢と性

103

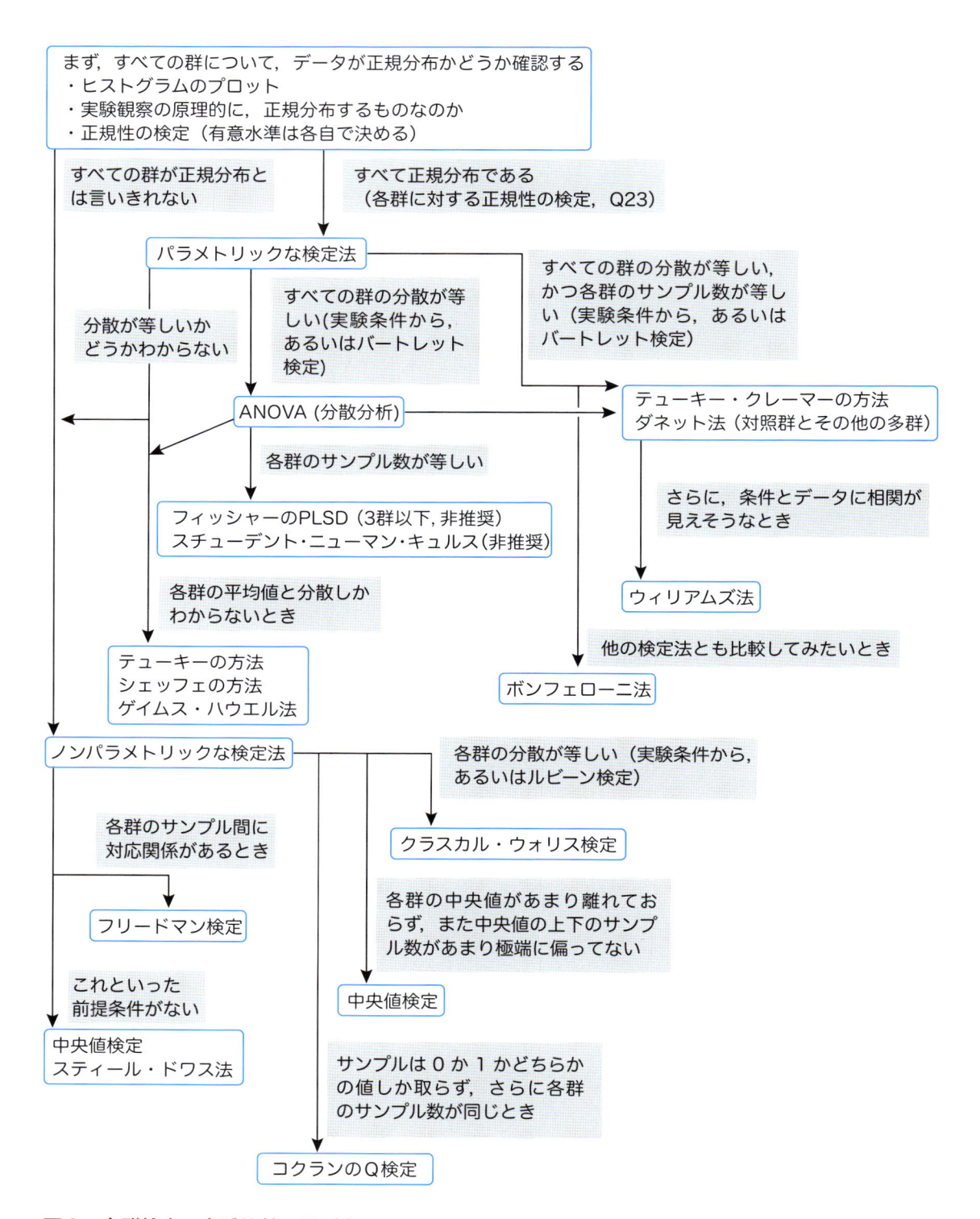

```
                    ┌─────────────────────────────────────┐
                    │まず,すべての群について,データが正規分布かどうか確認する│
                    │・ヒストグラムのプロット                │
                    │・実験観察の原理的に,正規分布するものなのか │
                    │・正規性の検定(有意水準は各自で決める)   │
                    └─────────────────────────────────────┘
              すべての群が正規分布と    すべて正規分布である
              は言いきれない           (各群に対する正規性の検定,Q23)
                    │                         │
                    │              ┌─────────────────┐
                    │              │パラメトリックな検定法│   すべての群の分散が等しい,
                    │              └─────────────────┘   かつ各群のサンプル数が等しい
                    │                         │         (実験条件から,あるいは
                    │    すべての群の分散が等し              バートレット検定)
                    │    い(実験条件から,                     
              分散が等しいか  あるいはバートレット                      │
              どうかわからない  検定)                                 │
                    │              │                         │
                    │         ┌──────────────┐              │
                    │         │ANOVA(分散分析)│─────────────┤
                    │         └──────────────┘              │
                    ↓         各群のサンプル数が等しい    ┌──────────────────────────┐
                              │                      │テューキー・クレーマーの方法      │
                              ↓                      │ダネット法(対照群とその他の多群)│
              ┌─────────────────────────────┐       └──────────────────────────┘
              │フィッシャーのPLSD(3群以下,非推奨)│              │
              │スチューデント・ニューマン・キュルス(非推奨)│    さらに,条件とデータに相関が
              └─────────────────────────────┘         見えそうなとき
                     各群の平均値と分散しか                    │
                     わからないとき                     ┌──────────┐
                           │                        │ウィリアムズ法│
              ┌──────────────┐                     └──────────┘
              │テューキーの方法   │                他の検定法とも比較してみたいとき
              │シェッフェの方法   │                           │
              │ゲイムス・ハウエル法│                    ┌──────────┐
              └──────────────┘                     │ボンフェローニ法│
                                                   └──────────┘
              ┌─────────────────────┐
              │ノンパラメトリックな検定法│─────────┐  各群の分散が等しい(実験条件から,
              └─────────────────────┘         │  あるいはルビーン検定)
                     │                          │              │
              各群のサンプル間に                    │      ┌──────────────────┐
              対応関係があるとき                    │      │クラスカル・ウォリス検定│
                     ↓                          │      └──────────────────┘
              ┌──────────┐                     │   各群の中央値があまり離れてお
              │フリードマン検定│                    │   らず,また中央値の上下のサン
              └──────────┘                     │   プル数があまり極端に偏ってない
              これといった                        │              ↓
              前提条件がない                       │       ┌──────────┐
                     ↓                          │       │中央値検定│
              ┌──────────────┐                │       └──────────┘
              │中央値検定         │                │   サンプルは0か1かどちらか
              │スティール・ドワス法│                │   の値しか取らず,さらに各群
              └──────────────┘                │   のサンプル数が同じとき
                                                │              ↓
                                                │       ┌──────────────┐
                                                └──────→│コクランのQ検定│
                                                        └──────────────┘
```

図2 ● 多群検定・多重比較の選び方

まずデータの分布の形を見てパラメトリックとノンパラメトリックを選ぶ.その後の図中にあげてある各種検定法は,ソフトウェアによって呼び名が違ったり改良されていたりして,適用条件が異なることがある.テューキー・クレーマーの方法はサンプル数が等しくなくてもよいことなどがありうる.

別など，その組合わせで群が指定される）．各群の平均値が全て等しいかどうかの検定．各群は正規分布で，それぞれの分散は等しくなければならない．各群のサンプル数は異なっていてよい．なお，分散が等しくない多群の検定を行う拡張法もある．

▶ **シェッフェの方法（Scheffe's test）**

　どの群の間で平均値が異なるかの検定．各群の分散やサンプル数は違っていてよい．他のノンパラメトリックな方法より適用範囲が広い（おかしな値が出にくい，ロバストな方法）．他の方法と比べると有意差は出にくい．

2-2）多群検定：ノンパラメトリック

▶ **クラスカル・ウォリス検定（対応のない多群の差の検定，Kruskal-Wallis test）**

　中央値（メディアン）に差があるかどうかの検定．各群のサンプル数は異なっていてよい．各群は正規分布でなくてよいが，分布の形は同じ（または定数倍）で，中央値以外には統計量の違いはない，という条件が必要．

▶ **フリードマン検定（対応のある３群以上の多群の差の検定，Friedman test）**

　中央値に差があるかどうかの検定．サンプル間に対応がある場合に適用できる．クラスカル・ウォリス検定よりも有意差を検出しやすい．

2-3）多重比較：パラメトリック

▶ **テューキー・クレーマーの方法（Tukey-Kramer test）**

　どの群の間で平均値が異なるかの検定．各群の分散は等しくなければならない．各群のサンプル数は異なっていてよい（サンプル数が等しくなければならない方法は，テューキーの方法と呼ぶ）．群が多いときは，ボンフェローニ法より有意差が出やすいが，少ないと逆に出にくい．

▶ **ダネット法（Dunnett's test）**

　どの群の間で平均値が異なるかの検定．各群の分散やサンプル数は違っていてよい．コントロール群と，その他の群のそれぞれを比較する（対比較を行う）．テューキー・クレーマー法よりも有意差が出やすい（参照Case14）．

▶ **ウィリアムズ法（Williams' test）**

　どの群の間で平均値が異なるかの検定．各群の分散とサンプル数は等しくなければならない．ダネット法と同じ対比較を行うが，各群の母平均値が順番に並びそうな場合には，ダネット法よりも優れている．（投与する薬剤の量を段階的に増やした場合の治療効果の大きさを，コントロール群と比較する場合など）．

▶ **ゲイムス・ハウエル法（Games-Howell test）**

　どの群の間で平均値が異なるかの検定．各群のサンプル数や分散は異なっていてよく，

他のノンパラメトリックな方法より適用範囲が広い（ロバストネスが高い）．他の方法と比べると有意差は出にくい．

▶ **ボンフェローニ法（Bonferroni test）**
どの群の間で平均値が異なるかの検定．各群の分散とサンプル数は等しくなければならない．多群検定に設定した有意水準を群の数で割り，それを使って2群検定を必要なだけ行う方法で，5群程度以上の場合には検出力が大きく落ちるので，使わない方がよい．

2-4）多重比較：ノンパラメトリック

▶ **スティール・ドワス法（Steel-Dwass test）**
どの群の間で平均値が異なるかの検定．各群のサンプル数は異なっていてよい．テューキー・クレーマーの方法をノンパラメトリックに拡張したもので，有意差を検出しやすい．

▶ **コクランのQ検定（Cochran Q test）**
サンプル値が0か1の値だけを取るときの多群の差の検定．サンプル数はどの群も同じでなければならない．両側検定のみ．

▶ **中央値検定（Median test）**
全ての群を混ぜたときの中央値について，各群でその中央値よりも大きな，および小さな値のサンプルの個数を数える．これにより得られる分割表に対して，独立性の検定を行い，その p 値を中央値検定の p 値とする．両側検定のみ．

2-5）その他

以下のものは，計算が簡便であるなどの理由で使われることがありますが，誤って有意差を検出することがあるので，上記のものが使える場合には避けた方がいい方法です．

▶ **フィッシャーのPLSD法（Fisher's Protected Least Significant Difference）**
どの群の間で平均値が異なるかの検定．分散とサンプル数はどの群も同じでなければならない．4群以上では使うべきではない．先にANOVAをやって，それで有意差がある場合にのみ使うとよい．

▶ **スチューデント・ニューマン・キュルス法（Student-Newman-Keuls test）**
どの群の間で平均値が異なるかの検定．サンプル数はどの群も同じでなければならない．先にANOVAをやって，それで有意差がある場合にのみ使うとよい．単独では有意水準の値がおかしくなってしまう．群間の有意差を順番に並べるために使うとよい．

3）注意とサンプル数

　　うまく使えそうなものがない場合でも，2群比較の検定を，多群の中の全ての組合わせに対して行うことは，よくないとされています．有意水準の意味が変わってしまうからです（より有意差が出やすくなってしまう）．

　　必要とされるサンプル数は，ごくおおまかに言って30程度は必要かと思われますが，それはヒストグラムを描いたときに分布の形がわかる程度のサンプル数，ということです．ノンパラメトリックな多重比較では，パラメトリックな場合よりもサンプル数が多く必要ですが，サンプル数が10以下の場合には特に適用は難しくなります．また，各群でサンプル数が違ってよい検定でも，あまりにサンプル数が大きく違うとおかしな p 値になりがちです．

参考図書・URL
- 『すぐわかる統計処理の選び方』（石村貞夫，石村光資郎／著），東京図書，2010
  → データの形式と調べたいことから，フローチャート的に用いるべき統計手法を選べる解説
- 高木廣文：臨床泌尿器，40：879-888，1986
  → 「臨床研究のための統計学 V. 多群の比較」一元配置分散分析，ライアンの方法，シェッフェの方法，クラスカル・ウォリス検定，順位和を使った多重比較の各例題による解説（http://homepage2.nifty.com/halwin/stat.htmlで公開）
- 『生物学を学ぶ人のための統計のはなし』（粕谷英一／著），文一総合出版，1998
  → 2群ごとの検定を全ての組合わせで行うことがよくない理由の解説
- 『たったこれだけ！統計学』（Michael Harris, Gordon Taylor／著　奥田千恵子／訳），金芳堂，2009
  → 同上
- 『44の例題で学ぶ統計的検定と推定の解き方』（上田拓治／著），オーム社，2009
  → ANOVA，クラスカル・ウォリス検定，フリードマン検定の例示による計算法解説
- 『「逆」引き統計学実践統計テスト100』（Gopal K. Kanji／著　池谷裕二，久我奈穂子／訳，講談社，2009
  → F検定，テューキー検定，ウォレス検定，順位和の差を使う検定による多重比較の計算例
- 弘前大学大学院保健学研究科の対馬栄輝先生のサイトからダウンロードできる資料『統計的検定資料①多重比較法』（http://www.hs.hirosaki-u.ac.jp/~pteiki/research/stat/multi.pdf）
  → 多くの多重比較法の分類と解説

（富永大介）

4章 実験の目的に合った検定の選び方・実験計画

Question 28 マイクロアレイ解析で，発現に差のある遺伝子を同定したい場合はどのような検定を行うのでしょうか？

Answer まず見つけたいものが「特異的な遺伝子」なのか「特異的な実験条件」なのかを決めます．前者の場合は2つのアレイ間での各遺伝子のフォールド・チェンジの対数値や，発現量に対して外れ値検定などを行います．後者の場合は，多重比較などが行われます．

　マイクロアレイ（DNAチップ，DNAマイクロアレイ）のデータは，単色式と二色式のどちらも一般に，対数正規分布であると言われています．したがって，データの対数値は正規分布と見なせますが，その絶対値や絶対値の対数値には意味はなく，一枚のアレイの中での比較，あるいは正規化した後のアレイ間の比較に意味があるとされています．そのため，複数のアレイのデータはどれもおおよそ，平均が0，分散が1の正規分布に変換されます．この場合，元のデータの対数値が正規分布であれば，2つのアレイの比の対数値も正規分布になります．

1）2つのアレイの比較

　二色式での二色の比，あるいは単色式2枚の比はフォールド・チェンジ（一方がもう一方の何倍の値であるか）を表しますが，このフォールド・チェンジの対数値の上位5％に含まれる遺伝子について「有意水準5％で，有意に変化した遺伝子であると見なす」ことはよく行われています．これで2群の比較において有意に変動した遺伝子を取り出せます．データが多群の場合においても，コントロールが1群と，それに対するサンプルが多群，というように分けられる場合は，コントロールとの2群比較を各サンプル群について行います．（ダネット法やウィリアムズ法など，参照Q27）

2）多数のアレイをまとめて比較する

どれか1つのデータセットがコントロールというわけではないような場合は，Q27にならって分散分析などを行います（多群検定）が，これでは「群と群」の違いを検定するのみで，各遺伝子については，何もわかりません．また多群比較では「どの群の間が違うのか」もわかりません．こういった場合は，二通りの考え方があります．

・多重比較を行う
・遺伝子ごとに考える

2-1）どこかの2群間で発現の変動がある遺伝子

多重比較（参照Q27）は，その内部で「2群比較を全ての組合わせで行う」方法（有意水準の調整を内部でやる方法）と，すべての群を同時に扱う方法がありますが，いずれにしてもアレイ同士を比較する方法です．一枚のアレイを1群として扱い，同じと見なせる，あるいは異なっていると見なせるアレイはどれとどれか，といったことを検定します．多群から2群を取り出す全ての組合わせについて2群比較を行うと，群数が増えるにつれて，比較の回数がとたんに急激に多くなります．3群なら2群比較のすべてのパターンは3通りですが，4群なら6通り，6群なら15通り，8群なら28通り，10群なら45通りです．全ての組合わせについて2群比較を行う必要があります（したがって一般に，多重比較は計算時間がかかります）．1回の2群比較で，有意に変動した遺伝子群がリストアップされますから，全ての2群比較でできた多数の遺伝子リストを結合して，重複を取り除けば，「どこかの2群間で発現が異なる遺伝子」のリストが得られます．

2-2）遺伝子ごとに考える

「遺伝子ごとに考える」というのは，例えば多群というのが30群（マイクロアレイ30枚分のデータ）だったとすると，1つの遺伝子には30個のサンプルがあるので，この30サンプルを1つの群と見るということです．この群に対して外れ値検定を行えば，どの実験で有意に発現が高かったかなどがわかります．あるいは，最も簡単な外れ値検定として，30個のうち発現量の高い方から5％（1または2サンプル）を「有意に高い」と見なす方法もあります．いずれにせよ，正規分布性の検定は，各遺伝子ごとにやることになります．遺伝子が2万あれば正規分布性の検定を2万回行いますが，その中で正規分布と判定されたものだけについて外れ値検定が適用可能です．「正規分布ではない」と判断された遺伝子は解析対象から除くべきですが，その判断（正規分布性の有無の判断）を省く例も散見されます．また，この方法の場合，元々の群数が多くなければならないという欠点がありま

す（使う外れ値検定の性能に依存します）．

参考図書・URL
- 『実験医学別冊 マイクロアレイデータ統計解析プロトコール』（藤渕航，堀本勝久／編），羊土社，2008
  →Microsoft Excel を使った2群および多群でのt検定，U検定，ANOVA，クラスカル・ウォリス検定などによるマイクロアレイ解析の解説
- 『（Rで）マイクロアレイデータ解析』（門田幸二）（http://www.iu.a.u-tokyo.ac.jp/~kadota/r.html）
  →東京大学大学院農学生命科学研究科の門田幸二先生のホームページ．正規化，データおよびアノテーションの取得，2群および多群での発現変動遺伝子の検出，クラスタリングなどの実行例による詳細な解説

（富永大介）

4章 実験の目的に合った検定の選び方・実験計画

Question 29 同じ実験を繰り返して得られた平均値の誤差を出すときに，標準偏差と標準誤差ではどちらを用いるのでしょうか？

Answer 同じ実験を何度も繰り返し，その度に平均値が得られたとき，その値にはバラつきが見られますが，この平均値の標準偏差のことを標準誤差と言い，リピート実験の再現性の良さを表します．リピート実験が3〜5回程度であれば，標準誤差よりも3〜5個の平均値そのものを全て示す方がわかりやすいでしょう．

1）標準偏差と標準誤差

標準偏差（Standard Deviation：SD）と標準誤差（Standard Error：SE）はそれぞれ，
- 標準偏差：サンプルのばらつき．1群から計算される．
- 標準誤差：平均値のばらつき．同じ母集団から得られた（と想定される）多群の場合にだけ計算される．

という意味です（参照Q14）．ある実験で n 個のサンプルを取るとすると，そのサンプル群の平均値と標準偏差が計算できます．このときはまだ，サンプルが1群しかないので標準誤差は計算できません．同じ実験を繰り返すと，繰り返した回数だけサンプル群が増え，多群になります．そして各サンプル群について平均値と標準偏差が計算でき，実験を k 回繰り返すと，平均値と標準偏差が k 個得られます．すると，この k 個の平均値から「平均値の標準偏差」が計算できます．これを標準誤差といいます．つまり，標準偏差が「サンプルがどの程度ばらついているか」を表すのに対して，標準誤差はリピート実験を行った際などに「平均値はどの程度ばらつくのか？」を表します（図1）．したがって実験観測の精度や再現性を表す量と捉えられます．

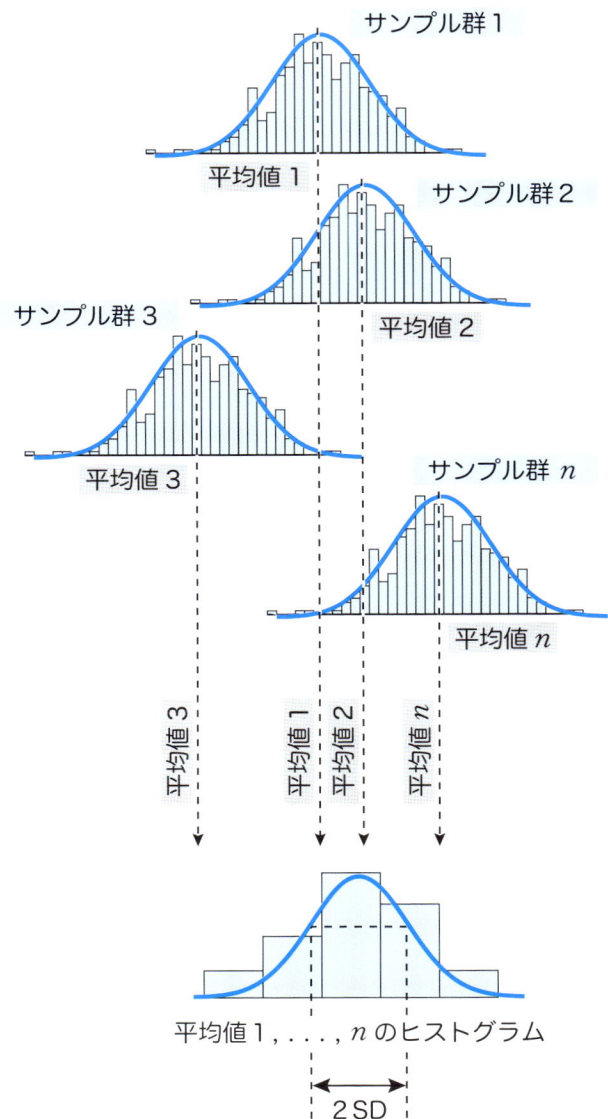

図1 ● 各サンプル群の平均値と標準誤差
この図の中のSDが標準誤差．同じ分布になりそうなデータセットがいくつもあった場合それらの平均値も同じになるはずだが，実際にはばらついている

2）標準誤差の推定方法

サンプルが1群しかないときでも，標準誤差を推定する方法があります．サンプルがn個あり，その分布が正規分布の時は，標準偏差（SD）と標準誤差（SE）の間には

$$SE = SD/\sqrt{n}$$

という関係があります．これによって，1群しか観測していないときでも，その平均値の信頼区間（参照Q11）を計算することができます．サンプルの平均値がmとき，正規分

布であればmの95％信頼区間の幅は「1.96×標準誤差」なので，95％信頼区間は

$$\text{正規分布の95％信頼区間：} m \pm 1.96 \times \text{SE} = m \pm 1.96 \times \text{SD}/\sqrt{n}$$

となり，「1群のサンプルの平均値がmのとき，真の平均値が$m \pm 1.96 \times \text{SD}/\sqrt{n}$の範囲内に入っている確率が95％である」と解釈されます．99％信頼区間を求めたいときには1.96の代わりに2.58とします．しかしサンプル数が100個程度よりも小さいときには，正規分布ではなくt分布を使うべきで，そのときの95％信頼区間はサンプル数によって変わりますが，仮にサンプルが5個だったとすると

$$\text{サンプル数5個のときの}t\text{分布の95％信頼区間：}$$
$$m \pm 2.78 \times \text{SE} = m \pm 2.78 \times \text{SD}/\sqrt{5}$$

となります．2.78という数字は，t分布の表をみて決めます．表には多くの場合「自由度」という言葉が使われていますが，自由度とは，サンプル数－1のことです．

なお，実験の繰り返し数を増やしていくと，値のばらついた平均値がたくさん得られますが，その分布はだんだんと正規分布に近づいていき，ばらつきが小さくなっていきます（分母に$\sqrt{n}$があるため）．これを中心極限定理といいます．

3）標準偏差と標準誤差の使い分けの目安

標準誤差の背景には以上のように，正規分布またはt分布があり，したがってリピート実験の回数としては，分布の形が見えるようになるために，30程度，少なくとも20程度は必要です．リピート実験の回数が3回程度であれば，無理して標準誤差を計算するよりも，3回の平均値と標準偏差をそのまま示す方がよいでしょう．論文などでは，5～10回程度以上の場合に標準誤差を計算している例が多いように見受けられます．

参考図書
- 『統計解析入門 第2版（MSライブラリ3）』（篠崎信雄，竹内秀一／著），サイエンス社，2009
  →標準誤差の図解とサンプル数の決め方の解説
- 『Statistics Hacks ―統計の基本と世界を測るテクニック』（Bruce Frey／著　鴨澤眞夫，西沢直木／訳），オライリー・ジャパン，2007
  →標準誤差，標準偏差，信頼区間，サンプル数の関係の表や標準誤差の種類などの解説
- 『44の例題で学ぶ統計的検定と推定の解き方』（上田拓治／著），オーム社，2009
  →標準誤差の定義式の導出

（富永大介）

4章 実験の目的に合った検定の選び方・実験計画

Question 30 サンプル数がそろっていない場合の検定法はどのように選んだらよいですか？

Answer サンプル数の異なる複数の群に対して適用できるノンパラメトリックな検定法がいくつもあります．ただそれぞれで必要とする最低限のサンプル数は異なっていて，検出力なども異なるので，注意が必要です．

1）群間でサンプル数が異なる場合に使える検定法

比較したい複数の群で，サンプル数が必ずしも同じでない場合（参照Q40）は，ノンパラメトリックな検定法の多くが適用できます（参照Q27）．またパラメトリックな検定法にも利用できるものがあります．具体的には，代表的なものとして

- 一元配置分散分析（パラメトリック）
- クラスカル・ウォリス検定（ノンパラメトリック）

などが利用できます．

2）サンプル数が異なる場合の検定の注意点

一般に，サンプル数の違う群を比較するときには，以下の点に注意します．

- 統計量（参照Q22）を，各群の間で直接比較してはいけない
- p 値ならサンプル数が違う群間で比較してもよい

前者は例えば，1,000人の平均値と，別の10人の平均値を比べてはいけないということです．これは，サンプル数が小さい場合には，統計量（正確には統計量の推定値）の信頼区間が広がってしまう（精度が低い），だからサンプル数が多いときと同じに捉えてはな

らない，ということです．比較したい場合は，平均値の信頼区間を各群に対して計算し，それを比較します．

検定法はいずれも p 値を計算しますが，これならあまり神経質にサンプル数をそろえる必要はありません．ただ，p 値を計算するにあたって，その方法で要求するサンプル数が満たされていることに注意します．

（富永大介）

4章 実験の目的に合った検定の選び方・実験計画

Question 31　2群の比較を行う検定法にはどのようなものがあるでしょうか？　それぞれの特徴を教えてください

Answer　まずヒストグラムを見て，そして正規性の検定を各群に行います．2群が両方とも正規分布であればパラメトリックな検定を，そうでなければノンパラメトリックな検定を行います．前者は t 検定が広く使われていますが，t 検定にも種類があります．

例えば治療を施した群とそうでない群の比較を行うには，まず2群が両方とも正規分布と見なしてよいかどうかを決める必要があります（参照Q24）．2群とも正規分布なら「パラメトリック検定」，どちらか一方でもそうとは見なせないなら「ノンパラメトリック検定」というそれぞれの分野の検定を行います．

1) パラメトリック検定

パラメトリックな2群の比較法には，t 検定があります．t 検定にはいくつか種類がありますが，いずれも「2群の平均値が同じかどうか」を検定する方法です．2群の条件によって，計算方法が少し変わります．

① 2群の各サンプル間に対応関係がある
② 対応関係はないが，2群の分散が同じと見なせる〔スチューデントの t 検定 (student's t test)〕
③ 対応関係もないし，分散も同じとは言えない（ウェルチの t 検定）（Welch's t test）

2群のサンプルの対応とは，例えば，学校のあるクラスの生徒たちの身長と体重のデータは，身長と体重のそれぞれが1群で，対応があります．しかし男子の身長と女子の身長であれば，対応はありません．対応がある場合には分散が等しいかどうかの検定は不要です．

対応関係がない場合は，まず2群の分散が等しいかどうかを調べなければなりません．

分散の値を計算して数値を目で見るのに加え，F 検定で判断します（p 値が小さければ，分散は異なっているのだろうと判断する）．

サンプル数が 2 群で大きく異なる場合（大ざっぱな目安として 1.5 倍以上程度）にはスチューデントの t 検定は使えません．そのときは F 検定は省いて，2 群の分散が同じに思えてもウェルチの t 検定を使います．

なお，t 検定では，データに大きな外れ値がある場合，納得のいかない検定結果が出ることがあります．2 群のそれぞれのヒストグラムを見て，その印象と検定結果がなじまないと感じたときは，t 検定ではなく，ノンパラメトリック検定である U 検定も試してみる価値があります．

2）ノンパラメトリック検定

2 群を比較するノンパラメトリックな方法（2 群ともが正規分布とはいえない場合）には，

① マン・ホイットニーの U 検定（Mann–Whitney U test，ウィルコクソンの順位和検定と同じ）
② 二項検定（2 群の各サンプルに対応関係がある場合，Binomial test）
③ ウィルコクソンの符号順位検定（同上，Wilcoxon signed-rank test）

などがあり，どれも，2 群が同じ分布かどうかを検定できます．その点で，平均値だけを検定する t 検定よりも便利だといえます．マン・ホイットニーの U 検定は「ウィルコクソンの順位和検定」と呼ばれることがありますが，これは上記③の「ウィルコクソンの符号順位検定」とは違うものです（紛らわしいので注意が必要です）．

U 検定は，2 群を混ぜたときにサンプルのどの順位がどちらの群か，を見て比較する検定です．この方法は，t 検定に比べると外れ値の影響を受けにくく，またランクデータ（順位だけを並べたデータ）に対しては t 検定よりも U 検定の方が推奨されますが，2 群の分布が大きく異なっていると，おかしな検定結果になることがあります．その点では，ウィルコクソンの符号順位検定の方が，サンプル数が 10 以上であれば信頼性が高くなると考えていいでしょう．

一方，二項検定は，サンプル数が少ないときにも正確な確率を計算できる方法です．しかしサンプル数が多いときには計算に時間がかかることがあります．そのときにはフィッシャーの G 検定，あるいはピアソンのカイ二乗検定を用います．G 検定もカイ二乗検定も，サンプル数が少ないときにはおかしな結果になることがあります．なお，サンプルの値が広く分布しているときは，カイ二乗検定よりも G 検定の方が信頼性が高いので，困難な事

情が特になければ，優先順位は二項検定，G 検定，カイ二乗検定の順になります（参照 Q25，Q26）．

3）各検定の共通点：p 値と信頼区間の意味

　多くの検定法では，p 値という値が計算されます．信頼区間というのは，その区間内にサンプルが生じる確率が p，または $1-p$ になるような，サンプルの値の範囲のことです．p，または $1-p$ のどちらを信頼区間にするのかは，帰無仮説によります．違いがあって欲しいか，ないほうがいいかという，その検定法の意図によって決まります．

　t 検定およびノンパラメトリック検定のどの方法も，帰無仮説は「2 群に差はない」，つまり検定の計算結果として得られる p 値が小さいときに「差がある」（母集団には差がないときに偶然こんなに差があるサンプルが観測される確率が p 値）という意味になります．または，あらかじめ有意水準を決めておき（慣例的に 5 ％ ＝ 0.05 などとすることが多い），これと p 値を比べて，p 値の方が小さければ「有意水準 0.05 で差があると判断される」あるいは簡潔に「有意な差がある」という結論を得ます．

参考図書・URL
- 『すぐわかる統計処理の選び方』（石村貞夫，石村光資郎／著），東京図書，2010
  → 実験やデータの性質から t 検定の種類をどう選べばよいか，ウィルコクソンの順位和および符号付順位検定の解説
- 高木廣文：臨床泌尿器，40：559-564，1986
  →「臨床研究のための統計学 I. 対応のない場合の 2 標本の比較」
- 高木廣文：臨床泌尿器，40：623-628，1986
  →「臨床研究のための統計学 II. 対応のある場合の 2 標本の比較」上の文献と合わせて多くの 2 群比較の例題による解説（http://homepage2.nifty.com/halwin/stat.html で公開）
- 『Statistics Hacks ―統計の基本と世界を測るテクニック』（Bruce Frey ／著　鴨澤眞夫，西沢直木／訳），オライリー・ジャパン，2007
  → t 検定のサンプルサイズ
- 『「逆」引き統計学実践統計テスト 100』（ゴッパル・ケー・カンジ／著　池谷裕二，久我奈穂子／訳，講談社，2009
  → 各種の t 検定の計算例

（富永大介）

4章 実験の目的に合った検定の選び方・実験計画

Question 32 マウスの体重と脳の重量のように，対応しているデータの関係を知るにはどうしたらいいですか？

Answer

マウスの体重と脳重量のように，対応のあるデータの関係を知るには，データの散布図をプロットしてみます．散布図に線形な関係がありそうならば，相関係数を計算して相関の強さを調べます．その際に，相関係数が有意であることも計算して確かめておきましょう．そのほかにいくつかの注意点もあります．

1）散布図と相関関係

マウスの重量と脳の重量のように，対応しているデータの関係を知るには，データの散布図をプロットし，線形な関係がありそうとわかったら，一般には相関係数が用いられます．このQuestionでは散布図と相関係数について解説し，実際に相関係数とその有意確率の求め方の例を，データを用いて説明します．まず，データの散布図をプロットするところからはじめましょう．観測により一組のデータ (x_i, y_i) が得られ，それらが両方共に量的データであるとき，横軸に x_i，縦軸 y_i をとって，各組のデータをプロットすると，x と y の関係を視覚的に捉えることができます．このような図を散布図（scattergram）と呼びます．ここでは，表1のようなデータが得られたとして横軸にマウスの体重（x_i），縦軸にそのマウスの脳の重量（y_i）をとって各マウスのデータを点でプロットします（図1）．散布図上で各点がばらばらに散らばれば，その x と y には関係がなく，逆に点の散らばり

表1 ● マウスの体重と脳の重量のデータ

検体番号	1	2	3	4	5	6	7	8	9
体重 (g)	38	41	34	33	42	37	40	43	30
脳の重量 (g)	2.2	2.0	2.0	1.9	2.4	1.7	2.3	0.2	1.7
検体番号	10	11	12	13	14	15	16	17	18
体重 (g)	36	38	35	41	39	46	44	45	39
脳の重量 (g)	2.1	2.6	2.0	2.4	2.5	2.7	2.5	2.6	2.2

相関係数：0.72483，t 値：4.2084，p 値：0.00067

が何らかの傾向を示すと，x と y には関係がありそうだとわかります．

図1の散布図で，マウスの体重と脳の重量の間に関係があるかを考えてみましょう．ここで「関係がありそうか」と曖昧に書きましたが，「マウスの体重が重いほど，脳の重量が重い」という関係があるか，つまり，マウスの体重と脳の重量の間に線形な関係があるか，ということを考えます．実際，どうやらマウスの体重と脳の重量には線形な関係があるようです．このようなとき，統計学ではマウスの体重と脳の重量には「相関関係（correlation）がある」と言います．そして，一方の増加によりもう一方の増加する場合を「正の相関関係がある」と言い，一方の増加によりもう一方の減少する場合を「負の相関関係がある」と言います．

2）相関係数の求め方

さて，この相関関係の強さを確認するのによいのが，相関係数です．一般には，ピアソン（Pearson）の積率相関係数（product-moment correlation coefficient）が用いられます．単に相関係数というとき，通常はこのピアソンの積率相関係数を指します．データが (x_1, y_1)，(x_2, y_2)，…，(x_i, y_i)，…，(x_n, y_n) で与えられたとき，変数 x と y の間の相関係数 R は

$$R_{xy} = \frac{\sum_{i=1}^{n}(x_i-\overline{x})(y_i-\overline{y})}{\sqrt{\sum_{i=1}^{n}(x_i-\overline{x})^2}\sqrt{\sum_{i=1}^{n}(y_i-\overline{y})^2}}$$

で定義されます．ここで，$\overline{x}$ は x の，$\overline{y}$ は y の相加平均です．

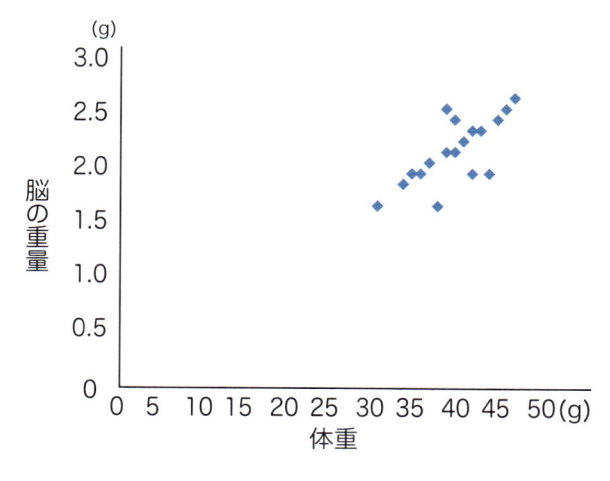

図1 表1の散布図

この相関係数は−1から1の間の値をとります．相関係数が1に近い正の値をとればとるほど，強い正の相関があると言うことができます．一方，−1に近い負の値をとればとるほど，強い負の相関があると言うことができます．0をとるとき，相関はまったくなく，変数 x と y は共に変動することはないと言うことができます．

このマウスの体重と脳の重量のデータでは，相関係数 R を実際に計算してみると 0.72 であり，正の相関があることがわかります．Microsoft Excel では相関係数を CORREL という関数で，＝CORREL（データ系列 x，データ系列 y）で求めることができます．相関係数 R の有意確率 p を無相関検定により t 値（参照 Q33，Q34）に基づいて計算すると 0.00067 であり，有意であることがわかります．〔Excel では t 統計量を＝ABS(r)*SQRT(n−2)/SQRT(1−r^2)で求めることができ，p 値を＝TDIST(t, n−2, 2) で求めることができます〕（図2）．実際，マウスに限らず，生物には体重と脳の重量の0間に相関関係があり，脳体重比（brain-to-body mass ratio）という比があることが知られています．

3）相関係数を用いる際の留意点

この相関係数について，留意しなければならないのは，変数 x と y の関係に線形な関係がありそうなときに，この相関関係をみることができるということです．つまり，線形な関係でないときには，その相関関係をみるのに相関係数を用いることはできません．線形な関係ではないが，関係性があることをみるには，たとえば，相互情報量と呼ばれる量でみることができます．

また，観測により得られた一組のデータの片方，あるいは両方が質的データのときも，この相関係数を用いることができません．このようなときは分割表（contingency table）と呼ばれる方法を用いるとよいでしょう．

相関係数を用いるには，このほかに，1つの母集団からのサンプリングであること，変数 x が実験的に調整されておらず，外れ値が存在しないことが望ましいです．変数 x を実験的に調整できるときには，相関係数ではなく，線形回帰を計算しましょう．外れ値は相関係数の計算に大きな影響をおよぼします．高い相関係数が計算されても，偶然にある外れ値によって，その相関係数は高くなっているのかもしれません．相関係数を計算するまえに，散布図をプロットして，データを眺めるようにしましょう．

相関係数が高いということは，一般的には強い相関関係があるということですが，これは必ずしもこの x と y の間に因果関係（causality）があることを意味しません．また，x と y の間の相関関係が，z という3つめの変数によりみられるという，見かけ上の相関関係（spurious correlation）がありうることにも留意する必要があります．このようなと

	A	B	C	D	E	F	G	H
1								
2								
3	検体番号	体重(g)	脳の重量(g)					
4	1	0.38	0.022		相関係数	0.724826038		
5	2	0.41	0.02		t値	4.208404331		
6	3	0.34	0.02		p値	0.000666677		
7	4	0.33	0.019					
8	5	0.42	0.024		B列の入力内容			
9	6	0.37	0.017		=CORREL(B4:B21, C4:C21)			
10	7	0.4	0.023		=ABS(F4)*SQRT(COUNT(B4:B21)-2)/SQRT(1-F4^2)			
11	8	0.43	0.02		=TDIST(F5, COUNT(B4:B21)-2, 2)			
12	9	0.3	0.017					
13	10	0.36	0.021					
14	11	0.38	0.026					
15	12	0.35	0.02					
16	13	0.41	0.024					
17	14	0.39	0.025					
18	15	0.46	0.027					
19	16	0.44	0.025					
20	17	0.45	0.026					
21	18	0.39	0.022					
22								

図2 ● Microsoft Excel の計算例

きは，偏相関係数（partial correlation coefficient）により3つめの変数である z の影響を取り除くことができます．

参考図書
- 『統計学入門（基礎統計学）』（東京大学教養学部統計学教室／編），東京大学出版会，1991
- 『数学いらずの医科統計学 第2版』（津崎晃一／訳），メディカルサイエンスインターナショナル，2011

（荻島創一）

基本編 Q&A

4章 実験の目的に合った検定の選び方・実験計画

Question 33 独立な2群の平均値を比較するにはどのようにしたらよいですか？

Answer まず，2群のデータのコラム散布図を作成して差がありそうか確認します．差がありそうなら，独立した2群の母集団のそれぞれが正規性を持つか，分散は等しいか，などの条件から検定法を検討します．最終的に選んだ検定法を用いて差があるかどうか確かめます．

1）散布図で差の有無を確認

　独立な2群というのは，対応していない2群ということです．独立な2群の平均値を比較するには，2群のデータの散布図（コラム散布図）をプロットし，一般には独立な2群の母集団がそれぞれ正規分布にしたがうときはパラメトリックな検定として対応のない2群の検定が用いられます（参照 Case12）．このQuestionでは散布図と独立な2群におけるウェルチの t 検定について解説し，実際に統計量とその有意確率の求め方の例を，データを用いて説明します．まず，この2群のデータのコラム散布図をプロットするところからはじめましょう．ここでは，表1のようなデータが得られたとして，横軸に正常細胞，がん細胞の2群を，縦軸に遺伝子の発現量をとって点でプロットします（図1A）．正常細胞，がん細胞のある遺伝子の平均の発現量を計算しておき，その推移も直線としてプロットします．これによりコラム散布図を得ることができます．コラム散布図以外に，箱ひげ図（box plot）をプロットしてもよいでしょう（図1B）．箱ひげ図は細長い箱と，その両

表1 ● 正常細胞とがん細胞におけるある遺伝子の発現量

	1	2	3	4	5	6	7	8	9	10
正常細胞	8.5	8.4	8.5	8.4	8.4	8.6	8.5	8.4	8.1	8.9
がん細胞	8.9	7.8	8.8	9.1	8.9	9	7.9	8.9	9.1	9

	11	12	13	14	15	16	17	平均値	不偏分散
正常細胞	8.3	8.6	8.3	8.6	8.8	8.1	8.4	8.46	0.0438
がん細胞	8.8	8.9	8.5	9.7	8.6	8.8	8.9	8.80	0.191

A)
(log$_2$)
遺伝子の発現量

正常細胞　がん細胞

B)

正常細胞　がん細胞

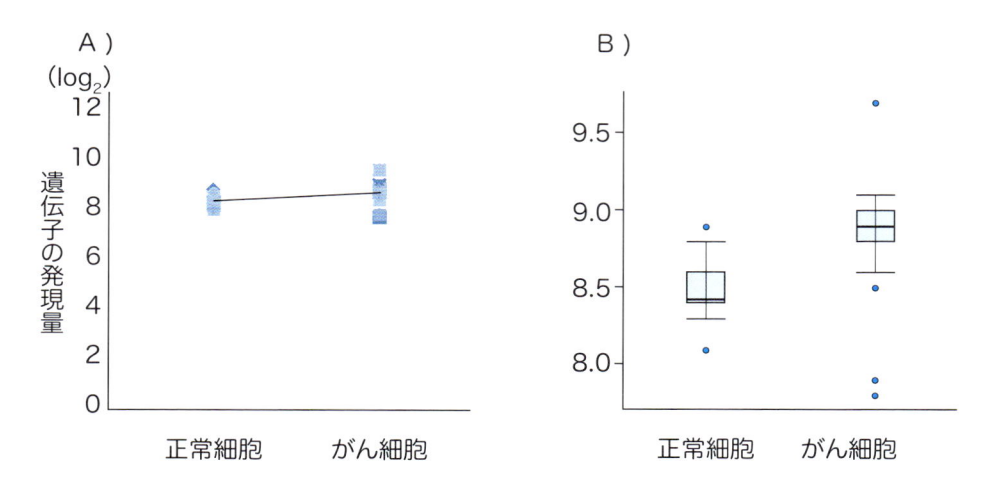

図1 ● 表1のデータのコラム散布図

側に出たひげで，最小値，第1四分位点，中央値，第3四分位点と最大値を示し，ばらつきのあるデータをわかりやすく表現するものです．通常，箱ひげ図では平均値は示しませんので，平均値を比較するための平均値の推移も示すとよいでしょう．これらコラム散布図や箱ひげ図により，データのばらつきと平均値を直感的に捉えることができます．どうやらこの遺伝子はがん細胞での発現が，正常細胞での発現よりも高くなっていそうだとわかります．

2）検定法の選択

　独立な2群の母集団がそれぞれ正規分布にしたがうときは，パラメトリックな検定として対応のない2群の t 検定を行い，平均値に差があるかを検定します．正規分布にしたがうかは，正規性の検定を行って確かめます．ただし，それほど厳密に正規性を検定する必要はないとする考え方もあります．与えられたデータの標本がそれほど大きくないとき，そのデータが正規分布にしたがうかというよりも，むしろ，そのデータがもつ性質として正規性を仮定してよいかということを検討するのがよいでしょう（参照 Q24）．正規分布にしたがうことが想定され，t 検定を行うとなっても，分散が等しいとき，分散が等しくないときで，t 検定の種類が異なります．分散が等しくないときは，ウェルチ（Welch）の t 検定を行います．データが $\{x\}=\{x_1, x_2, \cdots, x_i, \cdots, x_n\}$, $\{y\}=\{y_1, y_2, \cdots, y_i, \cdots, y_n\}$ で与えられたとき，データ系列 x と y によるウェルチの t 値は

$$t = \frac{\bar{x} - \bar{y}}{\sqrt{\dfrac{u_x}{n_x} + \dfrac{u_y}{n_y}}}$$

で定義されます．ここで，$\bar{x}$ は x の，$\bar{y}$ は y の相加平均で，u_x は x の，u_y は y の不偏分散です．

一方，正規分布にしたがわないときはノンパラメトリックな検定としてマン・ホイットニー（Mann-Whitney）の U 検定を行い，2群の分布の重なりの度合が期待されるよりも小さいかを検定します．ノンパラメトリックな検定は平均値を比較するものではありません．そもそも平均値はデータの分布が正規分布にしたがうときに，その分布の中心を示す統計量でしかありません．ノンパラメトリックな検定についての詳細は **Q24** を参照してください．

3）計算の仕方と結果の解釈

この正常細胞のある遺伝子の発現量とがん細胞での発現量のデータで，正常細胞でのある遺伝子の発現量の平均値 $\bar{x}$ は8.46，がん細胞での平均値 $\bar{y}$ は8.80で平均値はがん細胞の方が高いことがわかります．しかし，これが統計的に有意に高いかどうかは検定しなければわかりません．そこで，パラメトリックな検定である t 検定を行うことにします．ある遺伝子の正常細胞での発現量の不偏分散 u_x は0.0438，がん細胞での不偏分散 u_y は0.191であることから，分散は等しくないことがわかります．Microsoft Excelでは不偏分散を＝DEVSQ(データ系列)$/(n-1)$ で求めることができます．n は標本の大きさで，ここでは $n=17$ となります．そこで，ウェルチの t 検定を行うと，t 値が2.9013，それに対応する有意確率 p が0.0081であり，有意水準 $\alpha=0.05$ としたとき，正常細胞とがん細胞の間では発現量の平均値に有意な差があることがわかります．有意水準とはどの程度の正確さをもって差があると言えるかを表す定数です．Microsoft Excelではウェルチの t 値を＝$(\bar{y}-\bar{x})/\mathrm{SQRT}(u_x/n+u_y/n)$ で求めることができ，p 値を＝TTEST（データ系列 x，データ系列 y，2，3）で求めることができます（**図2**）．2と3はExcelのコマンドで，2は両側分布の値を計算する，3は等分散でない2標本を対象とする，という意味です．ウェルチの t 検定は等分散でない2群の平均値の差の検定を行うことができますが，2群の平均の差を見い出す検出力が低いことが知られています．

なお，ある一遺伝子の発現解析ではなく，マイクロアレイやRNA-seqのようにゲノムワイドな数万遺伝子の発現解析では，多重検定の補正を行う必要があります．一遺伝子の発現の有意差検定をし，p 値が0.05だったとき，95％はその遺伝子の発現には有意差が

◇	A	B	C	D	E	F	G	H
1								
2								
3		正常細胞	がん細胞			正常細胞	がん細胞	
4		8.5	8.9		平均値	8.458824	8.8	
5		8.4	7.8		不偏分散	0.043824	0.19125	
6		8.5	8.8					
7		8.4	9.1		t値	2.90136		
8		8.4	8.9		p値	0.008054		
9		8.6	9					
10		8.5	7.9					
11		8.4	8.9		平均値と不偏分散のF列の入力内容			
12		8.1	9.1		=SUM(B4:B20)/COUNT(B4:B20)			
13		8.9	9		=DEVSQ(B4:B20)/(COUNT(B4:B20)−1)			
14		8.3	8.8		平均値と不偏分散のG列の入力内容			
15		8.6	8.9		=SUM(C4:C20)/COUNT(C4:C20)			
16		8.3	8.5		=DEVSQ(C4:C20)/(COUNT(C4:C20)−1)			
17		8.6	9.7		t値とp値の入力内容			
18		8.8	8.6		=(G4−F4)/SQRT(F5/COUNT(B4:B20)+G5/COUNT(C4:C20))			
19		8.1	8.8		=TTEST(B4:B20, C4:C20, 2, 3)			
20		8.4	8.9					
21								

図2 ● Microsoft Excel の計算例

あると言えますが，5％は有意差がないと言える可能性があることになります．これが一遺伝子の発現の有意差検定であれば問題ないのですが，5万個の遺伝子発現の有意差解析となると，5％の誤りが5万倍となってしまいます．したがって，こうした多重検定のときの有意水準は$\alpha=0.05$ではなく，より厳しい有意水準を考えるなど，多重検定の補正を行う必要があります．

参考図書
- 『統計学入門（基礎統計学）』（東京大学教養学部統計学教室／編），東京大学出版会，1991
- 『数学いらずの医科統計学 第2版』（津崎晃一／訳），メディカルサイエンスインターナショナル，2011
- 『マイクロアレイデータ統計解析プロトコール』（藤渕航，堀本勝久／編），羊土社，2008

（荻島創一）

基本編 Q&A

4章 実験の目的に合った検定の選び方・実験計画

Question 34 対応のある2群の平均に差があるかをみるにはどうしたらよいですか？

Answer
まず，2群のデータのコラム散布図を作成して差がありそうか確認します．差がありそうなら，データが正規性を持つ場合にはt検定を，正規性を持たない場合にはウィルコクソンの符合順位検定を行います．

1）散布図で差の有無を確認

対応のある2つの平均に差があるかを見るには，2群のデータの散布図（コラム散布図）をプロットし，一般には対応のある2群の母集団がそれぞれ正規分布にしたがうときはパラメトリックな検定として対応のある2群のt検定が用いられます（参照Case01）．このQuestionでは散布図と対応のある2群のt検定について解説し，実際にt統計量とその有意確率を求め方の例を，データを用いて説明します．まず，この2群のデータのコラム散布図をプロットするところからはじめましょう．ここでは，表1のようなデータが得られたとして，横軸に阻害剤投与前，阻害剤投与後の2群を，縦軸に酵素活性をとって点でプロットします（図1A）．阻害剤投与前，阻害剤投与後のある酵素の酵素活性の平均値を計算しておき，その推移も直線としてプロットします．これによりコラム散布図を得ることができます．コラム散布図以外に，箱ひげ図（box plot）をプロットしてもよいでしょう（図1B）．

表1　阻害剤投与前後のある酵素の活性

	1	2	3	4	5	6	7	8	9	10
阻害剤投与前	1,321	1,205	1,342	1,383	1,231	1,304	1,254	1,316	1,210	1,381
阻害剤投与後	1,210	1,140	1,213	1,232	1,210	1,195	1,220	1,208	1,113	1,231
投与前後の差	−111	−65	−129	−151	−21	−109	−34	−108	−97	−150

	11	12	13	14	15	16	17	平均値
阻害剤投与前	1,262	1,349	1,211	1,411	1,358	1,393	1,220	1,303
阻害剤投与後	1,225	1,214	1,112	1,260	1,221	1,260	1,155	1,201.12
投与前後の差	−37	−135	−99	−151	−137	−133	−65	−101.88

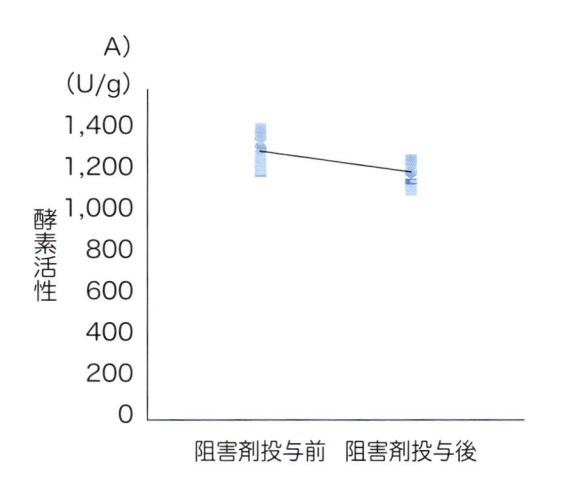

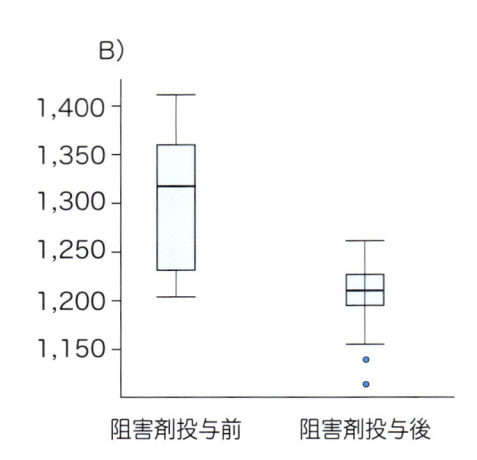

図1 ● 表1データのコラム散布図

2）検定法の選択

　対応のある2群の母集団がそれぞれ正規分布にしたがうときはパラメトリックな検定として対応のある2群のt検定を行い，平均値に差があるかを検定します．正規分布にしたがうかは，Q33で述べたように正規性の検定を行って確認します．データが$(x_1, y_1), (x_2, y_2)$, …, (x_i, y_i), …, (x_n, y_n)で与えられたとき，対応のあるデータ系列xとyによるt値は

$$t = \frac{\overline{d}}{s_d / \sqrt{n}}$$

で定義されます．t分布の自由度は$n-1$となります．ここで，d_iは投与前後の差 $y_i - x_i$で，$\overline{d}$はd_iの相加平均，s_dはd_iの標準偏差で

$$s_d = \sqrt{\frac{\sum_{i=1}^{n}(d_i - \overline{d})^2}{n-1}}$$

という式で表されます．
　一方，正規分布にしたがわないときはノンパラメトリックな検定としてウィルコクソン（Wilcoxon）の符合順位検定を行い，2群の分布の重なりの度合が期待されるよりも小さいかを検定します．ノンパラメトリックな検定は平均値を比較するものではありません．そもそも平均値はデータの分布が正規分布にしたがうときに，その分布の中心を示す統計量

	A	B	C	D	E	F	G
3		阻害剤投与前	阻害剤投与後	投与前後の差			
4		1321	1210	-111		標準偏差	55.81566842
5		1205	1140	-65		t値	-7.526053427
6		1342	1213	-129		p値	1.21342E-06
7		1383	1232	-151			
8		1231	1210	-21			
9		1304	1195	-109		G列の入力内容	
10		1254	1220	-34		=SQRT(((D4-D21)^2+(D5-D21)^2+(D6-D21)^2+(D7-D219)^2+(D8-D21)^2+(D9-D21)^2+(D10-D21)^2+(D11-D21)^2+(D12-D21)^2+(D13-D21)^2+(D14-D21)^2+(D15-D21)^2+(D16-D21)^2+(D17-D21)^2+(D18-D21)^2+(D19-D21)^2+(D20-D21)^2)/(COUNT(D4:D20)-1))	
11		1316	1208	-108			
12		1210	1113	-97			
13		1381	1231	-150		=D21/G4*SQRT(COUNT(D4:D20))	
14		1262	1225	-37		=TDIST(ABS(G5),COUNT(D4:D20)-1,2)	
15		1349	1214	-135			
16		1211	1112	-99			
17		1411	1260	-151			
18		1358	1221	-137			
19		1393	1260	-133			
20		1220	1155	-65			
21	平均値	1303	1201.12	-101.88			

図2 ● Microsoft Excelの計算例

でしかありません.ノンパラメトリックな検定についての詳細はQ24を参照してください.

3）計算結果

　この阻害剤投与前のある酵素の酵素活性と阻害剤投与後の酵素活性のデータで,パラメトリックな検定である関連2群の差の平均値のt検定を行うことにします.t検定を行うと,t値が-7.5261,それに対応する有意確率pが$1.2×10^{-6}$であり,有意水準$\alpha=0.05$としたとき,阻害剤投与前と阻害剤投与後の間では酵素活性の平均値に有意な差があることがわかります.t値は,上述の定義式でわかるように,原理的には2群の平均値の差を,その差の標準偏差で除算したものです.すなわち,t値は2群の平均値の差が大きければ大きいほど大きくなりますが,一方で,標準偏差が大きいとt値は小さくなりますので,標準偏差が大きいことによる平均値の差が大きいことの影響を除去することができます.Microsoft Excelでは2群の差の平均値$\overline{d}$と標準偏差s_dを求めたあと,t値を$=d/s_d*\mathrm{SQRT}(n)$,p値を$=\mathrm{TDIST}(\mathrm{ABS}(t), n-1, 2)$で求めることができます（図2）.

なお，ある一遺伝子の発現解析ではなく，マイクロアレイやRNA-seqのようにゲノムワイドな数万遺伝子の発現解析では，Q33で述べたように多重検定の補正を行う必要があります．

参考図書
- 『統計学入門（基礎統計学）』（東京大学教養学部統計学教室／編），東京大学出版会，1991
- 『数学いらずの医科統計学 第2版』（津崎晃一／訳），メディカルサイエンスインターナショナル，2011
- 『マイクロアレイデータ統計解析プロトコール』（藤渕航，堀本勝久／編），羊土社，2008

（荻島創一）

基本編 Q&A

4章 実験の目的に合った検定の選び方・実験計画

Question 35 2つの比率に差があることを示すにはどうしたらよいですか？

Answer 2つの比率に差があるかを見るには，フィッシャーの正確確率検定やカイ二乗検定を用います．まずは2×2分割表を用意し，検定に必要な数値を計算しておきます．

1）2×2分割表の用意

　2つの比率に差があるかをみるには，2×2分割表を用意し，フィッシャーの正確確率検定またはカイ二乗検定を用います．このQuestionでは2×2分割表とフィッシャーの正確確率検定およびカイ二乗検定について解説し，実際にフィッシャーの正確確率検定およびカイ二乗検定の例を，データを用いて説明します．まず，2×2分割表を用意するところからはじめましょう．ここでは，行に投与した薬剤の種類，列に分化した細胞数と分化誘導実験に用いた全細胞数をとって表形式にします（表1）．これにより2×2分割表を得ることができます．

　こうした2つの比率に差があるかをみるには，2×2分割表を用意し，フィッシャーの正確確率検定またはカイ二乗検定を行い，比率に差があるかを検定します．

2）フィッシャーの正確確率検定とカイ二乗検定

　このある2種類の薬剤を投与した際の分化した細胞の割合のデータで，フィッシャーの正確確率検定を行うと，有意確率pは3.641×10^{-5}となり，有意水準$\alpha = 0.05$としたと

表1　ある2種類の薬剤を投与した際の分化した細胞数の2×2分割表

	薬剤X	薬剤Y	合計
分化した細胞数	323	220	543
全細胞数	511	542	1,053
分化した細胞の割合	0.632094	0.405904	

A) フィッシャー正確確率検定
```
> data <- matrix(c(323,220,511,542),
ncol=2, byrow=T)
> data
     [,1] [,2]
[1,] 323  220
[2,] 511  542
> fisher.test(data)
```

Fisher's Exact Test for Count Data

data: data
p-value = 3.641e-05
alternative hypothesis: true odds ratio is not equal to 1
95 percent confidence interval:
 1.255960 1.931780
sample estimates:
odds ratio
          1.556786

B) カイ二乗検定
```
> data <- matrix(c(323,220,511,542),
ncol=2, byrow=T)
> data
     [,1] [,2]
[1,] 323  220
[2,] 511  542
> chisq.test(data)
```

Pearson's Chi-squared test with Yates' continuity correction

data: data
X-squared = 16.801, df = 1,
p-value = 4.151e-05

図1 ● Rを用いた表1の検定結果（上段がコードで，下段が実行結果）

き，有意な差があることがわかります．Microsoft Excelでこのフィッシャー正確確率検定を行うには非常に複雑な手順となるため，ここではフリーの統計解析ソフトウェアRでの求め方を示しました．RはThe R Project for Statistical Computingのwebサイト（http://www.r-project.org/）から入手・インストールすることができ，ドキュメントも入手することができます．

　厳密に正しい解を与えるフィッシャーの正確確率検定を行うことを推奨しますが，近似的にカイ二乗検定を用いることもできます．カイ二乗検定を行うと，有意確率 p は 4.15×10^{-5} となり，有意水準 $\alpha = 0.05$ としたとき，やはり有意な差があることがわかります．Excelではカイ二乗検定の p 値を＝CHITEST（データ系列 X，データ系列 Y）で求めることができますが，図1では統計解析ソフトウェアRでの求め方を示しました．フィッシャーの正確確率検定での p 値とカイ二乗検定での p 値がだいたい一致していることがわかります．カイ二乗検定は，標本数が小さい場合や，表中の数値の偏りが大きい場合には正確とは限らないことに留意してください．

　ところで，ある薬剤を投与した際の分化した細胞がもう1つの薬剤を投与した際の分化した細胞よりも割合が高いことを期待してフィッシャーの正確確率検定またはカイ二乗検定で有意差検定をしたところ，p 値が0.055となり，有意水準（significance level）$\alpha = 0.05$ としたとき，有意な差はないという結果が得られたとします．こうしたとき，追加実験をしてデータを追加してゆき，p 値が0.05以下になったところで，その追加実験・

統計解析を終えるというのはやってはいけません．p値が0.05以下になるようにバイアスがかかるためです．

参考図書
- 『統計学入門（基礎統計学）』（東京大学教養学部統計学教室／編），東京大学出版会，1991
- 『数学いらずの医科統計学 第2版』（津崎晃一／訳），メディカルサイエンスインターナショナル，2011

（荻島創一）

4章 実験の目的に合った検定の選び方・実験計画

Question 36 3つ以上の群の差を調べるにはどうしたらよいですか？ t検定は使えないのですか？

Answer 3つ以上の群の平均値の差を調べるには，全群のなかで差のある群の有無を調べる検定を行います．差のある群があるとわかったら，どの群に差があるのかを調べる検定を行います．

1）3つ以上の群のなかで差のある群の有無を調べる

　3つ以上のグループの差を調べるには，これらの群のデータの散布図（コラム散布図）をプロットし，一般にはこれらの群の母集団がそれぞれ正規分布にしたがうときはパラメトリックな検定として分散分析を用います（参照 Case02）．このQuestionでは散布図と分散分析について解説し，実際にF値とその有意確率を求め方の例を，データを用いて説明します．まず，これらの群のデータのコラム散布図をプロットするところからはじめましょう．ここでは，表1のように10種類のバクテリアの菌株の成長率のデータが得られたとします．そのデータをもとに横軸に菌株番号，縦軸に菌株の成長率をとって点でプロットします（図1）．これによりコラム散布図を得ることができます．コラム散布図以外に，Q33やQ34のように箱ひげ図（box plot）をプロットしてもよいでしょう．得られたグ

表1 ● 10種類のバクテリアの菌株の成長率のデータ

菌株番号	バクテリアの菌株の成長率 (dbl/h)										菌株群内平均	菌株群内変動
1	0.9	0.85	0.91	0.86	0.92	0.91	0.9	0.87	0.9	0.88	0.89	0.005
2	1.1	1.2	1.1	1.1	1	1.2	1.1	1.3	1.1	1.4	1.17	0.101
3	0.95	0.92	0.95	0.91	0.95	0.96	0.9	0.93	0.94	0.95	0.936	0.00364
4	1.1	1.4	1.1	1.1	1	1.1	1	1.2	1.3	1.2	1.15	0.145
5	2.5	2.7	2.55	2.4	2.5	2.5	2.65	2.6	2.7	2.6	2.57	0.086
6	1.3	1.1	1.1	1.2	1.1	1.1	1.5	1.2	1.3	1.1	1.2	0.16
7	0.95	0.9	0.92	0.93	0.96	1	0.9	0.92	0.94	0.95	0.937	0.00821
8	0.92	0.95	0.93	0.95	1.1	0.95	0.95	1.3	0.95	1.1	1.01	0.1328
9	0.89	0.9	0.88	0.89	0.89	0.9	0.89	0.87	0.89	0.92	0.89	0.0016
10	0.91	0.93	0.92	0.91	0.91	0.92	0.91	0.93	0.91	0.92	0.917	0.00061

ラフから差がありそうな群を確認することができます．

3つ以上の群の平均値の差を調べるには，これらの群の母集団がそれぞれ正規分布にしたがうときはパラメトリックな検定として分散分析（analysis of variance：ANOVA）（一元配置分散分析）を行います．分散分析は，群間変動と群内変動の和の比を群数や標本の大きさで正規化した F 値による検定です．実際には，Microsoft Excelを用いて図2のように計算します．

一方，正規分布にしたがわないときはノンパラメトリックな検定としてクラスカル・ウォリス（Kruskal-Wallis）の検定を行います．

この10種類のバクテリアの菌株の成長率のデータで，一元配置分散分析を行うと，有意確率 p は 7.51×10^{-65} となり，有意水準 $\alpha = 0.05$ としたとき，有意な差があることがわかります．すなわち，この10種類のバクテリアの菌株のいずれかが，統計的に有意に差のある成長率を示していることがわかります．

2）どの群に差があるのかみつける

この10種類のバクテリアのうち，どのバクテリアがそうした統計的に有意に差のある成長率を示しているかは，散布図をみると，それは菌株番号5のバクテリアではないかと考えられます．統計学的に示すには，分散分析の後に多重比較を行います〔事後比較（post hoc comparison）〕．これにはパラメトリックな検定としては，テューキー（Tukey）の方法やシェッフェ（Scheffe）の検定が，ノンパラメトリックな検定としては，ボンフェローニ補正のマン・ホイットニーの U 検定が用いられます．テューキーの方法は，t 検定を拡張したもので，t 値の計算に，1元配置分散分析における誤差分散を用いて，バクテリアの全種類の間で有意差解析を行うものです．なお，分散分析を行わずに多重比較を行

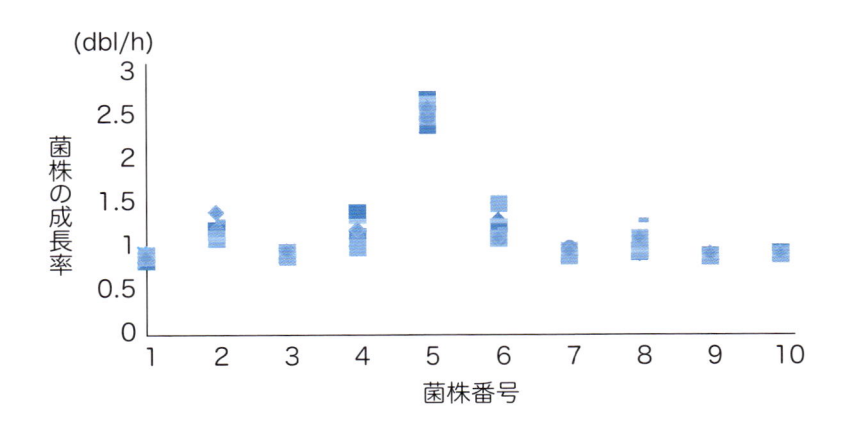

図1 ●表1のデータのコラム散布図

	A	B	C	D	E	F	G	H	I	J	K	L	M
1													
2													
3	菌株番号				バクテリアの菌株の成長率 (dbl/h)							菌株群内平均	菌株群内変動
4													
5	1	0.9	0.85	0.91	0.86	0.92	0.91	0.9	0.87	0.9	0.88	0.89	0.005
6	2	1.1	1.2	1.1	1.1	1.1	1.2	1.1	1.3	1.1	1.4	1.17	0.101
7	3	0.95	0.92	0.95	0.91	0.95	0.96	0.9	0.93	0.94	0.95	0.936	0.00364
8	4	1.1	1.4	1.1	1.1	1	1.1	1	1.2	1.3	1.2	1.15	0.145
9	5	2.5	2.7	2.55	2.4	2.5	2.5	2.65	2.6	2.7	2.6	2.57	0.086
10	6	1.3	1.1	1.1	1.2	1.1	1.1	1.5	1.2	1.3	1.1	1.2	0.16
11	7	0.95	0.9	0.92	0.93	0.96	1	0.9	0.92	0.94	0.95	0.937	0.00821
12	8	0.92	0.95	0.93	0.95	1.1	0.95	0.95	1.3	0.95	1.1	1.01	0.1328
13	9	0.89	0.9	0.88	0.89	0.89	0.88	0.89	0.87	0.89	0.92	0.89	0.0016
14	10	0.91	0.93	0.92	0.91	0.91	0.92	0.91	0.93	0.91	0.92	0.917	0.00061
15													
16	L列の入力内容			M列の入力内容						C列の入力内容			
17	=AVERAGE(B5:K5)			=DEVSEQ(B5:K5)			全平均		1.167	=AVERAGE(B5:K14)			
18	=AVERAGE(B6:K6)			=DEVSEQ(B6:K6)			群間変動		23.1666	=DEVSQ(B5:K14)−SUM(M5:M14)			
19	=AVERAGE(B7:K7)			=DEVSEQ(B7:K7)			群数		10	=COUNT(A5:A14)			
20	=AVERAGE(B8:K8)			=DEVSEQ(B8:K8)			標本の大きさ		100	=COUNT(A5:A14)*COUNT(B5:K5)			
21	=AVERAGE(B9:K9)			=DEVSEQ(B9:K9)			F値		359.809	=(J18/(J19−1))/(SUM(M5:M14)/(J20−J19))			
22	=AVERAGE(B10:K10)			=DEVSEQ(B10:K10)			p値		7.5E−65	=FDIST(J21, J19−2, J20−J19)			
23	=AVERAGE(B11:K11)			=DEVSEQ(B11:K11)									
24	=AVERAGE(B12:K12)			=DEVSEQ(B12:K12)									
25	=AVERAGE(B13:K13)			=DEVSEQ(B13:K13)									
26	=AVERAGE(B14:K14)			=DEVSEQ(B14:K14)									

図2 ● Microsoft Excel の計算例

う,事前比較（a priori comparison）という方法もあります.

　最初の,「t 検定は使えないのですか？」という質問ですが,残念ながら使えません.分散分析を行い,有意差があるときは,いずれの群間で有意差があるかを多重比較で検定するようにしましょう.

参考図書
- 『統計学入門（基礎統計学）』（東京大学教養学部統計学教室／編），東京大学出版会，1991
- 『数学いらずの医科統計学 第2版』（津崎晃一／訳），メディカルサイエンスインターナショナル，2011

（荻島創一）

4章 実験の目的に合った検定の選び方・実験計画

Question 37 統計解析に役立つソフトにはどのようなものがありますか？

Answer　Microsoft Excelなどの表計算ソフトを用いることで簡単な統計解析はおおむね可能です．しかし専門的かつ難解な関数は表計算ソフトには用意されていません．よってしかるべき統計解析ソフトに頼る必要があります．それぞれの時代の流行のソフトウェアはパーソナルコンピューターのOSの変遷とともにめまぐるしく変わるものです．ここで列挙する情報も5年10年たてば流行遅れになるものですし，すでに新しいバージョンに変わっている場合もあります．よってあまり深い解説はしないことにします．

　2012年現在，大学研究所を含め，アカデミック領域で利用されているソフトとしてはIBM SPSS Statisticsなどの独立した様式の統計解析ソフトが主流のようです．さらに専門家向けにはR言語を利用してフリーソフト様式をとる統計ソフトRというのもあります．その一方で，Microsoft Excelにアドインするタイプの比較的簡便で安価なソフトもあります．Case01，05，09などの私が担当したケースの一部でアドインタイプの1例としてアカデミックバージョンならば2万円台で購入可能な「エクセル統計」を使って解説しています（図1）．

　ほかにも以下の通りの統計ソフトが市販されていますので，目的に合わせて選択されるといいかもしれません．

図1 ● アドイン後のエクセル統計

参考URL
- IBM SPSS Statistics（IBM社）
  →http://www-06.ibm.com/software/jp/analytics/spss/products/statistics/
- STATA（StataCorp社）
  →http://www.stata.com/
- StatView ※販売終了（SAS社）
  →http://www.hulinks.co.jp/software/statview/
- SAS（SAS社）
  →http://www.sas.com/offices/asiapacific/japan/platform/sas9/index.html
- JMP（SAS社）
  →http://www.jmp.com/japan/
- 無料の統計ソフトR
  →http://www.r-project.org/
- STATISTICA（StatSoft社）
  →http://www.statsoft.co.jp/
- GraphPad Prism（GraphPad Software社）
  →http://www.graphpad.com/prism/prism.htm
- SYSTAT ※SigmaStatの後継ソフト（SIGMAPLOT社）
  →http://www.systat.com/
- Minitab（Minitab社）
  →http://www.minitab.com/en-JP/default.aspx

参考図書
- 『実感と納得の統計学』（鎌谷直之／著），羊土社，2006
- 『パソコンで簡単！すぐできる生物統計』（Roland Ennos／著　打波守，野地澄晴／訳），羊土社，2007

（河府和義）

5章 測定値の扱い方

Question 38 測定の際に，明らかに外れた値が出た場合，もしくは値にばらつきが大きい場合，どうしたらよいですか？

Answer 明らかに外れた値が出た場合，それが何らかのミスにより生じた間違った値と考えられるなら除外してもよい場合があります．その際の判断は極めて慎重に行う必要がありますが，例えば，標準偏差（SD）の2倍あるいは3倍を超えるものを除外する，といった基準があります．また，サンプルの測定値にばらつきがある場合，n数を増やすことで解決することもあります．

　動物個体を用いた実験はもちろんのこと，培養細胞を用いた実験においても，定量評価を行う場合，対照群・実験群の別にかかわらず，群内の平均値からかけ離れた値を示す場合があります．このように群内の計測値から明らかに大きくかけ離れた値を「外れ値」と言います．このような外れ値に対し，実験結果を評価・考察する場合に，どのように扱うかは非常にナーバスな問題です．

　生物学的実験と異なり，臨床研究の場合は，様々な疾患に対する薬物の治療効果を判定する大規模臨床試験が試みられています．その場合，まず一定の基準で疾患を診断し，母集団を形成します．この母集団の大きさは，試験の規模にもよりますが，数千から数万人に上ることが多いです．さらに，母集団から疾病既往・検査異常値の有無などを除外基準として，対象患者を絞り込む作業が必ず含まれています．大規模臨床研究では，母集団がおよそ23,000人に対し，対象者が約12,000人となるような対象選択作業が行われる場合もしばしば見受けられます．これらの作業により，対象はある程度の幅をもって均一化が図られていると同時におおよそ正規分布に従いますが，正規分布に従わない場合，統計解析手法を検討することで対応することが多いです．生物学的実験では，完全に正規分布に従って計測値が分布するほどのn数をそろえることは行われていないことが多いですが，実験は繰り返し行うことが可能なため，実際には正規分布に従うことが想定されます．培養細胞を用いた実験は容易に繰り返し実験可能ですが，特に動物実験では，個体差が大きいことだけでなく，同胞の数，飼育環境や犠牲死後の組織サンプリングなどの複数の段階における様々な要素が，実験による計測値に影響を与えることが予測されます．また，

様々なステップで機械だけではなく，研究者の手によって行われている実験ですので，操作ミス，サンプルの取り違いやデータの写し間違いなどの人為的なミスが皆無とは言えないのも事実です．

1）外れ値の除外とその規準

その結果，あまりにもかけ離れた値に遭遇することがありますが，これらの値を実験対象から除外してもよいのでしょうか？　もちろん，研究仮説に合うように，自分に都合のいいように計測データを除外するのは言語道断です．しかしながら，ある一定の条件を満たす場合，外れ値を実験群または対照群の値から除外することは妥当な場合もあります．除外基準の詳細な方法は統計学の専門家に委ねますが，例えば，±2SD（標準偏差）または±3SDを超える値を除外する，統計学的検定（ディクソン検定やスミルノフ・グラブス棄却検定など）を行う，などが考えられます．例えば，大腿骨骨密度をWTとKOの間で比

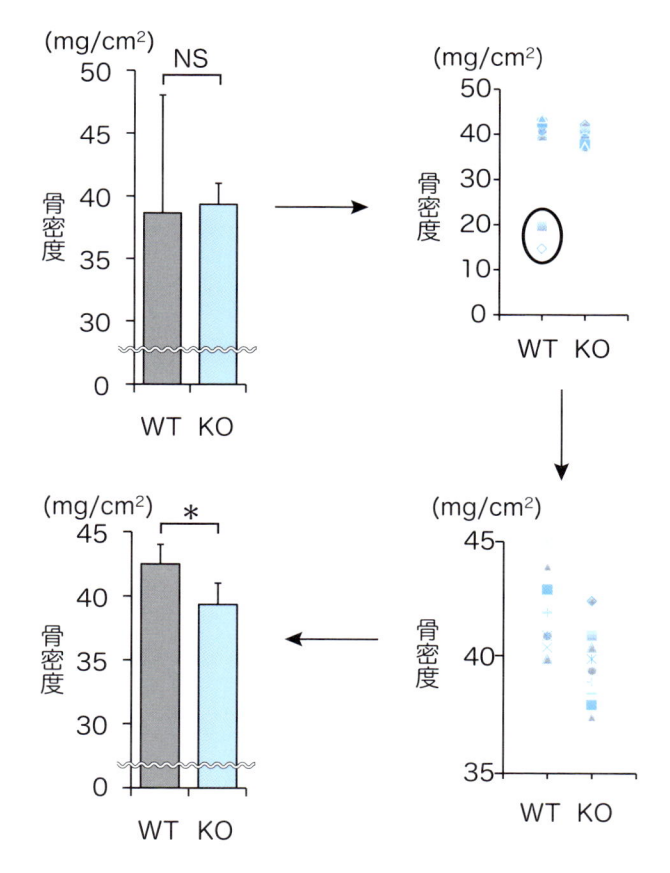

図1　大腿骨骨密度測定の外れ値
文献1を元に作成

較した場合，図1左上の棒グラフのような結果を得たため大腿骨密度に差がない（t検定で$p=0.75$）と判断しましたが，詳細に各サンプルを検討するため，散布図を作成すると，図1右上のようになり，WT群の中に2つの外れ値を認めました（○で囲んだことろ．これらは，サンプリングの際に骨欠損を生じている人為的ミスのサンプルでした）．サンプリングミスと判断した値を削除すると，図1右下のように，二群で比較するとKO群の大腿骨骨密度はWT群よりも有意に減少していることが明らかとなりました（図1左下：t検定で$p=0.0002$）．

2）外れ値除外の判断は極めて慎重に

　上述のような外れ値除外は，サンプルが不十分であることから，測定ミスと判断するのは容易ですが，明らかな測定ミスと判断するのは困難な場合もあります．測定ミスか否かの判断は，測定値の基準値もしくは基準範囲や行っている実験系の計測可能範囲に照らし合わせる必要があります．さらに，上述のSDの範囲に収まるか否かを複合的に考慮した上で，計測ミスであるかどうかの判断を行うことが望ましいです．しかしながら，SDが小さい場合，除外してはならない重要なデータも除外してしまう，正規分布しているか否かn数が大きくないと正確に評価できない，などの問題もあります．さらには，安易な外れ値の除外は，サイエンスを進めて行く上でも避けるべきです．その理由は，かけ離れた値には，新たな発見が潜んでいることも否定できず，データの取り扱いには十分な推敲が必要であると言えるからです．

　これらの問題をクリアするための考えられる手段としては，個体差（かけ離れた値）を考慮して，たとえ生まれる確率が低い遺伝子型の遺伝子改変マウスであろうとも十分なn数で実験プロトコールを立てることを勧めます（参照Q41，Q43）．また，近年目覚ましい進歩を遂げている *in vivo* イメージングのより一層の発展により，対象の均一化も図ることができ，様々な表現型の評価が縦断的に行えるようになれば，より正確な動物実験の評価が可能となるでしょう．

　また，測定値のばらつきが大きい場合は，まずn数を増やし，正規分布するか否かを確認することが大切です．動物実験では個体数を増やすことが最優先されますが，同じサンプルを複数回計測するなど，技術的な問題がないかどうか確認することも大切でしょう．

参考文献
1）加藤茂明：蛋白質核酸酵素，54：864-873，2009

（今井祐記）

5章 測定値の扱い方

Question 39 実験で取られたデータに欠測値があったらどうしたらよいですか？

Answer 欠測値とは，不慮の事態で予定通りのデータが全て得られず欠測してしまった数値のことです．欠測値はその発生メカニズムから大きく3種類に分かれます．それぞれの対応の仕方を知っていれば，得られたデータを無駄にせず活かすことができます．

1）欠測値とその発生メカニズム

　生物学の実験や臨床試験のデータなどでは，不慮の事態（測定機器の故障，マウスの急死，経時的な測定における被験者の検査への不参加，アンケートの未記入など）のためデータが予定通りに全て得られず，欠測値がいくつか発生してしまう場合があります（参照 Q30，Q40，Case18）．

　欠測値を扱う際には，後述するいくつかの方法によって欠測値の除外・推定を行い，実験の最適条件を推定・決定し，確認実験を行うことによって，その前に得られたデータを無駄にせずに活かすことができます．

　データの欠測値が発生するメカニズムとしては

❶ 完全にランダムに値が欠測する「Missing Completely at Random（MCAR）」
　→ 例えば計器の不具合などでデータが得られなかった場合など．

❷ ランダムにデータが欠測する，またどの値が欠測するかは観測値すなわちデータに依存するが欠測値には依存しない「Missing at Random（MAR）」
　→ 例えば欠測が実験条件には依存しないもののマウスのある週齢以上ではランダムにデータが欠測する場合など．

❸ 欠測するか否かが欠測値そのものに依存する「Missing Not at Random（MNAR）」
　→ データの欠測が実験条件やサンプルの状態，すなわち薬剤の投与・非投与などによって発生する場合．この場合の欠測はそれ事態が意味を持つと考えられます．

の3つがあげられます．

	オス（5週齢）				メス（5週齢）		
	体重 (g)	血糖値 (mg/dL)	肝臓重量 (g)		体重 (g)	血糖値 (mg/dL)	肝臓重量 (g)
1	20.4	195	2.0	1	19.0	317	2.1
2	18.4	159	1.8	2	20.5	201	2.3
3	19.7	194	1.4	3	20.4	228	1.9
4	19.2	148	1.9	4	22.8	233	1.8
5	22.1	203	2.2	5		227	1.9
6	20.4	187	2.4	6	24.4		2.2
7		183	1.9	7	20.9	230	2.0
8	18.8	177		8	21.0	282	
9	21.5		2.1	9	21.5		1.7
10		170		10	21.1	213	

図1 ● 完全なデータのみ分析（Complete-Case Analysis）
マウス個体解析の一例で，このように3つのパラメーターがある場合，1カ所でも欠測値を含む観測値データを全て除外して処理する．つまり，枠内のデータのみを使用する

2）欠測値の処置の仕方

欠測値の処理の仕方としては，大まかにわけて以下の3つの方法があります．それぞれの処理方法には，上述の欠測値が発生するメカニズムによって長所・短所があるため，それらを踏まえ，それぞれのデータに合った方法を選ぶようにしましょう．

2-1）完全なデータのみ分析（Complete-Case Analysis）（図1）

欠測値を含む観測値データを全て除外して処理する方法です．この方法では実際の実測値を使った処理となるため，得られたデータは全て完全でありますが，その分，データ数（n数）が減ることになります．またこの方法は欠測値の発生がランダムである（MCARである）場合に有効であり，MCARではない場合（すなわち欠測値に偏りがある場合）には，結果にも偏りが生じてしまいます．

2-2）得られたデータを使って分析（Available-Case Analysis）（図2）

例えば，測定データのパラメーターが1つのサンプルにつき複数種類ある場合は，パラメーターごとに最大限利用可能な組合わせで利用する方法です．この場合，Complete-Case Analysisによる処理の場合のようなデータ数の減少は減らせますが，やはり欠測値の発生がランダムでないと，結論に偏りが生じてしまうというデメリットがあります．

オス（5週齢）				メス（5週齢）			
	体重 (g)	血糖値 (mg/dL)	肝臓重量 (g)		体重 (g)	血糖値 (mg/dL)	肝臓重量 (g)
1	20.4	195	2.0	1	19.0	317	2.1
2	18.4	159	1.8	2	20.5	201	2.3
3	19.7	194	1.4	3	20.4	228	1.9
4	19.2	148	1.9	4	22.8	233	1.8
5	22.1	203	2.2	5		227	1.9
6	20.4	187	2.4	6	24.4		2.2
7		183	1.9	7	20.9	230	2.0
8	18.8	177		8	21.0	282	
9	21.5		2.1	9	21.5		1.7
10		170		10	21.1	213	

図2 ● 得られたデータを使って分析（Available-Case Analysis）
図1と同様のデータで，各パラメーターごとに最大限利用可能な組合わせを利用し処理する．つまり，体重と血糖値の関係を見たいときには，肝臓重量がわかっていないサンプルでも分析対象とする

2-3）欠測値を補完して分析（Imputation）

欠測値に値を代入し，完全データとして処理をする方法です．下記の3つの方法は追試実験の予備データとして簡易的に補完して傾向をつかむ方法としては適しています．

▶ **単一値代入法**

● **平均値補填法**

その他の値の平均値を代入する方法．

● **最終観測値延長法**

経時的変化を追った解析の場合，最終観測値と同じ値，または増加，減少の割合を考慮した値を代入する方法．図2を例にすると，メスの5番の体重をメスの3番に近いと考えて20.4gと仮に置きます．

● **ホットデック法**

背景データの似ているサンプルを同じデータセット内から選び，対応する値で補充する方法．

下記の3つの方法は，臨床データや n 数が膨大な場合など追試が容易ではない際に有用な方法です．ただし，これらの方法で補完した場合は論文にその旨を記述する必要があります．

● **重回帰式で求めた推定値を代入する方法**

重回帰分析では，複数の変数から1つの変数を予測することができます．つまり周辺の

いくつかの変数に基づいて，重回帰式によって欠測値の推定値を代入します．

● EM アルゴリズムで最尤推定値を求め代入する方法

EM（expectation–Maximization）アルゴリズムとは，隠れ変数を含む確率モデルに対して最尤推定を行うための反復アルゴリズムの一種です．最尤推定とは，得られている観測データを元に，確率論的モデルがどれだけ当てはまっているかを確率で表し，最もその確率が最大となるようなパラメーター値を探索する推定法です．E（expectation）ステップとM（maximization）ステップを交互に繰り返し適用することで，欠測値を含む不完全なデータから最尤推定値を求めることができます．

▶ 多重代入法

まずはじめに，欠測カ所に複数の異なる値（仮にこの場合 n 個とします）を代入し，n 個の擬似的なデータセットを作ります．次に n 個のデータセットそれぞれを完全データセットとして取り扱い，分析をします．最後に n 種類の分析結果を1つに統合します．

重回帰式，EMアルゴリズム，多重代入法については，エクセル等，各種統計ソフトによって計算することができます．詳しい計算法については下記参考書および成書をご参照下さい．

参考図書
・『不完全データの統計解析』（岩崎学／著），エコノミスト社，2010
・『臨床のためのQOL評価ハンドブック』（池上直己，他／編），医学書院，2001

（藤山沙理）

5章 測定値の扱い方

Question 40 解析群間のサンプル数（検体数）が異なる場合はどうしたらよいですか？

Answer 解析群間のサンプル数をなるべくそろえることが基本です．事後にサンプル数がそろわなくなってしまった場合でも，自分の実験に適した検定が行えるぐらいのサンプル数で実験計画を練ることが重要です．

1）解析する群ごとの n をそろえることが理想

　実際のバイオ研究において，総計処理（比較検定）する際には，様々な関連要素を少なくするためにも，解析群間の検体数（n）をそろえることが前提となります．しかしながら，実験手法によっては困難な場合があります．例えば，細胞株を用いた in vitro 培養実験の場合は，薬剤投与群を数サンプル，非投与群を同サンプルずつ用意し，ある遺伝子発現の変動をリアルタイム RT–PCR にて調べた後に，データを同じ n として両群間の発現の差を検定することは容易にできます．

　しかし，マウスを用いた実験の場合，単純に n をそろえるのは困難なこともあります（参照 Q30，Q39，Case18）．例えば，卵巣摘出（OVX：Ovariectomy）による骨量変動を評価する実験系の場合，麻酔下に OVX（対照群は Sham operation）し，数週間後，X 線学的評価や組織学的評価により表現型解析を行います．その際，実験当初は n をそろえるため，通常 OVX 群，Sham 群ともに同匹ずつ用意します．しかしながら，麻酔の問題や処置後の問題で死亡するケースも希にあり，その場合，n が異なってしまうことがあり得ます．また，犠牲死の後，骨組織をサンプリングする際に，技術的に骨組織を破壊してしまう場合もあるでしょう．さらには，組織切片を作成して詳細な骨形態計測を行う場合，切片作成が全てのサンプルについて充分でない場合なども想定できます．これらの in vivo 実験においては，上記のごとく種々の要因により，やむを得ず解析間の n がそろわない場合も考えられます．解析間の n が異なる場合どうすればよいでしょうか？実験の性格や比較する値によって採用する検定の方法に依存します．

2）解析群間の関連のあるなしでできることが異なる

　　バイオ研究の場合，得られた結果が正規分布することを想定して，スチューデントの t 検定（Student's–t–test）による2群間の検定を行うことが多いと思います（参照Q07，Q33，Q34，Case01）．上記のようにOVX群とSham群を比較する場合，*Unpaired*–Student's–t–testで関連のない2群間の実験結果の検定を行うことが多いのですが，上記のような種々の要因により起こりうる解析間での多少の n の違いは問題にならないことが想定できます．このような場合，解析間の n が異なっていたとしても，各群における n が正規分布を想定するのに充分であれば，検定を行っても問題ありません．しかしながら，マウスに対する高脂肪食投与前後の体重変化や糖負荷前後の血糖値変動など，1個体の経時的変化を比較する，*Paired*–Student's–t–testを用いた関連のある2群間の実験結果の検定の場合などは，1個体内での直接的な比較を行う必要があるため，解析間での n の違いは検定そのものに問題が生じます〔例えば，ExcelでTTEST関数を指定した場合，配列1と配列2のデータの個数が異なるとき，検定の種類に1を指定（*Paired*–Student's–t–test）すると，エラー値#N/Aが返されます〕．このように欠側値がある場合，その個体のデータを解析から除去せざるを得ないということになります．それでも充分な n になるような実験モデルの構築を事前の実験計画段階で行っておくことが重要です．

3）検定に十分な解析群のnであるかを検討する

　　上述のごとく，マウスを用いた実験の場合，事前の実験計画において，欠測値が生じても検定に充分な解析群の n に足りているか否か，サンプルサイズ（検体数，n）を検討しておく必要があります．サンプルサイズの決定は，検出したい実際の差に依存した検定力分析（power analysis）で可能です．つまり，図1Bのように，小さな差を厳しい有意水準（$p<0.001$ 等）で検出することを目的とした実験の場合には，必要な n は多くなります．一方で，大きな差を通常の有意水準（$p<0.05$）で検出することを目的とする場合には，必要な n は上記に比べ小さくなります（図1A）．また，関連のない2群間の検定では，関連のある2群間の検定に比較して，充分な検定力で検定するためにはより多くの n が必要となります．

　　上記を踏まえ，実験の種類や評価方法によってサンプルサイズを設定する必要があります．つまり，例えば，マウス個体を用いて数十倍以上大きく変動する遺伝子発現の差を評価したい場合（図1A）と卵巣摘出にて変化する数％の骨密度を評価する場合（図1B）とでは，同じマウス個体を用いた研究であっても，必要なサンプルサイズは異なります．以上より，解析間の n が異なる場合，適切な検定方法を選択した上で，充分な検定力で検定

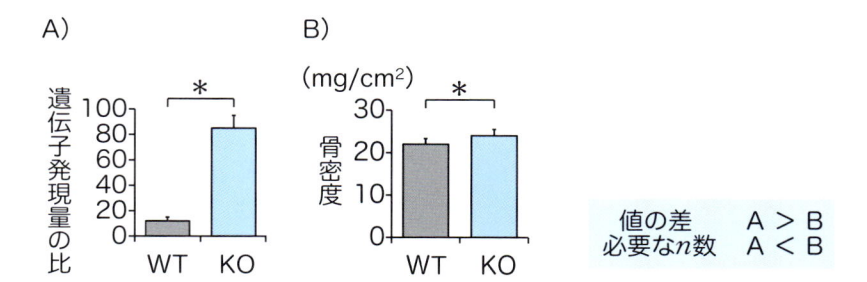

図1 ● 比較の方法による必要な n 数の違い
数十倍から数百倍といった大きな差を，厳しくない有意水準で検定する際には比較的小さな n 数で十分だが（A），数％以下の小さな値の差を厳しい有意水準で検定する場合には，大きな n 数が必要である

可能な n であるかを確認し，検定を行うようにしたいところです（参照Q30）．

　サンプルサイズの検定などは，販売している統計ソフトなどで簡便に検定可能です．また，ソフト選択については，研究室で相談するほか，様々なソフトの体験版などを紹介しているサイト[1]もあり，これらを参考にするのも1つの手段でしょう．

参考URL
1) Web Pages that Perform Statistical Calculations!（http://statpages.org/）

（今井祐記）

5章 測定値の扱い方

Question 41 マウスを用いた実験で，個体差が大きく有意差が取りにくい場合はどうしたらよいですか？

Answer サンプル数を増やすことで誤差が減り有意差があるかどうか判断しやすくなります．サンプル数を増やしにくい場合は，体重・系統などの条件をそろえたり，同腹仔を用いるなどして，あらかじめ個体差を減らしておくことも有効です．

1）サンプル数を増やす

　マウス実験は細胞実験などに比べてばらつきが大きく，小さな差に関して有意差を取ることは難しいことが多いです．測定項目にもよるでしょうが，細胞実験などでは $n=3$ 程度で充分なことが多いのに対して，マウス実験では最低でも $n=6$ 程度が必要なことが多いと思われます．難しい生理実験などでは，$n=10$ 以上必要なこともよくあります．

　さて，マウス実験に限ったことではありませんが，個体差が大きく，有意差が取りにくいと思われた場合，その差が有意かどうか判断できるまでひたすら n 数を増やすのが一番手っ取り早いことが多いです．測定項目が真に差があるものであれば，ばらつきが一定のまま n 数を増やせば増やすほど有意差が取りやすくなるのは言うまでもありません．

　ただし，細胞実験に比べ，マウスを用いる実験は時間，費用，労力がかかることが多く，そう簡単に n 数を増やせないことも多いと思います．そのような場合，状況に応じて以下のような対処法が考えられます．

2）ばらつきの少ないマウスを準備する

2-1）条件をそろえる

　例えば，C57BL/6Jなどの純系マウスで，週齢が一致した個体が容易に購入できるマウスを用いて実験を行う場合は，実験を行う前に群分けをすることが有効です．例えば，体重のばらつきが少ない20匹のマウスを用いようとするならば，まず40匹のマウスを用意し，その中から体重の近い20匹を選別して実験に用いればよいわけです．群分けの指標

は測定項目によって異なり，例えば，ある薬剤による血糖値の降下作用を見たい場合は，あらかじめ血糖値の近いマウスを集めて実験を行うことにより，ばらつきを少なくできるでしょう．

　また，マウスの生理に基づいた解析を行うことも重要です．例えば，雌マウスは性周期があるので，雄マウスよりばらつきが大きくなることが多いです．ですので，解析したい現象に雌雄差が無いことがわかっていれば，雌よりも雄を用いる方がばらつきが小さくなることが多いです．ほかにも，代謝関連の測定では，マウスの摂食行動に大きな影響を受けます．マウスは暗期の摂食量が多いので，測定する時刻などを一定にすることでばらつきは減少できますし，一定時間絶食をかけることによってもばらつきを減少させることができます．

2-2）系統をそろえる

　多くの遺伝子欠損マウスは，純系でないことにも注意を払う必要があります．C57BL/6Jの純系のES細胞も近年用いられつつありますが，多くのES細胞は129系あるいは，129とC57BL/6Jのハイブリッドとなっています[1]．そのため，遺伝子欠損マウスが樹立された時点では，129系が多く混ざっており，解析目的にもよりますが，多くの場合はC57BL/6Jにバッククロスをかけていくことになります．バッククロスが不十分な場合，様々な系統の表現型がランダムに発現することになりますので，その個体差は純系同士の個体差に比べ，大きくなります．そのため，時間はかかりますが，できるだけバッククロスを行うことが必要です．マウスの系統による表現型の違いは非常に大きく，特に129系とC57BL/6Jの間では，行動，免疫，エネルギー代謝などに大きな差があることがよく知られています．

2-3）同腹仔を用いる

　自分で交配を行い，産出した産仔を解析する場合は，同腹の産仔同士を比較することにより，ばらつきを減らすことができます．異なる腹から出産した産仔は，例えバックグラウンドが純系であったとしても，兄弟の数や母親の調子などによって体重や成長速度などがかなり違います．例えば，兄弟の数が多すぎると，1つ1つの個体のサイズは小さくなり，兄弟の数が少ないと，逆に大きくなるのはよく経験することです．また，兄弟の中に非常に攻撃的な個体がいると，その個体以外のマウスは全体的にストレスを受け，発育が鈍くなります．母親の週齢が適切でなかったり，授乳行動が未熟であれば，兄弟全ての発育が影響を受けることになります．これら腹間の差が原因となり，ばらつきが大きくなっている場合は，同腹の中から対になるように個体を選択して実験を行い，その対に対して *Paired*-Student's-*t*-testを行えば，ばらつきを減らすことができます（図1）．また，例えば，あるノックアウトマウスのホモと野生型マウスを比較する場合，ホモ同士，野生型同士を交配させ，産仔同士を比較すると，腹間の差が顕著に出てしまい，本当の差を隠し

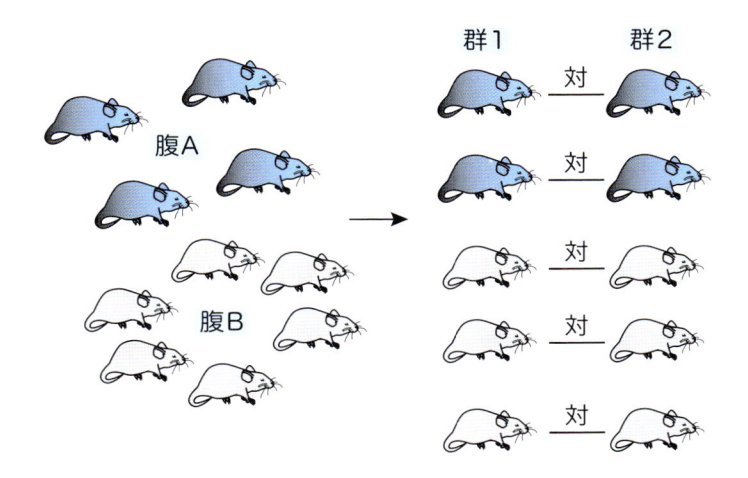

図1 ● 腹違いのマウスを解析するときの群分けと検定方法

てしまう可能性があります．ですので，ヘテロ同士を交配させ，産まれた同腹の中にホモ，野生型がいる場合のみピックアップして対とし，解析を行い，*Paired-Student's-t-test*を行うと，真の表現型を捉えやすくなります．

3）補正をかける

　マウスの実験に限ったことではありませんが，適切な補正を行うことで個体差を小さくできる可能性もあります．例えば，臓器重量を比較する場合，単純に臓器重量を比較するよりは体重で補正した臓器重量を比較する方がばらつきは小さくなるでしょう．また，血糖値と血中インスリン濃度，血中カルシウムイオン濃度と血中ビタミンD濃度など，明らかな相関が知られているものに関しては，これらの間で適切な補正を行うことができると思われます[2]．

参考図書・文献
1）『バイオマニュアルシリーズ8 ジーンターゲティング-ES細胞を用いた変異マウスの作製-』（相沢慎一／著），羊土社，1995
2）Nishizawa, H. et al.：Diabetes, 51：2734-2741, 2002

（松本高広）

5章 測定値の扱い方

Question 42 標準曲線（検量線）の正しい引き方を教えてください

Answer 実験理論を事前に充分に理解した上で，標準サンプルの範囲を広く，かつ数を多く取り，適切な標準曲線式を選択します．R^2が最も1に近づくようにすることで，正しいフィッティングによる標準曲線（検量線）を引くことが可能です．

1）適切な範囲で適切な数の標準サンプルを用いる

　標準曲線（検量線）の作成は，タンパク質やサイトカイン血清中（培養上清中など）濃度測定あるいはリアルタイムPCRを用いた遺伝子発現測定など，定量実験に欠かせない重要なステップです（リアルタイムPCRでは解析によって不要な場合もありますが）．この標準曲線をもとに各実験サンプルの値を定量するため，この標準曲線が一定の範囲（自分のサンプルが含まれる範囲）で"正しく"なければ，定量した結果は信頼に足り得ません．そこで，正しい標準曲線を作成することが重要ですが，まず，その濃度や値の範囲を正しく定める必要があります．つまり，およそ1μg/μLの濃度と予測されるタンパク質濃度を測定する際，既知濃度標準サンプルを用いた標準曲線を，この濃度（1μg/μL）を包含するような範囲で準備，測定する必要があります．この際に，少なくとも3〜4点の濃度で，かつ各濃度の標準サンプルを少なくとも3つ（triplicate）で計測する必要があります．一般に標準サンプルは既知であるため，technical replicate（技術的重複実験）のみを考慮に入れます．この段階で，値のばらつきが大きかったり，平均値が乱れてしまったりすれば，標準曲線を正しく引く（フィッティングする）ことができません．

2）正しい標準曲線式を理解する

　上記の実験により，得られた値から標準曲線を描くには，一般にMicrosoft Excelを用いると簡便です．描かれた標準曲線におけるR（相関係数：2つの確率変数の間の相関を表す指標，$-1<R<1$，参照Q12）の二乗値が1に近いほど相関が強いため，R^2値が1

表1 ● 実験法と標準曲線の種類

実験手法	標準曲線式
Bradford法（タンパク質濃度測定）	一次関数
ELISA	指数関数
リアルタイムPCR	指数関数

に近くなるような標準曲線の関数を選べば，正しいフィッティングができたと考えられるというのが一般的です．しかしながら，これらの考えは，すべての実験理論かつ実験手法を正しく理解し，正確に行われた結果の場合に限られます．つまり，ほぼ全ての実験に共通しますが，まず，行っている実験の測定法における検出メカニズム（放射性同位体を用いた検出なのか，酵素反応による発色反応であるのか，蛍光反応であるのかなど）を理解しておく必要があり，この理論に合致する標準曲線式を選択する必要があります．これらの検出メカニズムを理解した上で，標準サンプルの希釈段階に応じた標準曲線式を選択します（表1）．

例えば，Bradford法を用いてタンパク質濃度を測定する際に，順に希釈した標準サンプルを用いた吸光度の値と濃度は，1次関数（直線）を描くはずです．ところが，サンプル希釈や実験手技に問題があった場合に，ばらつきが多く見られ，結果，R^2が最も1に近づくのが，3次関数だったとします．この3次関数式に当てはめてタンパク質濃度を求めた場合，実際の濃度とは異なる値を得ることになってしまいます．また，ELISAキットを用いた性ステロイドホルモン濃度を測定する際に，実際には標準曲線は指数関数になりますが，同じような間違いをした場合，1次関数でのフィッティングによりR^2が最も1に近づく場合もありますが，これもまた，不適切です．上記の検出理論を把握した上で，明らかに計測間違いが考えられる群については，実験（検出）をやり直すべきですし，予備実験段階でとしては，検出範囲に問題がなければ，そのような群は標準曲線から除くべきです．

3）実例：タンパク質濃度の標準曲線を引く

例えば，Bradford法を用いて，タンパク質濃度を測定する際の標準曲線を作成する場合を想定してみます．4点（0, 0.125, 0.25, 0.5 μg/μL）の既知濃度標準サンプルを用いて濃度測定を行い，濃度を縦軸に，吸光度を横軸に散布図を作成したとします（図1A）．Bradford法では，標準曲線が直線性を示すことを念頭に踏まえ，1次関数での標準曲線を作成してみると，$y=1.1344x-0.0349$という1次関数式と$R^2=0.92823$が得られます．しかし，R^2が低い値のため，R^2値のみを指標に標準曲線のフィッティングを考慮し，2次関数で作成し直してみると，標準式$y=2.5985x^2-0.1107x+0.0617$が得られ，$R^2$も

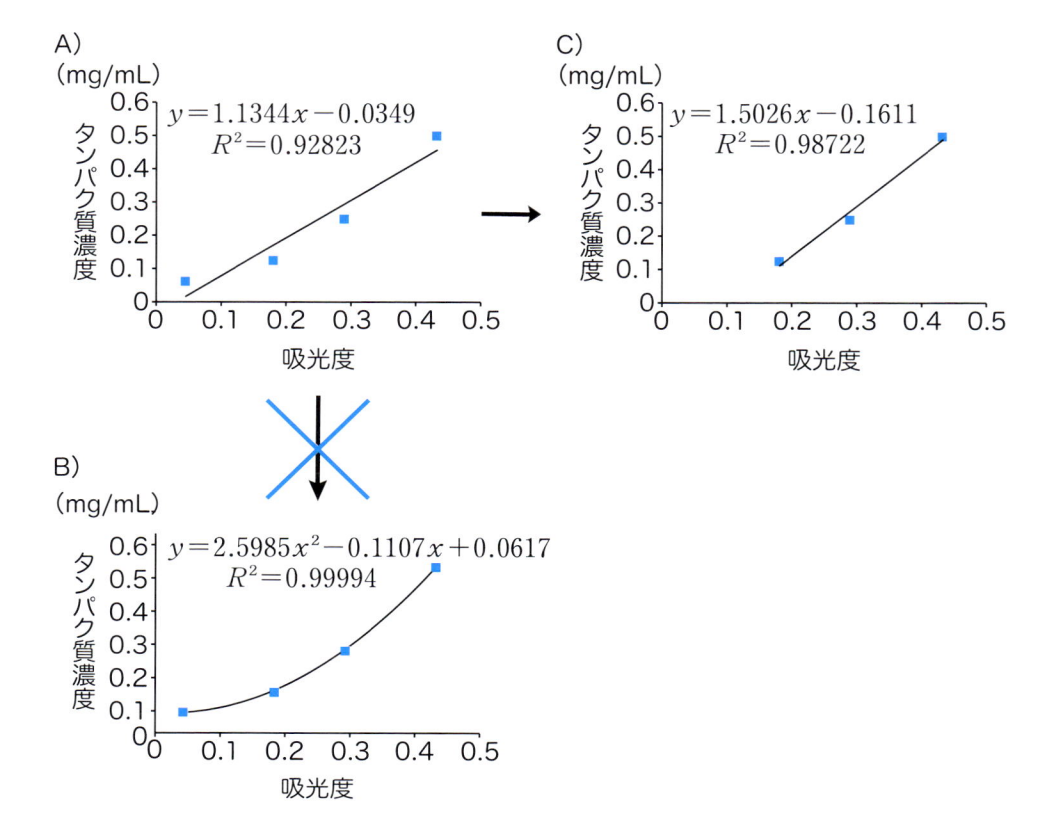

図1 ● 適切な標準曲線のフィッティング

一次関数を示すはずの標準曲線にて R^2 が小さく適切な標準曲線を描画できない場合（A），実験理論を鑑みて，R^2 が1に近づくからといってむやみに二次関数や指数関数など他の関数で近似せず（B），データを見直し，有効な値のみで標準曲線のフィッティングを行うべきである（C）

0.99994と極めて1に近い値となります（図1B）．しかしながら，こうして得られた標準曲線は実験手法原理に反しており，やはり1次関数での標準曲線を得られるようにするべきです．ここで，生データを再度見直したところ，濃度0μg/μLの値が計測間違いであることが判明し，このサンプルデータを削除し，3点のみで標準曲線を作成し直すと，$y=1.5026x-0.1611$ の1次関数式が得られ，$R^2=0.98722$ も改善されます（図1C）．このように，標準曲線のフィッティングを考慮する際，安直に R^2 のみに頼らず，実験手法の原理を考慮するとともに，生データを見直すことが非常に大切です．

（今井祐記）

5章 測定値の扱い方

Q43 遺伝子の組換えにより，致死を示す個体が多く，統計的にも信頼のおけるサンプル数にいたらない場合，どうしたらよいのでしょうか？

A サンプル数を充分に確保するのが一番の安全策です．どうしてもサンプル数が少なくなってしまう場合は，ノンパラメトリック検定で必要とされる最少数を用いてパラメトリック検定を行います．

1）実験計画を見直す

　サンプル数が極端に少ないケースでは，データが少し増えただけでも平均値は大きく変動し，分布型も変わる可能性が高くなります（図1）．このような場合，統計的判断も容易に変わり，検定の前提となる正規性の仮定が崩れる危険性をはらんでいます．したがって，少なすぎるデータであえて結果をまとめようとせず，もう一度，実験計画を立て直すことが必要となります．たとえ生まれる確率が低い遺伝子型の遺伝子改変動物であっても，大

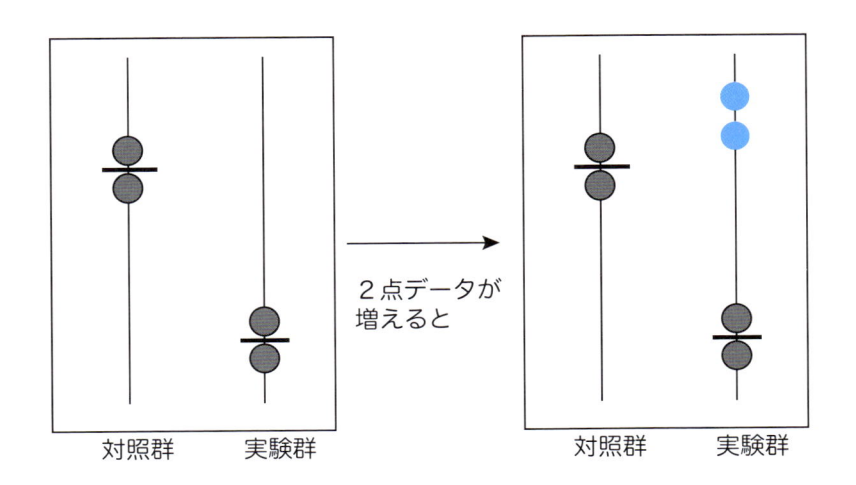

図1 ● データ数の少ない実験
データが少なすぎる実験では，データが少し増えただけで，平均値は大きく変動し，分布型が大きく変わるケースが少なくない．その場合，正規分布に基づいて行われる検定の条件が崩れることに留意する必要がある

規模な繁殖を計画するなどして充分なサンプル数まで増やすことを勧めます（参照Q39, Q41）．また，その遺伝子改変の影響が，致死にいたるほどの重篤な影響をおよぼしていることも念頭において，生き延びた個体で観察された異常が遺伝子変異による間接的なものか，直接的なものかを考慮しなくてはなりません．こうした問題には，Cre-loxPシステムを用いた時期・組織特異的な遺伝子改変法により致死性を回避する試みも有用な選択肢の1つと言えるでしょう．

　もし，どうしても第一報として報告する緊急性があり，かつ明らかに個体の表現型に一定の傾向が観察される場合は，断定的な表現はなるべく避けて，「サンプル数が少なく統計学的解析は適用できないが，一定の傾向が示唆された」という前提の上で，各個体の異常をまとめたテーブルなど作成して，慎重に情報提供をする必要があります．

2）最少のデータ数を確保して，パラメトリック検定を行う

　データ数が少ないケースの統計処理に言及しますと，ノンパラメトリック検定ではデータを全て順位尺度などに変換し，分布型に依存しない形で確率論的に検定するため，各種検定方法について最低限必要なデータ数があらかじめ決められています（参照Q23）．一方，データの分布形態が正規分布と想定して検定を行うパラメトリック検定では，危険率を計算できるデータ数以上あれば，理論上は検定することができるため，わずかなデータ数でも検定可能となります．しかし，ここで留意しなくてはならないのは，データ数が少ないケースでは上述のように，少しデータを増やしただけで，容易に分布型が変動し，検定の前提となる正規分布が崩れる危険性があります．したがって，t検定などのパラメトリック検定を用いる際にも，最少データ数を設定する必要があります．その基準については，はっきりとした見解があるわけではありませんが，ノンパラメトリック検定で必要とされる最少のデータ数が適当と考えられます（例えば，マウス個体での遺伝子発現の比較なら6〜10匹）など．すなわち，ノンパラメトリック検定が適用できないようなデータ数でのパラメトリック検定は避けるべきでしょう．

（松本高広）

5章 測定値の扱い方

Question 44 マウス解析において，ヒトの各発達時期と対応するマウスの週齢の決め方を教えてください

Answer

マウスの発達とヒトの発達は，マウスの何週齢がヒトの何歳と単純に対応付けられません．各種の生体パラメータをもとに比較し，マウスの系統や得たいデータごとに対応を慎重に検討する必要があります．

　マウスは，げっ歯目に属する小型哺乳類で，モデル動物としては最もその情報が整備された動物種であり，医学生物学分野の研究にはなくてはならないバイオリソースです．古典的な薬物の生体におよぼす影響の解析や疾患モデルマウス解析における重要性のみならず，近年，遺伝子改変動物の表現型解析対象としても頻用され，これまでに多大な医学生物学的知見に貢献してきました．

　一方で，マウスの寿命は約2年であるのに対し，ヒトの寿命は約80年であることに起因して，マウスで得られたデータをヒトに適応する際には，研究対象のマウスの年齢が人の何歳に相当するかに注意を払う必要があります．すなわち，その形態学的な数値や生理学的機能はほとんど全て年齢とともに変化すると考えられるので，マウスのデータをヒトと比較するときにはマウスの一生における年齢変化のパターンを調べ，ヒトの生物学的ステージに正しく対応を付けて，その部分での数字を比較することが求められます．

　そのため，本稿ではまずマウスの一生を概説し，次に生体パラメータと年齢差との関係および，得られたマウスのデータを人の発達と比較する際に有用な手法について説明します．

1）マウスの一生

　受精ののち誕生までのおよそ3週間を胎仔期と呼びます．この時期はさらに着床前期，器官形成期，胎児成長期の3期間に分類され，薬物や放射線の影響は各期間で大きく異なることが知られています．

　受精後約3週間で分娩が起こり，生まれた仔は以後約3週間後に離乳を迎えます．そして，

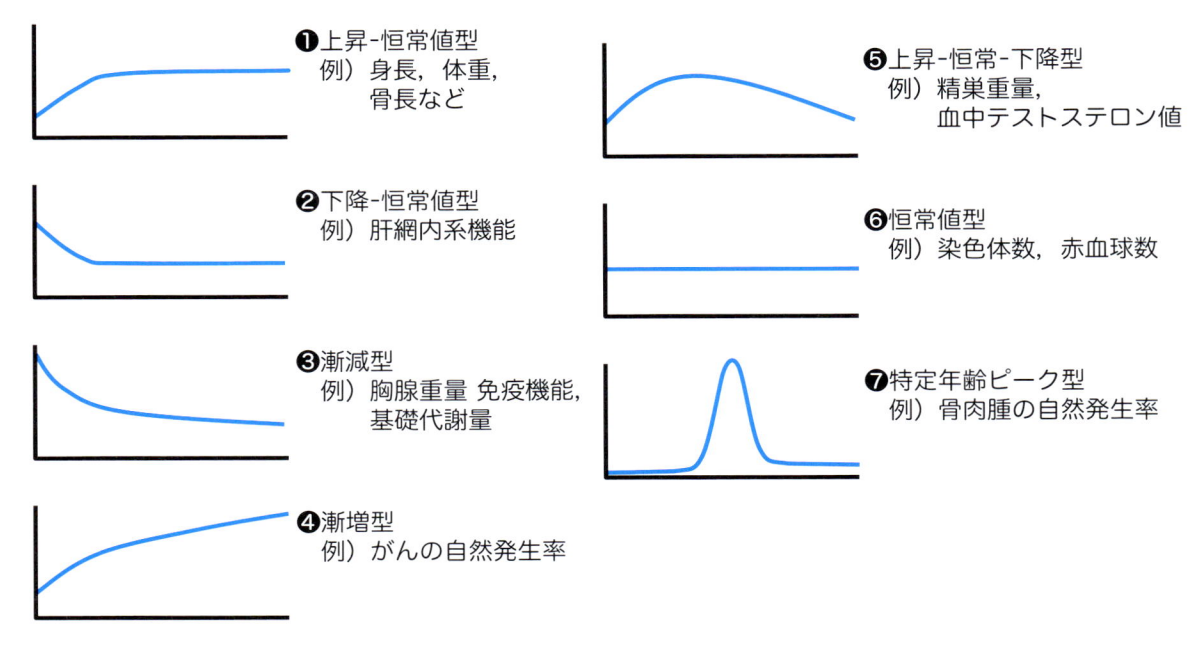

❶ 上昇-恒常値型
例）身長，体重，骨長など

❷ 下降-恒常値型
例）肝網内系機能

❸ 漸減型
例）胸腺重量，免疫機能，基礎代謝量

❹ 漸増型
例）がんの自然発生率

❺ 上昇-恒常-下降型
例）精巣重量，血中テストステロン値

❻ 恒常値型
例）染色体数，赤血球数

❼ 特定年齢ピーク型
例）骨肉腫の自然発生率

図1● 年齢変化（横軸）と生体パラメータ量（縦軸）のパターン

雄で6～8週目，雌で5～9週目に性成熟を迎えます．以後約54週齢までの40週間が繁殖期となり，雌雄を同居させ続けた場合，分娩は約1カ月ごとに起こります．誕生後約1年で雌は妊娠不能となり，以後のマウスは一般的には老化の研究目的に用いられます．

2) 種差とデータの分類と年齢差

種差によるデータはその性質によって2種類に分類されます．すなわち，1つは内因性パラメータと呼ぶべきもので，生体種ごとに固有の性質をもった形態学的，生理学的，生化学的なデータ，具体的には体重，体温，血液量，血中ホルモン濃度などがこれに相当します．他方は外因性パラメータと呼ぶべきもので，外的な要因が生体に加えられたときの反応，具体的には薬物投与や外的刺激に対する血中濃度や分解率，発がん率などです．内因性，外因性パラメータ両者ともに年齢差が存在します．

年齢差とこれらのパラメータを比較分類してみると，それほど多様なパターンを示すわけではなく，多くはいくつかの典型的なパターンに分類可能であることがわかってきました．つまり年齢変化は図1に示すような限られたパターンにそのほとんどが属していることがわかります．

❶ 上昇－恒常値型と呼ばれるもので，小児期から成長期にかけて増加したのち成人以降一定値となるもの．体重，身長，骨長などがこのパターンに属します

表1 ● ヒトの発達ステージとマウスの週齢

解析対象	マウスの週令	ヒトの発達ステージ
老化による骨密度減少	生後1〜2年	壮年期
性成熟	6〜8週	思春期以降
胎仔期	3週間	40週間
寿命	2年	80年

❷ 下降－恒常値型と呼ばれるもので，出生後急速に下降して成熟とともに一定値に達する肝網内系機能などがこれに属します

❸ 漸減型と呼ばれるもので，免疫機能や基礎代謝量などのように，出生後，緩やかに減少していくタイプです

❹ 漸増型と呼ばれるもので，出生とともに緩やかに増加していくもの．がん発生率などがこれに属します

❺ 上昇－恒常－下降型と呼ばれるもので，精巣重量やテストステロン値は出生から思春期にかけて漸増していき，青年期から壮年期，老年期にかけて緩やかに減少していくのでこのパターンに属します

❻ 恒常値型と呼ばれるもので，赤血球数や染色体数など，出生から終生不変のパラメータがこれに相当します

❼ 特定年齢ピーク型と呼ばれるもので，小児期に発症のピークを迎え，以後減少していく骨肉腫発生率などがこれに相当します

これらの情報を踏まえると，もしある特定の生体パラメータの年齢変化がこの分類のどれかに属していることがわかれば，年齢差をある程度定量的に扱う事が可能となり，ひいてはマウスで得られたデータをヒトの発達と比較する際の有用なツールとなります．

3）最後に

以上，マウス解析において特定の週齢マウスのデータを人に適応する際の注意点を説明しました．しかしながら，人への適応に必要なデータバンクは決して確立されているわけではなく，今後も精力的にデータを積み重ね，人への適応の精度を上げていくことが求められます．なお，表1はマウスのデータをヒトに適応する際の1例です．

参考図書
・『マウス・ラットなるほどQ&A』（中釜斉，他／編），羊土社，2007
・『実験医学のめざす外挿』（戸部満寿夫，堀内茂友／編），清至書院，1984

（松本高広）

実践編

バイオ実験での統計処理のケーススタディー

1章 発現量，活性など
一般的な *in vitro* 実験のケーススタディー
　　　Case 01〜10　　　　　　　　　　　162

2章 個体数，表現型，行動解析などの
ケーススタディー
　　　Case 11〜22　　　　　　　　　　　188

3章 マイクロアレイ解析のケーススタディー
　　　Case 23，24　　　　　　　　　　　235

1章 発現量，活性など一般的な in vitro 実験のケーススタディー

Case 01 培養細胞に試薬Aを加える前と後の，ある遺伝子の発現量を測定しました．その効果についてどのように解析すればよいでしょうか？

考え方 データ群には「独立2群」か「関連2群」の2通りあります．前者は別人同士や異なる遺伝子型マウス同士のデータを比較する場合です．後者は同一人物や同一系統マウスにおいて何らかの薬剤投与などをする際の，「前と後」のデータ間を比較する場合などのことです．本ケースのように，元は同じ培養細胞を用いて試薬A処理の前後という2つのデータ群を比較する場合は後者の「関連2群」の解析となります．さらにここではこれらデータ群それぞれが平均値を中心に比較的まとまったパターンを示すかどうかで解析方法が異なってきます．最初に大まかにそのまとまり具合の検証をする必要があります．そしてその結果，比較的まとまったパターン（正規分布）を示す場合には「1標本 t 検定」を用い，分布にまとまりがない場合には別の方法を用います（参照 Case 05, Case 07）．

1）データの入力と散布図のプロット

本ケースではウエスタン解析の結果から発現量を定量した数値を Microsoft Excel にインプットするところからはじめます．例として，Jurkat cell に PMA 処理をする前とした後の転写因子Rの発現量を解析します．図1の通り PMA 処理前，PMA 処理後のデータを入力します．このような解析データの実際のサンプル数は決して多く得られるわけではありません．しかし統計学的に有意差を検証したい場合にはサンプル数は多ければ多いほど有意差の有無を確認しやすくなります．そうでない場合（サンプル数が3以下の場合），Nature Cell Biology 誌などのガイドライ

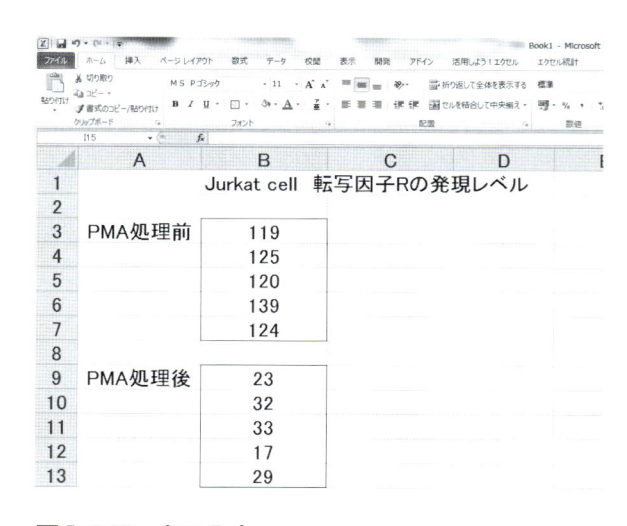

図1 ●データの入力

（Jurkat cell 転写因子Rの発現レベル）

PMA処理前	119
	125
	120
	139
	124
PMA処理後	23
	32
	33
	17
	29

ンでは，p値を示す代わりに全てのデータをグラフにプロットすることで有意差があることを示さなくてはなりません．

　これらのデータの基本的な情報を確認しましょう．まずは実際に1つ1つを目で見てみることが基本です．これらのデータをグラフにプロットしてみます．グラフ化するサンプルを選択し，「挿入」のなかの散布図を選択して（図2A），「散布図（マーカーのみ）」を選ぶと図2Bのようなグラフが示されます．処理前後のデータはそれぞれ比較的まとまった数値から構成されているようです．通常はこのような結果が得られた場合には明らかな差があるということで問題はありません．しかし，もし2群のデータが非常に僅差の場合に統計解析が必要になります．

2）データの正規性の検定

　比較的まとまったパターン（正規分布）を示す場合には「1標本t検定」を用います．この場合，正規分布を示すかどうかを検定する必要がありますのでその例を図3に示します．左上の歪度が0で尖度が3であればこのデータは正規分布をしていることになり，尖度が3よりも大きい場合には尖った分布を示すという風に解釈できます．

　われわれの分野の研究結果で美しく正規分布を示すデータを得ることは決して頻繁に起こることではありません．しかもデータ数が非常に限られた少ないものである以上，正規分布しているものと仮定して統計処理をするというのが現状です．もしもおおもとの現象そのものが正規分布を示している場合でも採取した5サンプルのデータが必ずしも正規分布を示すとは限りません．よってバイオ研究の現場では多くの研究者は正規分布しているかどうかをあまり重要視していません．それが正しいことなのか間違いなのかはこの場で

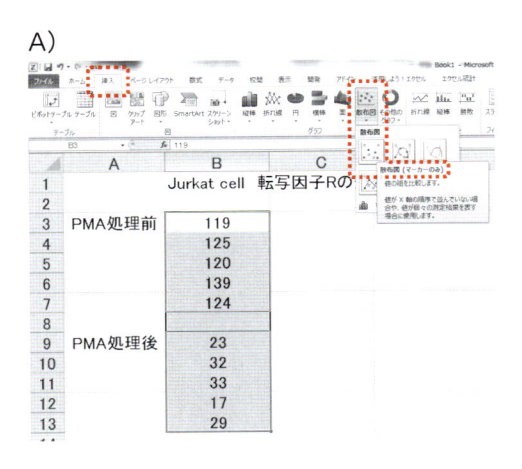

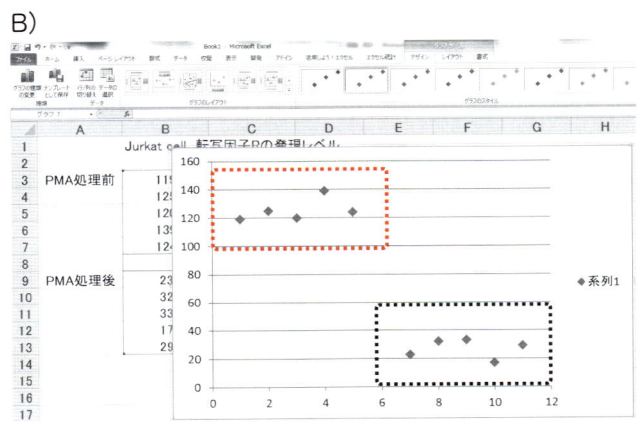

図2 ● 散布図のプロット

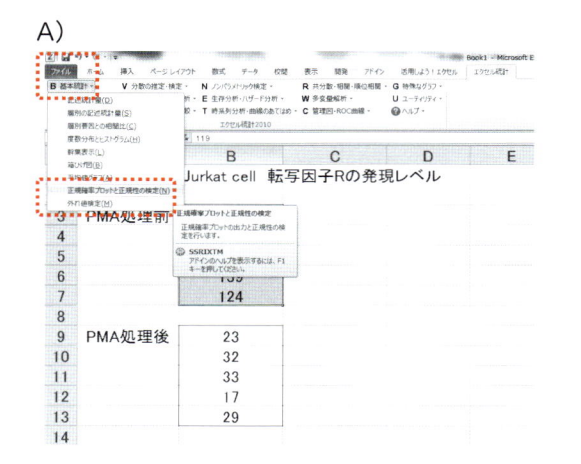

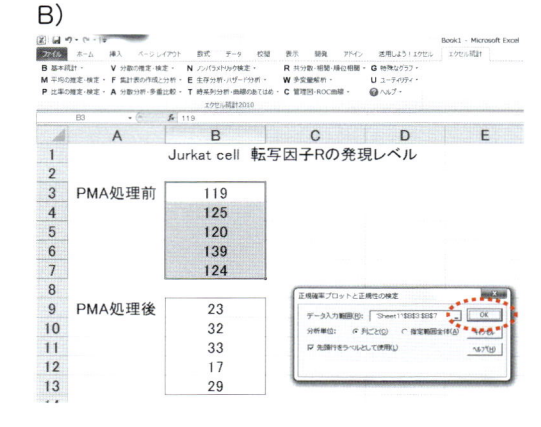

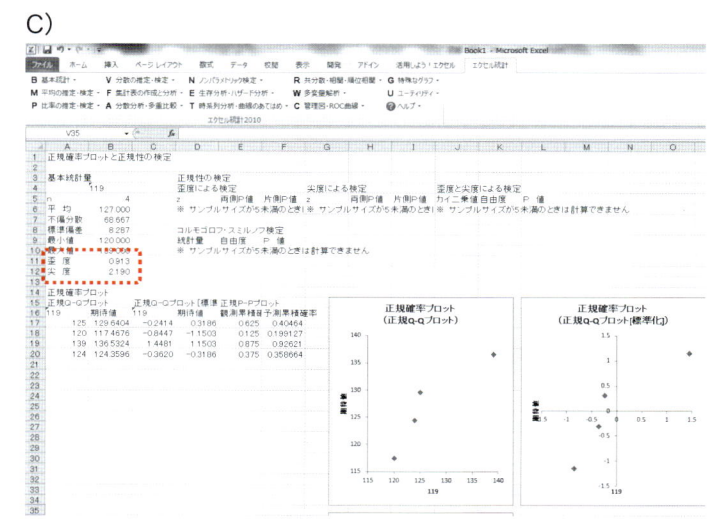

図3 ● 正規性の検定

「エクセル統計」から「基本統計」→「正規確率プロットと正規性の検定」を選ぶ（A）．そして「OK」をクリックする（B）とCのような基本統計量が示される

は議論しないことにします．もちろん多くの患者さんへ薬剤投与する大規模コーホート解析などの場合の医療系研究には正規性を検証する必要があることは明記しておきます．

3）Microsoft Excelを使ったt検定

さて「1標本t検定」の方法について解説します．この解析方法はもっとも基礎的であり，ほぼ全てのバイオ研究において日常的に用いられるものです．TTEST機能は通常版のExcelに搭載されています．ここではその使い方について紹介します．

まずは2群のデータの統計結果を示す場所を決めます（**図4**）．そして数式を選ぶために赤点線の部分「fx」をクリックします．数式を選択する画面が示されますので，その中から最上段の「T.TEST」を選択します．すると関数の引数画面が表示されますので2群の情報をそれぞれ選択し（この方法はB3：B7と入力するか数列1の記入部位をクリックし

A)

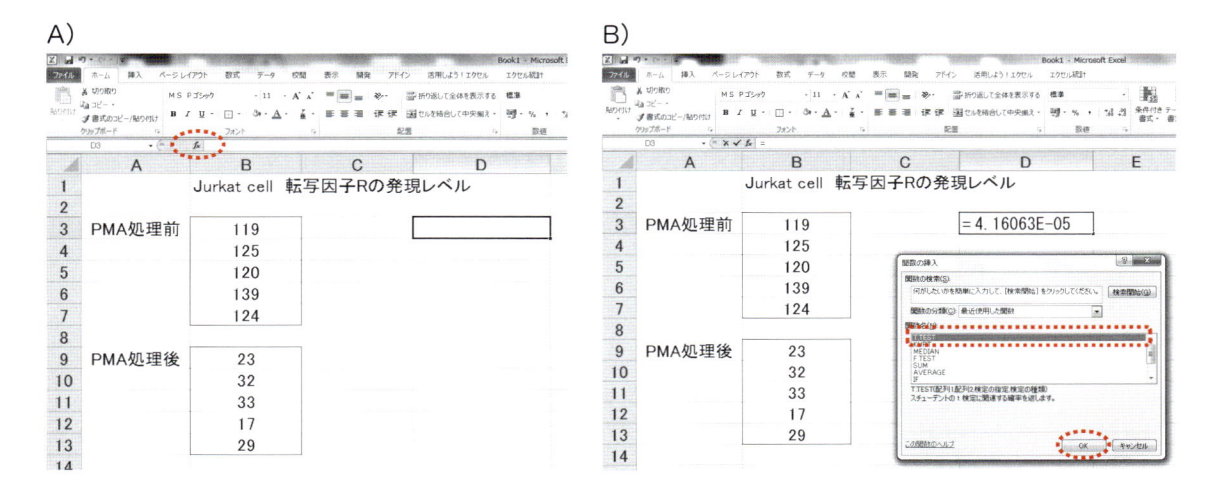

B)

図4 ● t検定の手順

てから選択するB3からB7までをドラッグ)します．検定の指定は1，検定の種類は1を選択します．

　TTESTの結果は先ほど選択した「2群のデータの統計結果を示す場所」に表示されます．この場合には指数表示で「4.16063E-05」と示されますが，小数点10桁表示に変えると「0.000416063」となります．有意な差の有無を示す最も代表的な数値がこの p 値になります．この場合には2群のデータが同じであるという帰無仮説を支持する p 値は5％を下回っていますので，これら2群は有意差があることが示唆されました．この場合，プロット図の横に $p<0.001$ などと表記すると有意差があることを示すことができます．

4) 再現実験を行う必要性

　再現実験はどのような場合にも必要不可欠です．一度の実験で仮に理想的な p 値が出ようとも，ぎりぎりの数値（$p<0.045$ など）になっていたとしても最低2回は同様の解析を繰り返し，結果を考察する必要があります．

参考図書
- 『実感と納得の統計学』(鎌谷直之／著)，羊土社，2006
- 『パソコンで簡単！すぐできる生物統計』(Roland Ennos／著　打波守，野地澄晴／訳)，羊土社，2007

（河府和義）

1章 発現量,活性など一般的な in vitro 実験のケーススタディー

Case 02 培養細胞に試薬Aを加えて0日後,1日後,3日後のある遺伝子の発現量を測定しました.この3群の解析には,どのような検定法を使えばよいですか?

考え方 3群のデータについての解析は単純に各2群同士のt検定を複数行えばいいように思えますが,統計学的にはその方法は本当の有意差を導き出すものではありません.このような3群のデータについて一度に有意差を示す場合には分散分析を用います.この方法から3群のデータの平均が互いに等しいという帰無仮説を検証することになり,いずれかの群のデータには他の群との有意差があるという結果を示すことができます.

1) 分析ツールのアドイン

　　ANOVA (analysis of variaiton) はロナルド・フィッシャー (Ronald A. Fisher) によりその基本手法が確立されたことからフィッシャーの分散分析法とも呼ばれています.この解析法はMicrosoft Excelの関数リストには初期搭載されていません.しかし分析ツールとしてアドインする機能はExcelに盛り込まれていますので比較的シンプルな分散解析であれば解析可能です(ただし,Mac版では,Excel 2008 for Mac以降,分析ツールが使えません.Analyst Soft社のStatPlus®:mac LEなどを購入するとANOVAができるようになるようです).まず,図1のように分析ツールをアドインします.

2) 一元配置分散分析の手順

　　さて,次に3群のデータの比較方法を述べます.まずは図2Aのように3群のデータを表示します.この場合には最上段に群の名称をA,B,Cなどのように記入し,その下にデータセットを入力します.この場合は細胞にPMA処理して0日後,1日後と3日後の3群について,タンパク質Rの発現量のデータを用意しました.今回は3群の単純な比較ですので一元配置の分散分析を選択します.

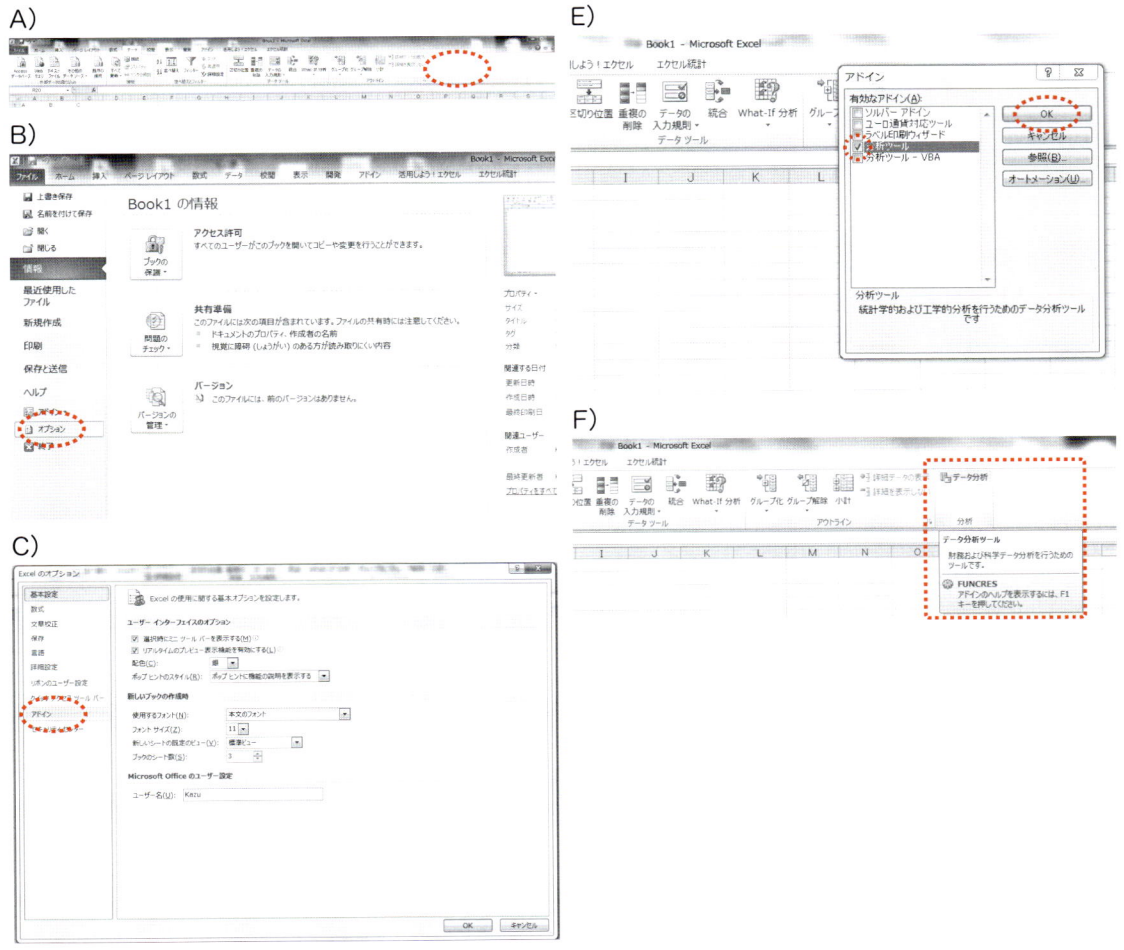

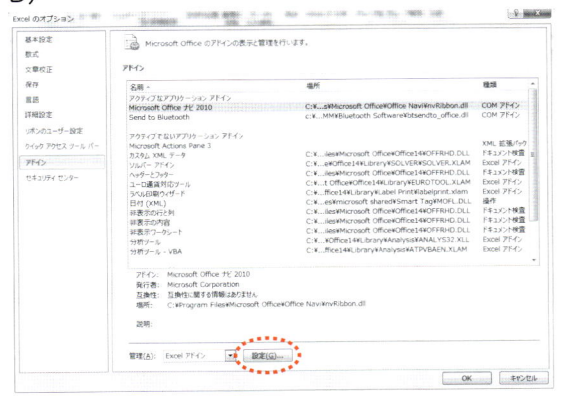

図1 ● 分析ツールのアドイン

まず分析ツールがアクティブになっているかどうかを確認する．メニューのデータを選択し，右端に分析ツールの表示があるかないかを確認（A）．なければ分析ツールをオプションでアクティブにする．左上の「ファイル」をクリックして下から2番目の「オプション」を選択（B）．Excelのオプションの画面が出るので，左下の「アドイン」をクリックする（C）．アドインの表示および管理の画面が出るのでその下部の赤点線部分の「設定」をクリック（D）．有効アドインの項目が表示されるので，その中から「分析ツール」にチェックを入れて「OK」をクリック（E）．これでアドイン作業は完了．分析ツールがアクティブになっているかを上記の方法で確認しておく（F）．

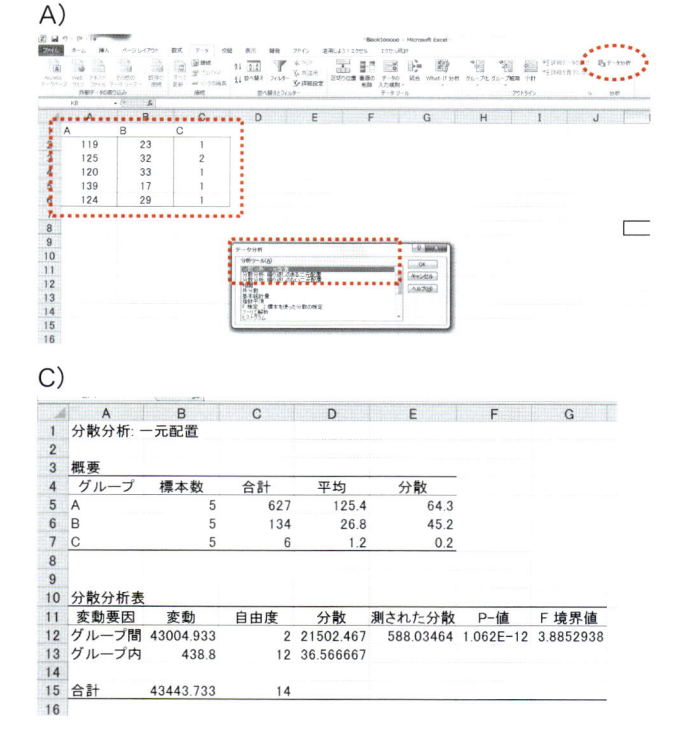

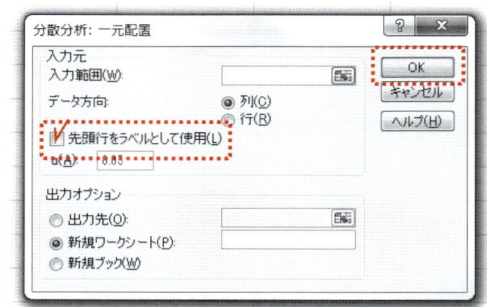

図2● 一元配置分散分析の手順と結果の解釈

メニューの「データ」を選択して右端に表示された「分析ツール」をクリック．初期統計メニューには盛り込まれていない種々の統計分析ツールが表示される．分散分析はその中でも最上段に3つ用意されている．入力範囲等を設定するウィンドウが表示される．データ群はA，B，Cを含めてドラッグして選択．その際には各列の先頭にある文字をその群のラベルとするために「先頭行をラベルとして使用」にチェックを入れる（B）．「OK」をクリックすると新しいsheet（通常sheet1にデータを入力してsheet2, 3はブランクであればsheet4）に結果が表示される（C）．結果には種々の統計数値が表示される

3）結果の解釈

　この統計解析では3群のデータの平均はPMA処理後の時間にかかわらず等しいという仮説を否定することで有意差があることを示すものです．この仮定を検証するには2点の比較ポイントがあります．1つ目は p 値であり，その値は帰無仮説を棄却する5％を下回っています（**図2C**）．よって仮説は棄却され，3群には有意差があると結論付けられます．一方，F 境界値は観測された分散比に比べると明らかに小さい値が出ています．よってこの結果からも仮説は棄却され3群のデータには有意差があるということが示唆されました．

4）その他の分散分析

　分散分析（Anova）にはさらに別の要因を加えた2要因以上で4群以上のデータを比較することもできます．データ群内の個々の数値が複数個ありそれらの数が等しい場合には「繰り返しのある二元配置」を用いることができます．もしもデータ群として数値データが1件分しかない場合には「繰り返しのない二元配置」を利用しましょう（**参照Case08**）．これらのほかに，より複雑な分散分析を必要とする場合にはエクセル統計（**参照Q37**）を

利用することを薦めます．

参考図書
・『実感と納得の統計学』(鎌谷直之／著)，羊土社，2006
・『パソコンで簡単！すぐできる生物統計』(Roland Ennos／著　打波守，野地澄晴／訳)，羊土社，2007

（河府和義）

1章 発現量，活性など一般的な in vitro 実験のケーススタディー

Case 03 GFP タグを付けたタンパク質を培養細胞に一過性に過剰発現させて蛍光を検出しました．どれだけの細胞がどのくらいの蛍光強度で光っているかを解析するにはどうしたらよいですか？

考え方 GFP タグの付いたタンパク質を遺伝子導入により一過性に過剰発現させた場合には，導入細胞によってその発現レベルはまちまちです．解析としては，仮に0～5までの6段階の発現レベルを設定して各レベルの細胞数を円グラフにするという手法が可能です．この場合には1回の遺伝子導入実験のみでは十分な信憑性が得られない可能性もあります．よって，複数回の遺伝子導入データを用意するとよりよい結果を得られるでしょう．蛍光強度は，しかるべきイメージングソフトを採用して検出したとした場合について紹介します．

　培養細胞をそのまま培養皿ごと GFP 蛍光解析をすることができる顕微鏡は，いまでは多くの研究室や研究所に設置されています．さらにより上等な機器の場合には，培養皿ごと解析できて，しかも10分や1時間おきに自動的に GFP 検出をしてデータを収集してくれる機種もあります．

　仮にある一点の時間のみで，手動で蛍光強度のデータを得たい場合には，そのイメージ写真をそのまま蛍光強度検出ソフトウェアにて処理することで，各種蛍光レベルの細胞の数が数値化されます．ここでは仮に定量データをゼロから最高値までを単純化して0，1，2，3，4，5の6点に定量化したものを Microsoft Excel で解析する例を紹介しましょう．

1）グラフ作成の手順

　培養細胞に人為的に導入した GFP タンパク質の蛍光強度を検出し，それらの分布を数値化したデータが得られたとします．**図1A**のような表ができあがった場合にはそれをグラフ化するとより見栄えがよくなります．その場合の手順を紹介します．メニューから「挿入」を選択すると各種グラフを挿入できます．0，1，2，3，4，5の6点を仮にA，B，C，D，E，Fと名前を付けます．それらのデータをまるごとドラッグして選択してから，グラフ候補の中から好みのグラフを選びます（**図1B**）．すると任意のグラフが表示されます

図1 ● グラフ作成の手順

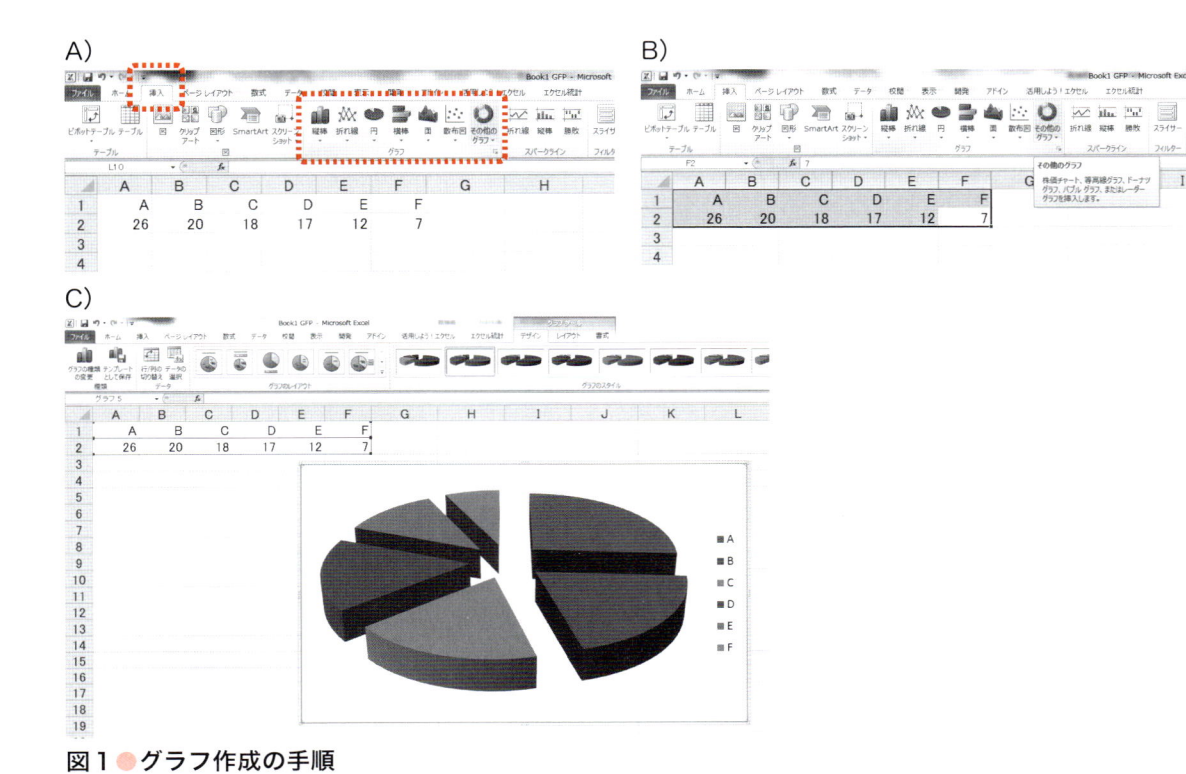

（図1C）．そのデータをそのまま別のソフト（Microsoft Word や Microsoft Power Point）にコピー＆ペーストすることも可能です．解析結果はグラフに示された通り，仮にA-B-Cの3群をGFP陽性と判定する場合には64％の細胞がGFP陽性という結果になります．

2）1回の遺伝子導入実験では信憑性が得られない可能性がある

　信憑性が得られないというのは遺伝子導入実験の回数が単に少ないからということではなく，一回の解析結果からは p 値が高すぎ（0.02～0.05程度）て本当に有意差があるとは言いきれないかもしれない場合のことです．このような場合には何度か繰り返す必要があるということです．

参考図書
- 『実感と納得の統計学』（鎌谷直之／著），羊土社，2006
- 『パソコンで簡単！すぐできる生物統計』（Roland Ennos／著　打波守，野地澄晴／訳），羊土社，2007

（河府和義）

1章 発現量，活性など一般的な in vitro 実験のケーススタディー

Case 04 ある細胞を刺激する前と後で，サイトカイン産生を測定する実験を行いました．一度の実験で培養プレート3ウェルへ独立して細胞をまきました．サイトカイン産生量を定量した結果をグラフ化して示す方法を教えてください

考え方 全てのデータ値をプロットする方法もありますが，その場合でも，平均値を示しておくことはおおよそのデータの値を知るためには便利です．しかし，データの平均値を示すだけではそのデータのばらつき度や分布がどのようになっているかはわかりません．統計学的なばらつき度を示すことでデータ群間の差を判定することが容易になります．このばらつき度は標準偏差と呼ばれ，標準偏差には平均値を中心とした場合の全データの68%が含まれます．つまり，「平均値＋標準偏差値」から「平均値－標準偏差値」のデータが全データの約68%を占めるということになります．またさらに「平均値＋2×標準偏差値」から「平均値－2×標準偏差値」は全データの約95%を占めることになります．したがって，棒グラフなどにデータを示す場合には，標準偏差値をエラーバーとして挿入することで，全データの分布の大まかな様子が一目でわかるグラフが作成できます．

1）エラーバーとは何か

　複数群の内訳データはできる限りばらつきがないのに越したことはありません．しかしバイオ実験を含め多くの生物学的解析にはばらつきは必ず生じます．それは人為的なものである場合もありますし，生物の持つ性質によるものもあります．これらのばらつきを統計学的に処理することで客観的なデータ解釈をするのがこのケースの目的です．エラーバーという言葉を頻繁に耳にします（参照Q09）．これはデータのばらつきについて第三者としてデータを見る側にわかりやすく示すためのものでもあります．エラーバーというのはそういう目的で用いられますので，それが具体的には何の値なのかというのは用いる人によってまちまちです．バイオ系の人々は多くは標準偏差値を σ とした場合，$\pm\sigma$ をエラーバーとして用いています．またより厳しく統計処理をしたい人は $\pm 2\sigma$ をエラーバーとして用いています．また別のケースでは標準誤差をエラーバーに用いる場合もあります．

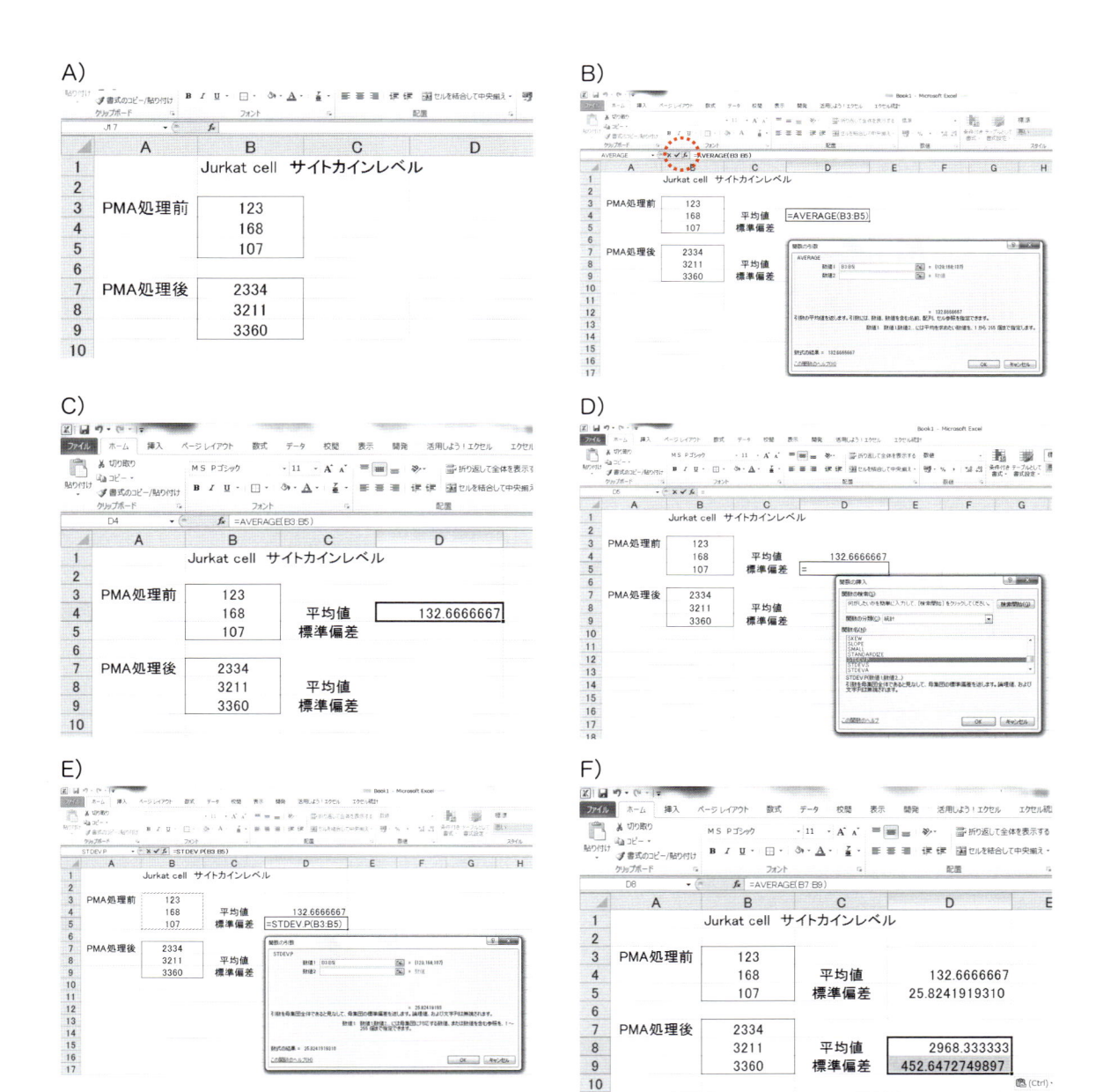

図1 ● 平均値と標準偏差の求め方

処理前と処理後の2群のデータ（それぞれ3回の検定結果）をエクセルに入力（A），その横に平均値および標準偏差を算出する枠を用意する．その枠（図の場合にはD4）を選択して，まずは平均値を算出する数式を設定（B）．赤点線丸の「f_x」をクリックすると関数を選択するウインドウが出るのでその中の関数名から「AVERAGE」を選択して「OK」をクリック．その後に平均値を算出したいデータをドラッグして選択して「OK」をクリックすると指定した枠に平均値が出る（C）．同様に標準偏差を算出する場合には別の枠を選び，平均値と同様に「f_x」をクリック．この場合には「STDEV.P」を選択し，同様にデータをドラッグ選択して標準偏差の値を得る（E）．PMA処理後のデータについても同じことを繰り返して平均値および標準偏差を得よう（F）

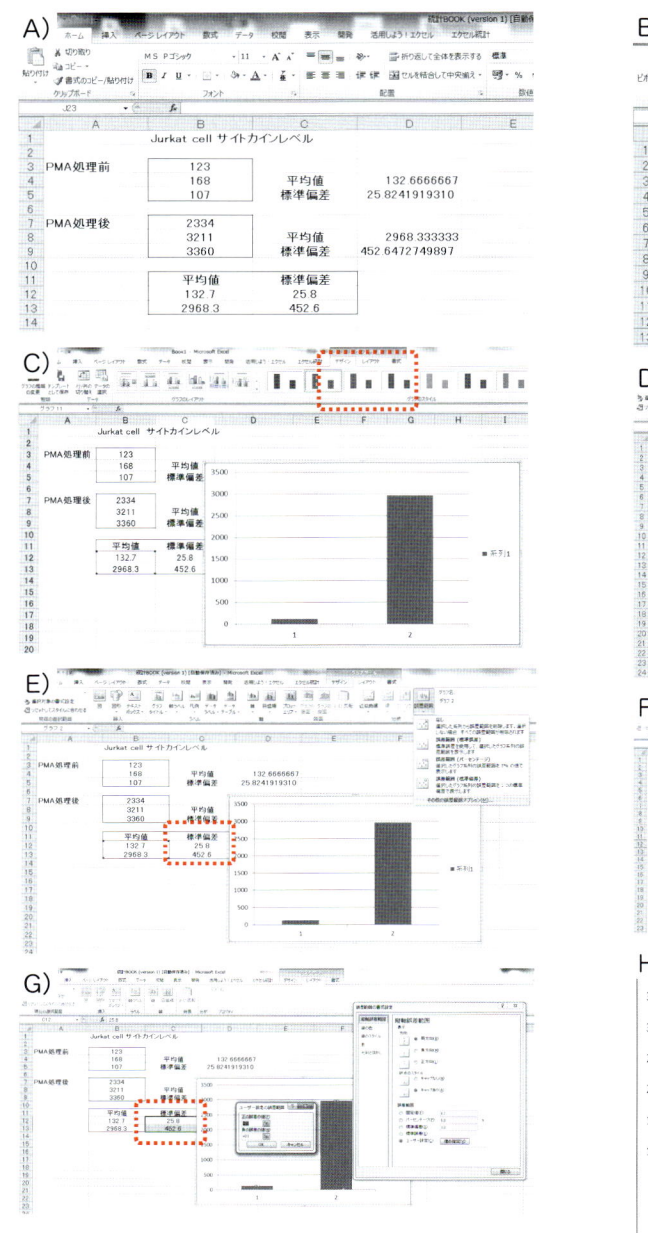

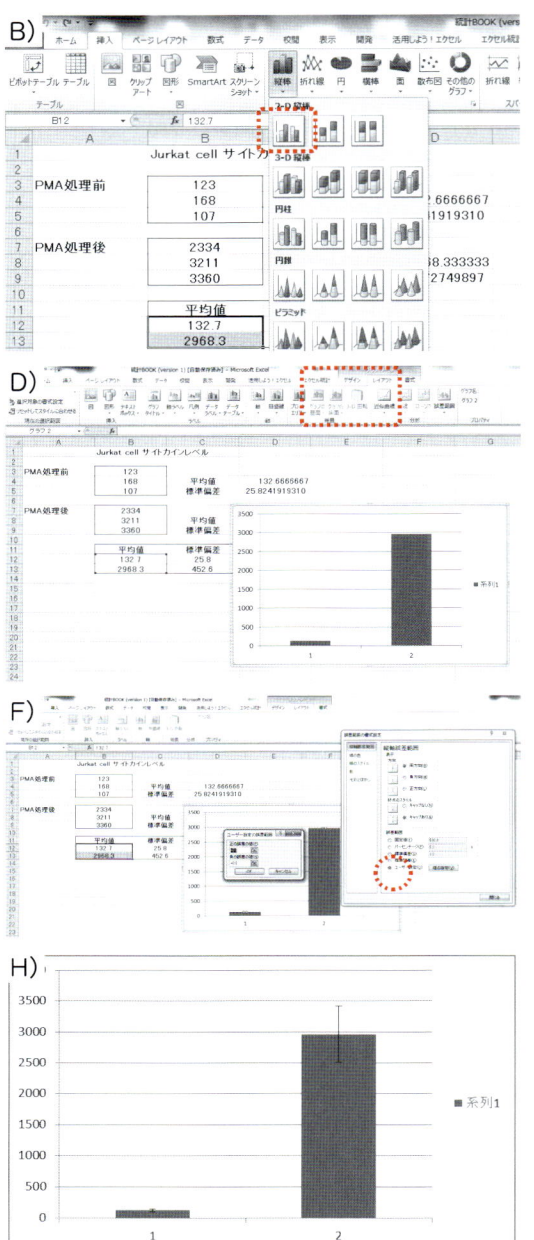

図2 ● 棒グラフとエラーバーの作り方

得られたデータを結果を見る人のためにグラフ化してわかりやすくしよう．平均値データおよび標準偏差データを図のように別の場所に記入（A），そして平均値データをドラッグして選択しておいてから，メニューの「挿入」からグラフを選んで挿入する（B），平均値の違いが棒グラフで表示される（C）．次に，この棒グラフにエラーバーを追加で表示する．棒グラフの棒の部分をクリックすると上部にグラフツールが表示される（D），そこのレイアウトの中の誤差表示を選択（E），表示方向というのはエラーバーをどの様式で表記するかというものだが，多くの場合両方向が用いられる（F），誤差範囲にはユーザー設定を選択し，値の指定を選びユーザー設定の誤差範囲にデータを入力．この場合，正の誤差と負の誤差はそれぞれのデータ群の標準偏差をインプットするので点線部分をドラッグして選択して「OK」をクリックする（G）．これでエラーバーの付いたグラフが完成する（H）

2）グラフ化の実例

このケースではMicrosoft Excelを使って標準偏差値を σ とした場合の $\pm\sigma$ をエラーバーとして用いる方法を紹介します．

図1と図2でJurkat cellにPMA処理を行う場合について紹介します．この場合，処理前と処理後の，あるサイトカインの活性データの比較を例とします．棒グラフとエラーバー表示された結果をみますと，PMA処理の前後でサイトカイン活性レベルに有意な差があり，活性化されていることがわかります．

参考図書
- 『実感と納得の統計学』（鎌谷直之／著），羊土社，2006
- 『パソコンで簡単！すぐできる生物統計』（Roland Ennos／著　打波守，野地澄晴／訳），羊土社，2007

（河府和義）

1章 発現量，活性など一般的な in vitro 実験のケーススタディー

Case 05 異なる系統の細胞株に化合物を投与する実験を行いました．投与群および非投与群のどちらでもデータにばらつきが大きくなったとき，有意差検定は何法を用いればよいのですか？

考え方 2つのデータ群が異なる系統の細胞株に由来する場合はCase 01で解説したようにこれらデータ群は，「独立2群」となります．このケースではデータのばらつきが大きい例を紹介します．このように正規分布でも等分散でもない場合にはマン・ホイットニーのU検定を用います．

1）マン・ホイットニーのU検定

データ群には「独立2群」か「関連2群」の2通りあることをCase01で述べました．このケースは別系統の細胞株に同一の化合物を投与するという独立2群の検体を扱う解析の例です．このように正規分布でない，等分散でもない，かなりばらけたデータ群の比較の場合には，中央値の有意差を統計処理するためのマン・ホイットニーのU検定（Mann-Whitney's U test）を用います．中央値というのはデータの分布のなかで数値に関係なく数値の順番上中央に位置する値のことです．つまり5人の身長データがある場合には上から3番目に背が高い人の値であり（6人の場合は3番目と4番目の相加平均），中央値は平均値とは必ずしも一致しません．比較的数値のばらけたデータ群をマン・ホイットニーのU検定で比較するということは結果的には有意差判定は厳しくなるのは当然です．しかし，もしもマン・ホイットニーのU検定において有意差があるという結果を得た場合には確実に有意差があると判定できます．

2）解析と結果

このケースでは比較的ばらつきの高いデータ群の比較検証を例に紹介します．
Jurkat cell またはNIH3T3 cellに免疫抑制剤を投与した際の転写因子Rの発現レベルを2群とするデータを比較するケースを紹介します．
転写因子Rの発現レベルは5回検討した結果をExcelにインプットします．上述の通り，

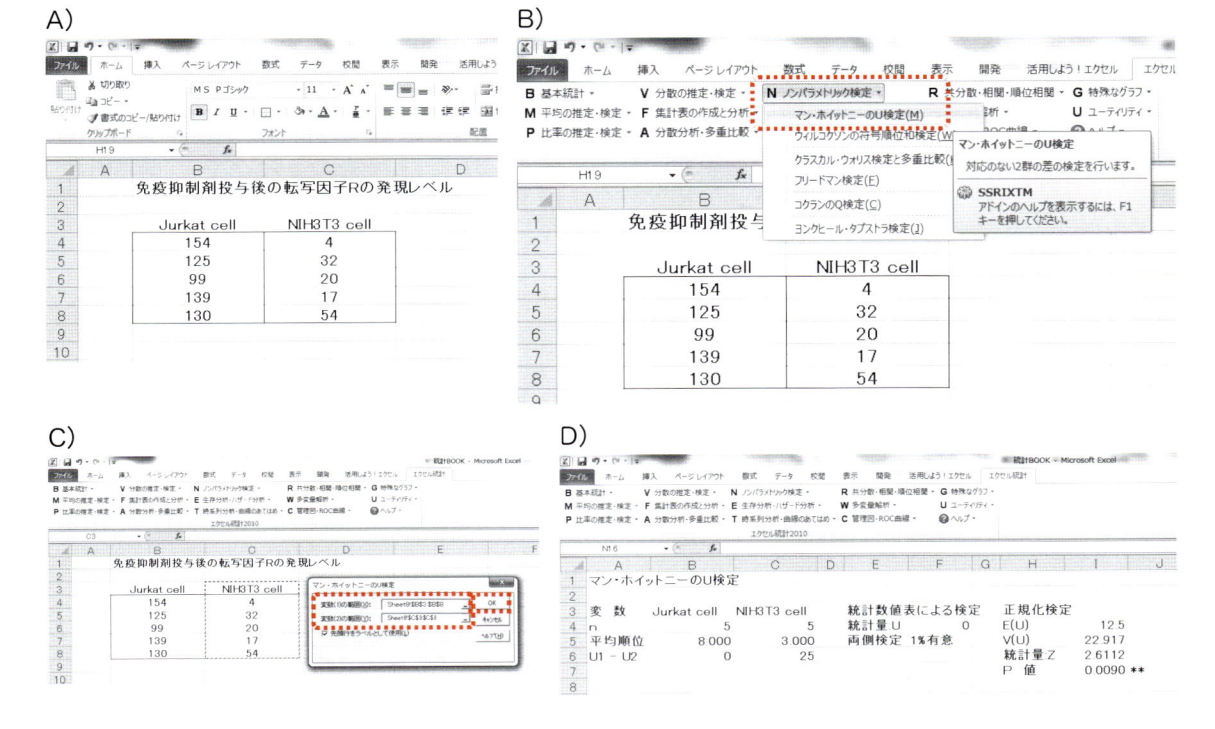

図1 ● エクセル統計を用いたマン・ホイットニーのU検定

関数の中から「N ノンパラメトリック検定」を開き，「マン・ホイットニーのU検定」を選択（B）．データ入力画面が出るので，2つのデータ群をそれぞれの変数の範囲に入力．その場合には，ほかのデータと同様に入力する枠をクリックして入力したいデータをデータ群のラベル「PMA処理前」も含めてドラッグして選択する（C）．2群のデータを入力すればあとは「OK」をクリックするだけで新しいSheetに結果が表示される（D）

本ケースではマンホイットニーのU検定を用います．

今回の解析はMicrosoft Excelにはない関数を用いることになりますのでエクセル統計のアドイン関数を使用する例を示します（図1）（参照Q37）．必要なデータであるp値が棄却域であるところの5％を下回っているため，有意差があると判断できます．

p値は0.0090ですので5％以下の棄却域内の結果から帰無仮説は棄却され，転写因子Rの発現レベルには差があることが示唆されました．

参考図書
・『実感と納得の統計学』（鎌谷直之／著），羊土社，2006
・『パソコンで簡単！すぐできる生物統計』（Roland Ennos／著　打波守，野地澄晴／訳），羊土社，2007

（河府和義）

1章 発現量，活性など一般的な in vitro 実験のケーススタディー

Case 06 培養条件決定において何種類かの血清ロットを検討し，増殖活性の最も高い血清を選ぶためには，どのようにしたらよいですか？

考え方 細胞生物学的な研究分野では高い精度での再現性を得るために様々な工夫をする必要があります．その中でも最適な血清選択は初代培養などの際には特に重要です．血清の選別は実際に細胞培養チェックを行い，増殖効率などを指標に最も最適なものを選択します．本ケースではこのような場合を例に紹介します．

1）血清ロットと細胞培養

　　　　細胞培養における血清の重要性は過去何十年も大きく変わることなく現在に至っています．ある種の無血清培地が利用可能ではありますが，やはりコスト的には血清を用いるのがベターです．血清といっても全てが同じクオリティーではないことは常識です．つまりどの仔牛個体からどのように血清が調整されたかでそれぞれ異なる活性を示します．ベターな血清を探すための検証解析を行い，その結果最良と判定された血清を試薬会社にお願いして大量にキープすることは，精度や再現性の高い研究結果を得るためにも重要なことです．この場合，どの細胞株で何を指標にして血清チェックをするかという点は各々の研究室で異なります．ましてや初代培養細胞を用いる研究室にとっては不死化株細胞でチェックした血清で本当によいのか疑問が残ります．ここではマウス脾臓から採取したリンパ球細胞の増殖を指標に血清を選定する方法を例に取り上げて紹介します．

　脾臓細胞はおおむねリンパ球で占められていますので，脾臓から細胞を採取して溶血緩衝液で赤血球を除いた後の細胞をそのまま培養できます．不死化した細胞株と異なり，マウス生体から採取した初代細胞は血清の質の違いで，その増殖や分化能には少なからず影響が出ます．5種類の血清ロットを混和した培養液それぞれに採取した脾臓細胞を混ぜて培養します．この場合には静止期にある細胞に増殖刺激を加える必要があります．PMAやCD3抗体などを加えましょう．

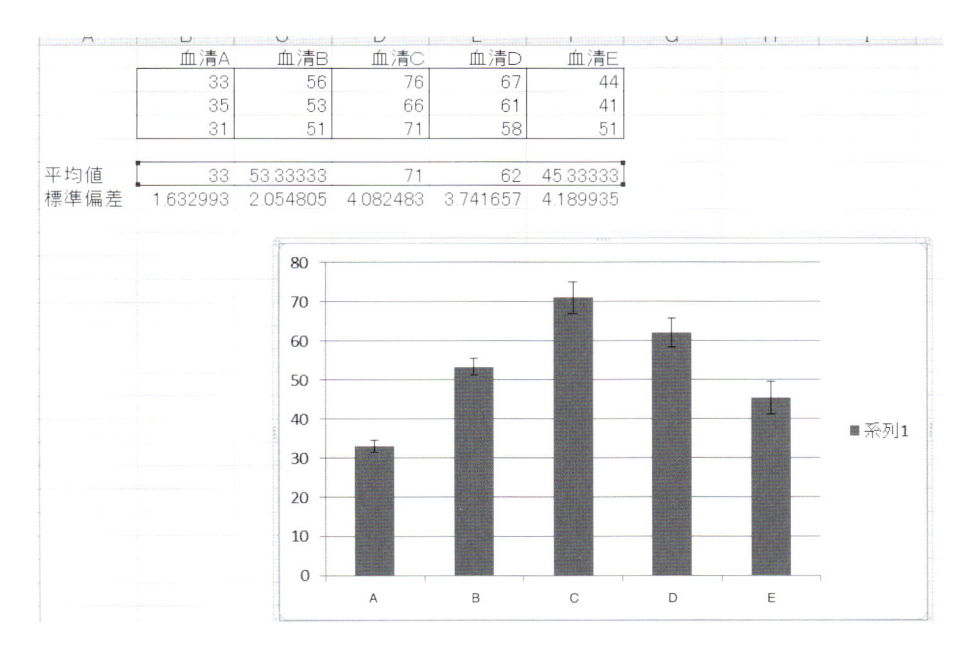

	血清A	血清B	血清C	血清D	血清E
	33	56	76	67	44
	35	53	66	61	41
	31	51	71	58	51
平均値	33	53.33333	71	62	45.33333
標準偏差	1.632993	2.054805	4.082483	3.741657	4.189935

図1 ● BrdU 取り込み効率の解析

2) 解析例

　結果はいろいろな形で数値化できます．たとえばBrdUやチミジンを取り込ませる方法や，細胞の大きさをフローサイトメトリー解析により検定する方法，はたまた細胞の増殖をモニターする特殊な解析法などが考えられます．仮にこのCaseではBrdUの取り込みを抗体染色およびフローサイトメトリー解析を組合わせて測定した結果を統計解析しましょう．

　血清A，B，C，D，Eを用いてBrdU取り込み解析を行い，3日後の取り込み度合いをフローサイトメトリー解析によりその全体に占める割合（％）を表にしました．この割合が高いほど，増殖活性も高いということです．各血清あたり3ウェル用意したもので解析データ群としています．それでは Case04 と同様に平均値と標準偏差を算出しましょう（図1）．ここではExcelで作成したグラフを示しています．平均値を見ると血清Cが最も高く，エラーバーを見てもその差は誤差ではなさそうです．この場合は血清Cを大量にキープします．

参考図書
・『実感と納得の統計学』（鎌谷直之／著），羊土社，2006
・『パソコンで簡単！すぐできる生物統計』（Roland Ennos／著　打波守，野地澄晴／訳），羊土社，2007

（河府和義）

1章 発現量，活性など一般的な in vitro 実験のケーススタディー

Case 07 ある物質の投与群と非投与群の2群に分けた動物1匹ずつから細胞を採取し，ある遺伝子の発現を測定しました．この測定を5回別々の日に行った場合，どのような解析を行ったらよいですか？

考え方 このように別の日に採取したサンプルからのデータは数値的にはばらつきが生じる場合があります．まず，ばらつきの度合いが正規分布かどうかを検証します．正規分布の場合には「1標本 t 検定」を用いて有意差を検定しましょう（参照 Case01）．もしも正規分布していない場合には分布に依存しない解析方法を用いる必要があります．この場合には「関連2群」の検定ですのでウィルコクソン（Wilcoxon）の符号付順位和検定を用います．この検定法は各々の日に得られたデータの差（プラスマイナス両方）を2次的なデータ（代表値）として，この代表値の値に順位を付け，さらにその順位を合計して2データ群の間の有意差を検証する方法です．

1）「関連2群」の検定

　　C57BL/6マウスに抗CD3抗体を投与し，処理前後における胸腺細胞の転写因子Rの発現量を解析しました．今回の解析データは別々の日に投与したマウスおよびその対照マウスの5組のデータで構成されています．この場合は同じマウスを5回別々にサンプル回収して得られたデータ群を扱う解析ですので「関連した2群」，すなわち「関連2群」解析となります．マウス個体差や投与日が異なることからデータにはばらつきが生じます．このような場合には正規分布を示すデータ群はまず得ることはほとんどありません．よって正規分布していなくても解析可能なノンパラメトリック検定を行います．それではエクセルにそれぞれのデータを入力します．

　　ウィルコクソンの符号付順位和検定はマン・ホイットニーの U 検定と実質的には同じ方法です．Case05と同じ手順でエクセル統計から「ウィルコクソンの符号付順位和検定」を選択して解析を行いましょう．（図1A）

A)

B)

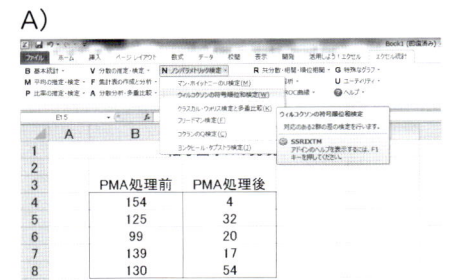

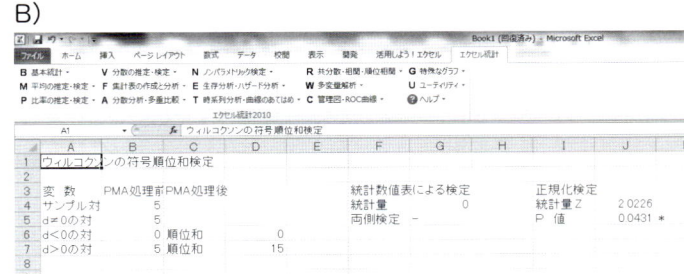

図1 ● ウィルコクソンの符号付順位和検定の手順

2）解析例

　　正規分布の検証をする場合には，検証したいデータをエクセル上で選択し，エクセル統計から「基本統計」→「正規確率プロットと正規性の検定」を選びます．そして「OK」をクリックするとCase01と同様に基本統計量が示されます．歪度が0で尖度が3であればこのデータは正規分布をしていることになり，尖度が3よりも大きい場合には尖った分布を示していると結論が出ます．データが数個から10数個程度の場合には余程データが均一でない限り正規分布しているという結果は得られません．よってcase01でも言及したとおり正規分布をしているかどうかの検証はあまり重要ではないともいえます．

　　結果シートを確認しましょう．ここでのp値は棄却域の5％を下回っているため2群には有意差があると判断されます．（図1B）

参考図書
・『実感と納得の統計学』（鎌谷直之／著），羊土社，2006
・『パソコンで簡単！すぐできる生物統計』（Roland Ennos／著　打波守，野地澄晴／訳），羊土社，2007

（河府和義）

1章 発現量，活性など一般的な in vitro 実験のケーススタディー

Case 08 感染組織の肉芽腫エリアをデジタル処理し，組織中の割合を検出したとします．その割合が人種，喫煙歴の有無によって有意に異なるのか調べるためにはどうしたらよいでしょうか？

考え方 感染組織に存在する肉芽腫エリアのデジタル化については別の文献を参考にしていただくことにします．ここでは図1のようなデータが得られた場合の解析方法について紹介します．得られた結果は全組織中の割合ですが，これらは単一のデータになります．複数の患者さんにはそれぞれに喫煙歴や人種の情報などが付記されていますが，それらの情報により分類した場合には分散分析の「繰り返しのない二元配置」が用いられています．ここではその手順をCase02と同じ方法で紹介します．

　本ケースはバイオイメージング解析により得られた肉芽腫の面積に関する解析例です．Image Jなどのソフトにより組織全体および腫瘍部位の面積を数値化した後に，組織全体に占める腫瘍の割合そのものを数値化します．これらの割合を実際のデータとして人種や喫煙歴などの要因が腫瘍の大きさに関連しているかを検証する例を紹介します．

　データは図1のように喫煙歴のありなしで2つの要因を設定します．そこで日本人・スイス人・タイ人の3点のデータ，つまり合計6件のデータを比較します．

　解析法は上述の通り分散分析の「繰り返しのない二元配置」です．Case02にMicrosoft Excelを用いた一元配置分散解析の手順を解説していますので参照してください．

　得られたデータの解釈は図2の通りです．行のp値（図ではP-値）は0.75なので有意

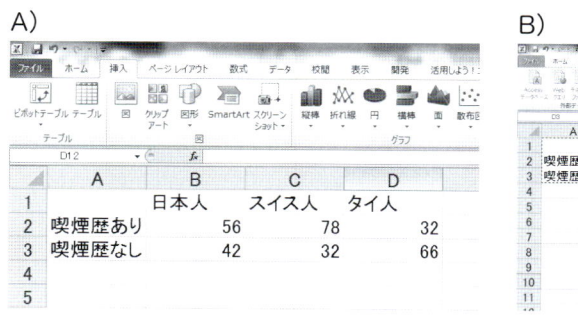

図1 ● 肉芽腫エリアの割合と解析の仕方

実践編 Case Study

	A	B	C	D	E	F	G
1	分散分析: 繰り返しのない二元配置						
2							
3	概要	標本数	合計	平均	分散		
4	喫煙歴あり	3	166	55.33333333	529.3333333		
5	喫煙歴なし	3	140	46.66666667	305.3333333		
6							
7	日本人	2	98	49	98		
8	スイス人	2	110	55	1058		
9	タイ人	2	98	49	578		
10							
11							
12	分散分析表						
13	変動要因	変動	自由度	分散	観測された分散比	P-値	F 境界値
14	行	112.6666667	1	112.6666667	0.138980263	0.745098039	18.51282051
15	列	48	2	24	0.029605263	0.971246006	19
16	誤差	1621.333333	2	810.6666667			
17							
18	合計	1782	5				

図2● 繰り返しのない二元配置分散分析の結果

差がなく，喫煙歴について肉芽腫と関連があるとは言えません．列のP値も0.97なので，同様に国籍についても関連があるとは言えません．

人種や喫煙歴などのほかにも，性別や妊娠歴にアルコール摂取量などの違いなどいくつもの情報を加えて解析することが可能です．

繰り返しがあるかないかの違いというのは，各要因に分類されたデータが複数あるかそれとも1つだけかの違いです．つまり繰り返しがあるというのが複数検証するということになり，本ケースのように単一データによる統計解析の場合のことを「繰り返しのない」解析と言います．

参考図書
・『画像解析テキスト改訂第3版』（小島清嗣，岡本洋一／編）羊土社，2006
・『実感と納得の統計学』（鎌谷直之／著），羊土社，2006
・『パソコンで簡単！すぐできる生物統計』（Roland Ennos／著　打波守，野地澄晴／訳），羊土社，2007

（河府和義）

1章 発現量，活性など一般的な in vitro 実験のケーススタディー

Case 09 異なった2系統のマウス由来培養細胞に，試薬処理をした際，試薬処理群とコントロール群に有意差があるか調べるにはどうしたらよいのでしょうか？

考え方 データ群には「独立2群」か「関連2群」の2通りあることをCase01で述べました．このケースは別系統の細胞株に同一の化合物を投与するという独立2群のデータ解析になりますのでCase05と同じ方法で解析可能です．しかし，ここではデータ群が3個となった場合にでも対応可能な統計解析を紹介します．その方法はデータ群が3個以上なので分散分析になります．ここでは各々のデータの数が3個ずつある（＝繰り返しのある）場合を想定しますので「繰り返しのある二元配置」を用いることができます．

本ケースでは図1のようなデータが得られたとします．データは独立2群ですが，3群の場合も同じ手順で解析はできます．Case02を参照しながら分散解析の「繰り返しのある二元配置」を選択してデータを入力します．この場合のデータ入力には1標本あたりの行数を記入する必要があります．今回のデータではその数は「3」です．「OK」をクリックすると結果が新しいsheetに表示されます．

得られたデータの解釈は図2の通りです．数値を見れば予想できたように今回の試薬投与のありなしの間（つまり標本データ）についてはp値は有意水準5％よりも著しく低く出ましたので強い有意差が検出されました．

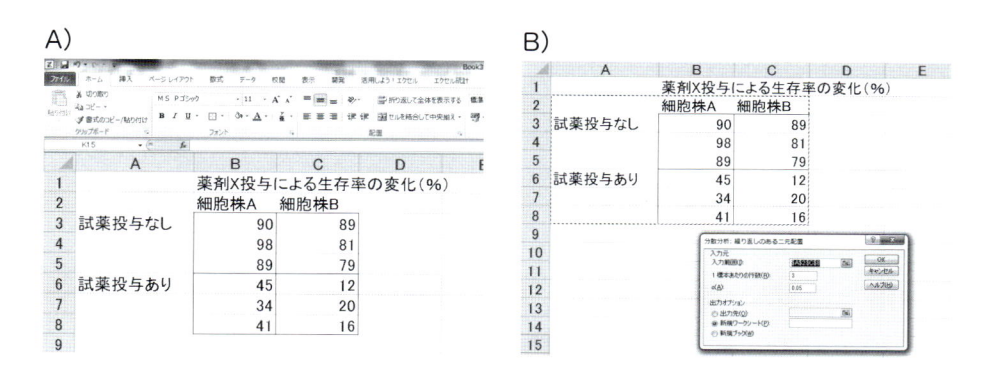

図1 ● 薬剤処理による細胞の生存率の変化とその解析

図2 ● 繰り返しのある二元配置分散分析の結果

	A	B	C	D	E	F	G
1	分散分析: 繰り返しのある二元配置						
2							
3	概要	細胞株A	細胞株B	合計			
4	試薬投与なし						
5	標本数	3	3	6			
6	合計	277	249	526			
7	平均	92.33333333	83	87.66666667			
8	分散	24.33333333	28	47.06666667			
9							
10	試薬投与あり						
11	標本数	3	3	6			
12	合計	120	48	168			
13	平均	40	16	28			
14	分散	31	16	191.6			
15							
16	合計						
17	標本数	6	6				
18	合計	397	297				
19	平均	66.16666667	49.5				
20	分散	843.7666667	1364.3				
21							
22							
23	分散分析表						
24	変動要因	変動	自由度	分散	観測された分散比	P-値	F 境界値
25	標本	10680.33333	1	10680.33333	430.0805369	3.06337E-08	5.317655072
26	列	833.3333333	1	833.3333333	33.55704698	0.000408483	5.317655072
27	交互作用	161.3333333	1	161.3333333	6.496644295	0.034235804	5.317655072
28	繰り返し誤差	198.6666667	8	24.83333333			
29							
30	合計	11873.66667	11				

つまり，細胞株の生存率は，細胞株Aよりも細胞株Bの方がより薬剤X投与による影響を受けやすい（感受性が高い）ことが示唆されました．

参考図書
- 『実感と納得の統計学』（鎌谷直之／著），羊土社，2006
- 『パソコンで簡単！すぐできる生物統計』（Roland Ennos／著　打波守，野地澄晴／訳），羊土社，2007

（河府和義）

Case 10 ある2つの遺伝子群の2塩基の頻度を比較し，2群間で有位差のある2塩基（CGなど）を特定したいと思っています．どのような検定方法が適切ですか？

考え方　まず，標本の母集団が特定の分布に従うかを検定します．分布に従う場合はパラメトリック検定，従わない場合はノンパラメトリック検定により検定を実行します．ただし本ケースでは標本の分布が正規分布であると仮定しパラメトリック検定であるスチューデントのt検定（Student's t-test）を行います．

1）データセット

本ケースではランダムに生成された配列長100の配列をグループAとグループBにそれぞれ10配列あると仮定します（表1）．まず理論上ありうる2塩基のパターン16種類（A, T, G, Cの4種類から算出）を準備します．さらに配列長が異なる場合はそれを補正する必要があります（本ケースでは便宜上配列長はそろえています）．そこで2塩基の"出現回数"ではなく"出現頻度"を使って検定を行います．また多数回の検定（多重検定）を行って

表1　ある2つの遺伝子群の2塩基の出現頻度

2塩基	グループA										グループB									
	A0	A1	A2	A3	A4	A5	A6	A7	A8	A9	B0	B1	B2	B3	B4	B5	B6	B7	B8	B9
AA	0.06	0.09	0.04	0.06	0.01	0.01	0.05	0.06	0.06	0.01	0.10	0.06	0.03	0.06	0.11	0.08	0.04	0.08	0.09	0.06
AT	0.06	0.06	0.03	0.04	0.03	0.03	0.07	0.08	0.04	0.04	0.04	0.05	0.06	0.03	0.03	0.06	0.06	0.05	0.05	0.12
AG	0.05	0.12	0.04	0.02	0.02	0.06	0.03	0.05	0.02	0.04	0.05	0.02	0.03	0.07	0.06	0.04	0.04	0.03	0.05	0.05
AC	0.05	0.04	0.03	0.04	0.11	0.06	0.03	0.01	0.07	0.00	0.10	0.09	0.08	0.06	0.07	0.08	0.10	0.04	0.09	0.04
TA	0.05	0.07	0.03	0.06	0.05	0.05	0.02	0.08	0.02	0.05	0.05	0.03	0.06	0.05	0.06	0.08	0.06	0.02	0.03	0.09
TT	0.04	0.06	0.02	0.05	0.03	0.04	0.08	0.04	0.05	0.04	0.05	0.06	0.05	0.11	0.04	0.02	0.07	0.09	0.04	0.12
TG	0.05	0.05	0.05	0.05	0.05	0.05	0.03	0.05	0.05	0.05	0.06	0.08	0.01	0.10	0.08	0.08	0.06	0.06	0.06	0.08
TC	0.04	0.03	0.03	0.03	0.05	0.10	0.06	0.04	0.07	0.03	0.06	0.08	0.04	0.06	0.03	0.06	0.08	0.03	0.05	0.05
GA	0.05	0.07	0.05	0.02	0.03	0.03	0.07	0.03	0.04	0.03	0.07	0.06	0.03	0.06	0.03	0.06	0.08	0.05	0.08	0.08
GT	0.05	0.01	0.04	0.04	0.07	0.09	0.00	0.02	0.05	0.03	0.04	0.04	0.08	0.03	0.09	0.02	0.04	0.06	0.04	0.07
GG	0.07	0.06	0.05	0.06	0.05	0.04	0.01	0.07	0.06	0.01	0.07	0.06	0.05	0.07	0.04	0.03	0.03	0.06	0.06	0.06
GC	0.13	0.12	0.24	0.20	0.13	0.12	0.19	0.21	0.17	0.32	0.06	0.07	0.07	0.11	0.05	0.05	0.07	0.08	0.08	0.03
CA	0.05	0.07	0.02	0.02	0.07	0.07	0.06	0.03	0.07	0.00	0.08	0.05	0.08	0.05	0.04	0.05	0.06	0.09	0.05	0.03
CT	0.03	0.08	0.05	0.07	0.04	0.07	0.04	0.06	0.07	0.03	0.07	0.08	0.04	0.06	0.06	0.07	0.10	0.04	0.04	0.03
CG	0.13	0.04	0.23	0.19	0.18	0.13	0.18	0.17	0.12	0.32	0.07	0.08	0.08	0.10	0.02	0.06	0.06	0.09	0.09	0.06
CC	0.08	0.02	0.04	0.04	0.06	0.04	0.04	0.05	0.06	0.02	0.03	0.04	0.13	0.08	0.09	0.08	0.06	0.11	0.05	0.02

表2 ● 表1から求めたp値とq値

2塩基	p値	q値
AA	0.040891885	0.114558995
AT	0.488311014	0.600998171
AG	0.925799645	0.925799645
AC	0.020055321	0.106961714
TA	0.601687883	0.687643295
TT	0.099051851	0.188772406
TG	0.029403635	0.114558995
TC	0.376330387	0.501773849
GA	0.042959623	0.114558995
GT	0.154698946	0.247518313
GG	0.176879648	0.257279488
GC	0.000071500	0.001143943
CA	0.106184478	0.188772406
CT	0.664372673	0.708664185
CG	0.000873463	0.006987707
CC	0.073389998	0.167748567

いるので有意水準の調整を行う必要があります．

2）帰無仮説を設定する

　帰無仮説を「グループA，B間で，ある2塩基（GC）の出現頻度に差はなかった」と設定します．次に多重検定を考慮してfalse discovery rate（FDR）を算出し有意水準を調整します．

3）平均値の差の検定

　ターゲットとなる2塩基は16種類あるので，それぞれについてt検定を行います．2塩基GCについては有意確率（q値）が有意水準（0.05や0.01が採用される）をクリアしており帰無仮説を棄却することができます．したがって『グループA，B間で2塩基GCの出現頻度の平均値の間には有意な差がある』，と言えます．本ケースでは有意水準（P=0.01）をクリアした2塩基はGCとCGです（表2）．実際の配列を見てみるとGCの繰り返し配列がAグループの遺伝子には見つけることができます．

参考文献
・Benjamini, Y. & Hochberg, Y. : J. R. Statist. Soc. Ser.B, 57：289-300, 1995

（田中道廣）

2章 個体数，表現型，行動解析などのケーススタディー

Case 11 マウスの集団から抽出した10匹のマウスの体重の平均値，標準偏差の計算の仕方を教えてください

考え方 いくつかの個体から得られたデータの傾向を示す方法として，平均値が最も一般的に用いられます．しかし，一般に生物学的データはある程度のばらつきを伴うため，平均値だけでは個体間でどれくらいの違いがあるかを把握することはできません．このような場合に用いる指標の1つとして標準偏差があります（参照Q13，Q14）．このCaseでは，平均値と標準偏差の求め方の例を，データを用いて説明します．

ある系の8週齢のマウス10匹の体重を測定し，以下のような結果が得られたとします．

個体番号	1	2	3	4	5	6	7	8	9	10
体重（g）	30.5	37.2	29.2	33.2	38.1	31.2	31.6	31.1	32.1	33.4

1）平均値の求め方

　一般に平均値の意味で用いられるものは算術平均（相加平均）と呼ばれ，合計値をサンプル数で割った値となります．計算方法は，上記の10匹のマウスの体重の総和を取って10で割ることになりますので，

$$(30.5+37.2+29.2+33.2+38.1+31.2+31.6+31.1+32.1+33.4)/10$$
$$=327.6/10 \fallingdotseq 32.8 \text{（g）}$$

となります．
　また，データの取る数値範囲が非常に広い（例えば10〜100,000など）場合には，平均値が大きい方の値に影響を受けやすくなるため，データを掛け合わせてからサンプル数の累乗根を取る幾何平均（相乗平均）を使用する場合もあります．これは，元データを対数に変換してから算術平均を求めるのと同一です．

2）標準偏差の求め方

標準偏差には分散の場合と同様に2種類あり，母集団を用いた場合の「標本標準偏差」と母集団から標本を抽出して算出する「不偏標準偏差」があります（**参照Q05**）．ここでは，10匹のマウスを抽出して検討しますので，後者の不偏標準偏差を求めることになります．不偏標準偏差は，不偏分散の平方根となりますので，まず不偏分散 σ^2 を以下の式で求めたのちにその平方根を計算します．不偏分散は，分母に $n-1$（この場合では $10-1=9$）を用いることに注意してください．

$$\text{不偏分散}：\sigma^2 = (30.5-32.8)^2 + (37.2-32.8)^2 + (29.2-32.8)^2 + (33.2-32.8)^2 +$$
$$(38.1-32.8)^2 + (31.2-32.8)^2 + (31.6-32.8)^2 + (31.1-32.8)^2 +$$
$$(32.1-32.8)^2 + (33.4-32.8)^2 / (10-1)$$
$$\fallingdotseq 8.18$$

$$\text{不偏標準偏差}：\sigma \fallingdotseq \sqrt{8.18} \fallingdotseq 2.86$$

3）Microsoft Excelによる計算方法

研究で得られたデータをExcelで管理している場合が多いと思いますので，Excelを用いた平均値の簡便な算出方法を説明します（**図1**）．ここでは，平均を求めるAVERAGE関数，不偏分散を求めるVAR関数，不偏標準偏差を求めるSTDEV関数を用います．

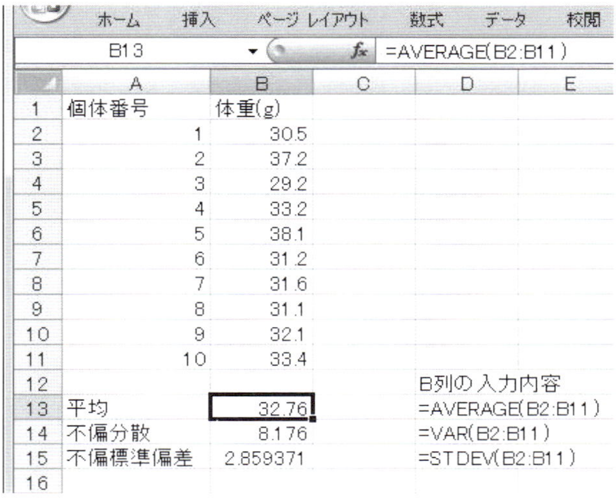

	A	B	C	D	E
		B13		f_x	=AVERAGE(B2:B11)
1	個体番号	体重(g)			
2	1	30.5			
3	2	37.2			
4	3	29.2			
5	4	33.2			
6	5	38.1			
7	6	31.2			
8	7	31.6			
9	8	31.1			
10	9	32.1			
11	10	33.4			
12				B列の入力内容	
13	平均	32.76		=AVERAGE(B2:B11)	
14	不偏分散	8.176		=VAR(B2:B11)	
15	不偏標準偏差	2.859371		=STDEV(B2:B11)	
16					

図1 ● Excelで平均値，不偏分散，不偏標準偏差を求める

❶ A列に個体番号，B列に体重を入力します．計算に用いるデータはB列の2～11行目となり，Excel上では"B2:B11"としてまとめて扱うことができます

❷ セルB13に"＝AVERAGE（B2:B11）"と入力してエンターキーを押すと，平均値32.76が表示されます

❸ セルB14に"＝VAR（B2:B11）"と入力してエンターキーを押すと，不偏分散8.176が表示されます

❹ セルB15に"＝STDEV（B2:B11）"と入力してエンターキーを押すと，不偏標準偏差2.859371が表示されます

Excelなどの表計算ソフトウェアや，各種の統計処理ソフトを用いることにより，計算や入力のミスを減らし，効率的にデータを処理することができます．

参考図書
・『統計学入門（基礎統計学）』（東京大学教養学部統計学教室／編），東京大学出版会，1991
　→統計学の全般について詳しく記載されている

（茂櫛　薫）

実践編 Case Study

2章 個体数，表現型，行動解析などのケーススタディー

Case 12　ノックアウトマウスを作製したところ，野生型よりも体が大きいようです．ノックアウトの表現型への影響の相関を調べるにはどうしたらよいですか？

考え方　野生型とノックアウトマウスの各個体において，体重に差があるかどうかを評価するためには，それぞれの群の平均が異なることを示す必要があります．この差を統計的に評価するためには，t検定もしくはマン・ホイットニーのU検定（参照Q07）を用います．これらの統計的手法は，個体間のばらつきを加味した上で，2群の差がどれくらい偶然に起こり得るかをp値として算出します．得られたp値が，あらかじめ設定した閾値（有意水準）より小さければ，野生型とノックアウトマウスの体重には偶然とは考えにくいほど差がある，ということを主張することができます．

ある系の野生型マウスとノックアウトマウスに対して，8週齢における体重を測定したところ，以下のような結果が得られたとします．

野生型マウス（Case11と同じデータ）

個体番号	1	2	3	4	5	6	7	8	9	10
体重（g）	30.5	37.2	29.2	33.2	38.1	31.2	31.6	31.1	32.1	33.4

ノックアウトマウス

個体番号	1	2	3	4	5	6	7	8	9	10
体重（g）	34.2	43.1	37.6	39.0	39.4	37.6	40.9	44.3	35.7	40.7

1）データのプロット

データを見ると，確かにノックアウトマウスの方が体重が重い傾向がありそうですが，これだけでは何とも言えません．データを視覚的に把握するため，プロットします（図1）．各群とも若干のばらつきがありますが，ノックアウトマウスの方が体重が重いのは間違いないようです．

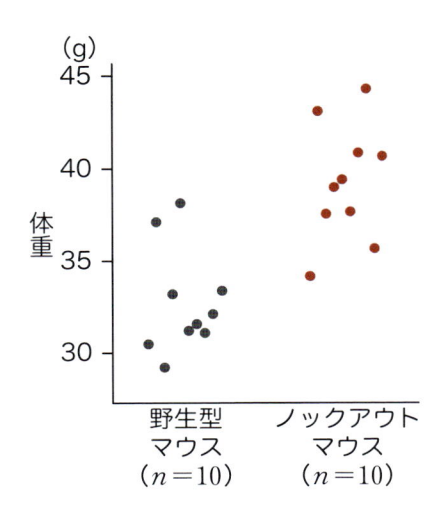

図1 ● マウスの体重の散布図

2）片側・両側検定

　統計学的検定の基本的な考え方の1つとして，片側検定と両側検定があります（**参照Q08**）．この場合には，事前にノックアウトマウスの方が体重が重いことがわかっており，それを証明したい場合が片側検定に相当し，方向性を考慮しないで差に意味があるかを検討したい場合が両側検定となります．同じデータを片側検定と両側検定に適用すると，変化の向きを固定する片側検定の方が有意になりやすくなります．しかし，医学生物学系の論文では，一般的な解析において片側検定が用いられることは少なく，前提条件を置かずに（すなわちより厳しい）両側検定の結果を用いて2群の差の有無を評価する場合がほとんどです．したがって，ここでは両側検定を用いて2群のマウスの体重を比較することにします．

3）正規性の検定

　正規分布は，一般的なデータにしばしば見られる，理想的な分布形状の1つです（**参照Q04**）．解析対象のデータが正規性を持つと仮定する場合には，正規分布による近似により検定（パラメトリック検定）を行います．正規性を持つと仮定しない場合には，元データを順位データに変換した検定（ノンパラメトリック検定）を行います．この2つの手法を適切に使い分けるため，正規性の検定を行います．正規性の検定には，コルモゴロフ・スミルノフの検定やシャピロ・ウィルクの検定，アンダーソン・ダーリンの検定，ダゴスティーノ・ピアソンの検定，Q–Qプロットによる視覚的な確認など，いくつか方法があり

ます（参照Q24．これらの方法は，R，SPSS，SAS等の統計処理ソフトを用いて実行することができます．

例えば，シャピロ・ウィルク検定を各群のマウスの体重に適用した場合，野生型は$p=0.148$，ノックアウトマウスは$p=0.971$となります．ここで，シャピロ・ウィルク検定の帰無仮説は「データが正規分布に従う」というものですので，有意水準5％では帰無仮説を保留することになります．したがって「データは正規分布に従わないことは否定できない」，わかりやすく言えば「正規性を仮定することは可能である」という解釈になります．

4）正規性を持つ場合における等分散の検定

等分散の検定は，2つのt検定の方法のうち，より適切な方法を選ぶために用いることができます．等分散の検定では，帰無仮説を「2群の分散には差がない」として，2群の分散の比に差があるかどうかを検討します．ExcelではFTEST関数を用いて等分散の検定を実行することができます．例えば図2のように，セルB2～B11が野生型マウスの体重，セルC2～C11がノックアウトマウスの体重が入力されていた場合に，セルD1に「＝FTEST（B2:B11, C2:C11）」と入力してエンターキーを押すことで，F分布を用いた等分散の検定を行うことができます．先に提示したデータに等分散の検定を適用すると，$p=0.784$となります．このとき，帰無仮説は「2群の分散に差がない」というものであるため，有意水準5％では帰無仮説を保留することになり，「等分散を仮定することは可能である」という解釈になります．そのため，5）で述べる2つのt検定のうち，より検出力の高いスチューデントのt検定を用いることが可能です．

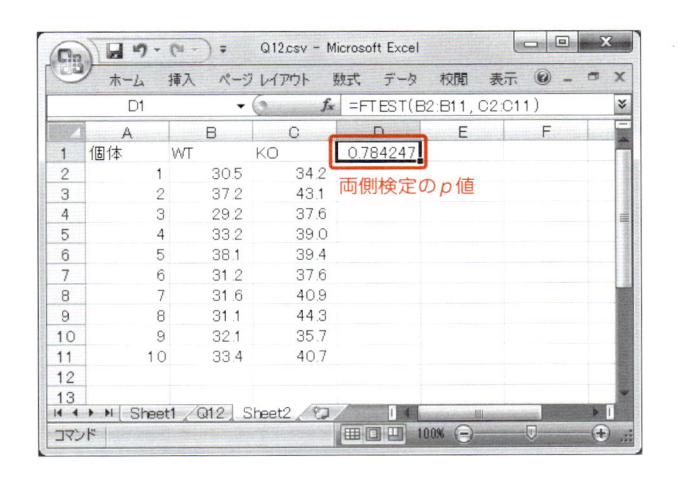

図2● Excelによる2分の等分散の検定

5）2群の平均値の差の検定

5-1）正規性を仮定し，等分散を仮定する場合：スチューデントの t 検定

ここまでのところで，各群の体重に対して正規性および等分散を仮定することに問題ないことがわかりました．このような場合に用いるのが，スチューデントの t 検定となります（**参照Q07**）．実際に検定を行うと $p=0.0001$ となり，有意水準5％では帰無仮説を棄却し，「2群の平均値に差がないとは言えない」，すなわち「2群の平均値には差がある」という解釈になります．

5-2）正規性を仮定し，等分散を仮定しない場合：ウェルチの t 検定

等分散でない場合，あるいは最初から等分散を仮定しないような場合には，ウェルチの t 検定を用います．**図2**のデータを元に検定を行うと $p=0.0001$ となり，スチューデントの t 検定の場合と同様に有意水準5％では「2群の平均値には差がある」という解釈になります．

5-3）正規性を仮定しない場合：マン・ホイットニーの U 検定

正規分布に従わない場合，あるいは最初から正規性を仮定しない場合には，マン・ホイットニーの U 検定（別名 ウィルコクソンの順位和検定）を用います．この検定には変法がいくつかあり，ウィルコクソン分布による検定，正規近似による検定，同値（タイ：tie）が存在する場合などにおける修正項，組合わせ列挙による近似計算および正確確率法による計算などがありますので，用いる統計ソフトで若干異なる p 値が得られる場合があります．フリーの統計ソフトRのcoinライブラリに含まれるwilcox_testコマンドを用い，正確確率法により検定を行うと $p=0.0003$ となり，上記と同様に有意水準5％では「2群の分布には差がある」という解釈になります．

研究の合間でのデータ整理などで，傾向をさっと確認しておきたい場合には，検出力は t 検定に若干劣るものの正規性の検討などが不要なマン・ホイットニーの U 検定が便利です．

参考図書
・『新版 医学への統計学』（古川俊之／監，丹後俊郎／著），朝倉書店，1993
　→臨床研究で得られるデータの事例を多数あげながら，各種の統計手法について解説している

（茂櫛　薫）

2章 個体数，表現型，行動解析などのケーススタディー

Case 13

ある遺伝子の効果を検討するため，ノックアウトマウスを作製しました．生後4週間と8週間ともに対照群と体重差が見られ，その差は8週間の方が大きくなっています．4週間と8週間の違いを統計的に調べるにはどうしたらよいですか？

考え方

この例では，4週齢と8週齢では同じ個体を追跡していますので，ノックアウトマウスと野生型マウスのそれぞれの群に対して，対応のある2標本のデータが得られます．したがって，ノックアウトマウスと野生型マウスの各個体において，4週齢と8週齢の体重増加量を求めることで，遺伝子ノックアウトによる影響が体重増加量に影響を与えるかを評価することができます．これは，Case12の場合と同様に，t検定もしくはマン・ホイットニーのU検定（参照Q07）を用いて検討することができます．

ある系の野生型マウスとノックアウトマウスに対して，4週齢と8週齢における体重を測定したところ，以下のような結果が得られたとします．

野生型マウス

個体番号	1	2	3	4	5	6	7	8	9	10
4週齢 (g)	20.5	18.7	21.7	23.5	20.0	20.7	17.4	21.5	20.1	17.9
8週齢 (g)	38.5	32.6	36.3	34.3	33.8	35.1	38.4	32.8	34.4	39.4
増加量 (g)	18.0	13.9	14.6	10.8	13.8	14.4	21.0	11.3	14.3	21.5

ノックアウトマウス

個体番号	1	2	3	4	5	6	7	8	9	10
4週齢 (g)	24.0	20.2	27.0	20.6	23.4	20.7	22.9	27.7	25.8	21.9
8週齢 (g)	41.7	44.0	40.6	40.9	45.3	42.7	44.3	46.2	42.6	39.8
増加量 (g)	17.7	23.8	13.6	20.3	21.9	22.0	21.4	18.5	16.8	17.9

1) 生データとプロット

各条件のデータをプロットすると図1のようになっており，ノックアウトマウスの方が4週齢・8週齢ともに体重が重い傾向があることが読み取れます．この傾向が有意なもので

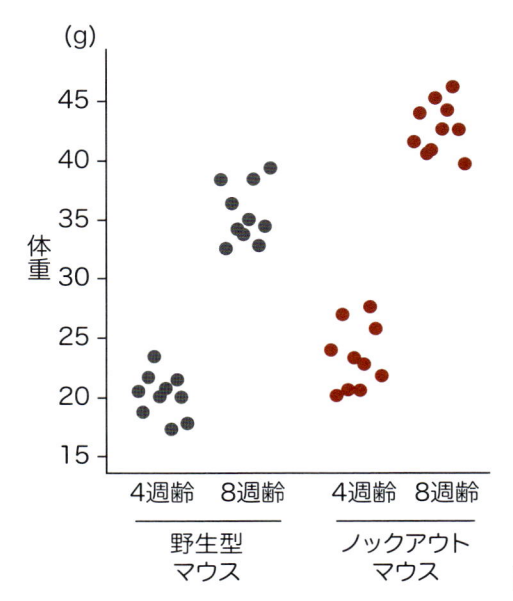

図1 ● 4週齢と8週齢のマウスの体重の散布図

あるかを，統計学的手法を用いて検討します．

2）各週齢における野生型マウスとノックアウトマウスの比較

　　各週齢において，野生型マウスとノックアウトマウスで体重に差があるかどうかを検定します．手順としては，Case12の場合とほぼ同様となります．

　4週齢で正規性の検定をシャピロ・ウィルク検定を用いて行うと，野生型マウスは $p=0.912$，ノックアウトマウスは $p=0.392$ となり，いずれも有意水準5％では帰無仮説「データが正規分布に従う」を保留することになり，正規性を仮定することは可能であると判断できます．さらに，F 分布を用いた等分散性の検定を行うと $p=0.264$ となり，有意水準5％では帰無仮説「2群の分散に差がない」を保留することになり，等分散を仮定できることになります．正規性を仮定し，等分散を仮定する場合にはスチューデントの t 検定（帰無仮説は「2群の平均値に差がない」）を使うことができますので，実際に計算を行うと $p=0.007$ となり，4週齢での野生型マウスとノックアウトマウスの体重には有意な差があることを示すことができます．

　8週齢でも，上述の4週齢での検討を同様に行うと，シャピロ・ウィルク検定により野生型マウスは $p=0.248$，ノックアウトマウスは $p=0.859$ となり，いずれも正規性を仮定できます．また等分散性についても $p=0.663$ となり，等分散を仮定できることになります．スチューデントの t 検定では $p<0.001$ となり，8週齢でも野生型マウスとノックアウトマウスの体重には有意な差があることがわかります．

3）野生型マウスとノックアウトマウスの体重増加量の違いの検討

　2群のマウスの体重の差が，4週齢より8週齢で拡大しているかどうかを評価するため，表に示した増加量の項目を用いて検討します．手順としては，基本的に**2)** の場合とまったく同様です．

　シャピロ・ウィルク検定により野生型マウスの体重増加量は $p=0.127$，ノックアウトマウスは $p=0.837$ となり，いずれも正規性を仮定できます．また等分散性についても $p=0.587$ となり，等分散を仮定できることになります．そこでスチューデントの t 検定を用いると $p=0.015$ となり，4週齢と8週齢の体重差は，野生型マウスとノックアウトマウスで有意な差があることが示せました．なお，**Case12** 同様正規性をはじめから仮定しない場合には，t 検定の代わりにマン・ホイットニーの U 検定を行ってもよいでしょう．

参考図書
- 『統計を知らない人のためのSAS入門』（大橋渉／著），オーム社，2010
  →SASによるシャピロ・ウィルク検定の使用方法についての説明が記載されている

（茂櫛　薫）

2章 個体数，表現型，行動解析などのケーススタディー

Case 14 ラットを5群に分け，1〜4には異なる薬剤，コントロールには溶媒のみを投与したとき，各薬剤処理群とコントロール群の体重の平均値に差があるかを調べるにはどうしたらよいですか？

考え方 処理群が1種類のみの場合にコントロール群との違いを見たい場合には，t検定もしくはマン・ホイットニーのU検定（参照Q07）を用いて評価することができます．しかし，処理群が複数個存在する場合には，各処理群とコントロール群との比較を何度も繰り返し行うことは好ましくありません．極端な例として，100個の処理群が存在する場合を考えると，個別にコントロール群との比較を100回行ったときには，実際には薬剤処理による影響がなくても，データの揺らぎで偶然に有意となってしまう薬剤が見出される可能性が増加します．これは偽陽性あるいは第一種の過誤と呼ばれるものであり，もし偽陽性で得られた結果を根拠にその後の実験を進めてしまうと，時間や実験費用が無駄になってしまいます．そこで，多数の組合わせを考慮して統計学的検定を行う「多重比較法」（参照Q27）を使用することで，このようなリスクを減らすことができます．

ラットに薬剤1〜4および溶媒のみを与えた計5条件に対し，各群$n=5$で体重を測定した結果，以下のようなデータが得られたとします．

実験番号	1	2	3	4	5
コントロール (g)	35.5	33.6	37.0	33.8	35.2
薬剤1 (g)	30.3	29.4	30.9	31.7	30.0
薬剤2 (g)	30.4	28.7	30.7	30.0	29.0
薬剤3 (g)	34.8	31.9	33.8	32.7	32.5
薬剤4 (g)	35.1	36.7	33.9	34.7	37.2

1) 生データとプロット

上記の表にあるデータを，群ごとにまとめてプロットしたものが図1となります．目視では，コントロールと薬剤1・2には差があるように見られます．

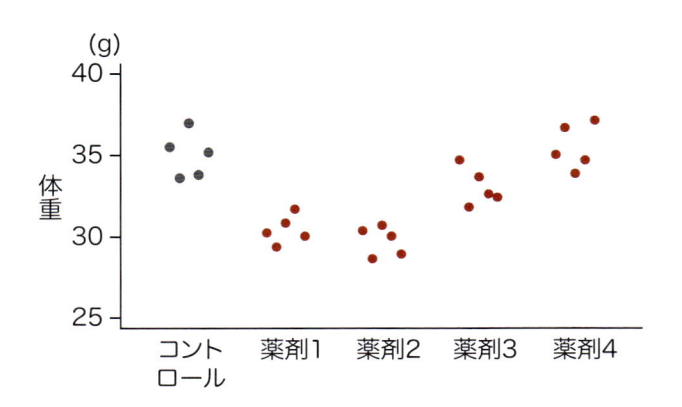

図1 ● 薬剤処理群1〜4とコントロール群の散布図

2) コントロール群と各薬剤処理群との多重比較

　ダネット（Dunnett）の検定（参照Q27）は多重比較法の1つであり，コントロール群と各実験群の差を同時に評価する方法です．ダネットの検定は，SASやSPSS，Rなどの一般的な統計処理ソフトで使用することができます．帰無仮説は「群間の平均値に差がない」です．Rの多重比較用パッケージmultcompを用いて，ダネットの検定を表で示したデータに適用すると，以下のような結果が得られます．

$$\text{コントロール vs. 薬剤1：} p<0.001$$
$$\text{コントロール vs. 薬剤2：} p<0.001$$
$$\text{コントロール vs. 薬剤3：} p=0.061$$
$$\text{コントロール vs. 薬剤4：} p=0.906$$

　この結果から，有意水準$\alpha=0.05$で検定を行うと，薬剤1と薬剤2の投与群においてコントロール群と有意に体重が異なることがわかります．

3) t 検定を複数回使用した場合との比較

　解析手順としては妥当ではないのですが，参考までに薬剤1〜4の投与群とコントロール群をそれぞれ個別にt検定を適用すると，以下のようになります．

$$\text{コントロール vs. 薬剤1：} p<0.001$$
$$\text{コントロール vs. 薬剤2：} p<0.001$$
$$\text{コントロール vs. 薬剤3：} p=0.049$$
$$\text{コントロール vs. 薬剤4：} p=0.592$$

　t検定を用いた場合では，多重比較の補正が行われないため小さなp値が得られます．こ

のデータの例では，ダネットの検定において有意水準を少し上回るp値を示した薬剤3が，t検定において有意となっています．例えば，この結果に基づいて研究を進めて論文を作成して投稿し，査読者からダネットの検定を行うように指摘された場合には，薬剤3についての解析結果を修正する必要が生じます．

多重比較の方法はダネットの検定以外にも多数提案されており，実験デザインに応じて適切な手法を使い分ける必要があります．

参考図書
- 『新版 医学への統計学』（丹後俊郎／著），朝倉書店，1993
  →ダネットの検定など，多重比較について実例をあげながら説明している

（茂櫛　薫）

実践編 Case Study

2章 個体数，表現型，行動解析などのケーススタディー

Case 15 平面培養の細胞で，集団遊走と単一遊走を比較したい場合にはどうしたらよいでしょうか？

考え方

集団遊走と単一遊走の違いを非常に大まかに捉えるとカドヘリンによる細胞間接着能を残しているかどうかが大きな違いとなります[1]．集団遊走では細胞間接着を残したまま全体が遊走していきます[2]．単一遊走では細胞間接着能がなく，各細胞が独自に移動することができます．集団遊走では細胞間がカドヘリンにより接着しているため全体の動きに統一性が見られることが予想され，一方，単一遊走ではそれが見られず，各細胞が自由な方向に移動することが予想されます（図1AB）．このことより，両者を比較する場合，細胞の移動方向からその角度を測定することにより比較ができると考えられます．すなわち単一遊走と集団遊走の細胞の移動距離と角度のそれぞれの分布を比較することによって分布に違いが出るものと考えられます．

1）細胞移動の計測

最初に細胞の移動方向を考え，どのように計測するかを想定します．次にその想定した計測から得られる値からどのような方法を用いて統計検定を行えばよいかを考え，最後に想

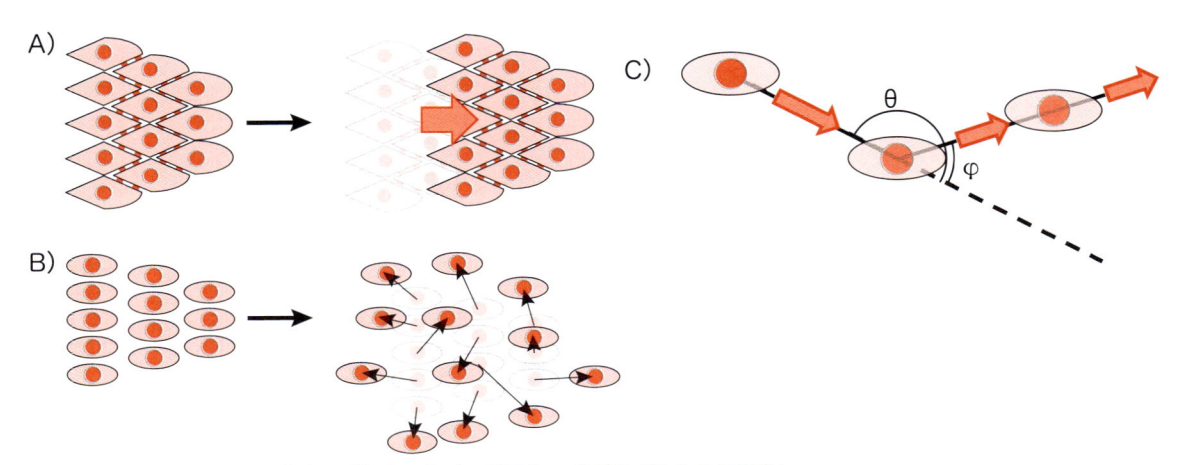

図1 ● 集団遊走と単一遊走の模式図および細胞の角度に関する評価法
A）集団遊走の模式図．細胞同士がカドヘリンによって接着しているため，全体で統一した方向に移動する．B）単一遊走の模式図．個々の細胞は特に制限なく移動できるため一定時間後の方向は細胞ごとに異なる．C）細胞移動の評価方法．連続する3点から形成される角θを求め評価値とする

201

定したデータを実際に解析し，有意性の確認を行います．

細胞移動の計測は「考え方」に記載した通り，細胞の集団遊走と単一遊走には連続する3点がなす角が大きく異なると考えられるため，経時的に細胞の座標を調べそのなす角を調べます（図1C）．連続する3点がなす角は，集団遊走のように，直進性が強ければ180°の値に分布し，一方，方向性を自由に変える場合，様々な角度を取るためその角度は集団遊走と比較して小さくなることが考えられます．このような想定のもとで，本ケースでは表1のようなデータが得られたと仮定します．図2Aは単一遊走を想定したときの細胞の軌跡を示し，一方図2Bは集団遊走を想定した細胞の軌跡です．想定データでは各条件において，20個の細胞を連続で50点追跡していることを想定しています．

2）不等分散性を仮定可能な検定手法を用いる

単一遊走と集団遊走を考慮した場合，まずお互いに母集団が異なることが考えられます．次に細胞の移動方向に対する取りうる角度の範囲を考慮したとき，単一遊走と集団遊走とでは前者の方がより大きな範囲を取ることが想定されます．この想定のもとでどのような統計的手法を取ることができるのでしょうか？　注意すべきことの1つとして，この場合，分散性の異なる2つの母集団の検定となることから，等分散性を仮定した検定手法を使うことは第一種の過誤（タイプIの誤り，偽陽性，参照Q03）が発生する可能性があることがあげられます．そのため，使用する手法としては不等分散性を仮定可能な検定手法であ

表1 ● 仮想データにおける細胞の軌跡（数値）

単一遊走	Cell1		Cell2		Cell3		Cell19		Cell20	
時間	x	y	x	y	x	y	x	y	x	y
0	0.277	1.739	−0.293	−1.426	−0.535	1.249	0.882	1.926	−0.413	0.117
1	0.328	1.421	−0.483	−1.494	−1.236	1.70	0.334	0.771	0.362	1.054
2	0.152	1.753	0.354	0.315	−0.966	−0.0	0.235	0.660	0.536	−0.467
3	−0.87	0.53	−0.91	2.16	0.52	0.82	0.74	0.45	0.33	2.02
...										
49	2.757	1.997	−0.269	−3.221	5.268	0.23	3.181	0.762	9.130	−0.700

集団遊走	Cell1		Cell2		Cell3		Cell19		Cell20	
時間	x	y	x	y	x	y	x	y	x	y
0	0.787	1.053	2.364	1.617	−0.550	1.215	1.135	1.589	0.968	0.892
1	1.108	1.028	2.207	1.743	−0.034	0.55	0.135	1.446	2.129	0.532
2	1.481	1.071	4.033	2.542	1.669	1.03	0.283	1.427	2.272	−0.992
3	2.09	−0.3	6.03	3.55	3.30	0.48	1.16	0.58	3.37	2.10
...										
49	37.830	−6.887	24.693	3.665	38.911	−0.5	40.717	−0.237	57.823	−0.300

るウェルチ（welch）の t 検定が候補としてあげられます．

ここでは想定したデータを用いて，実際のWelchのt検定を行うための方法を示します．単一遊走の場合のサンプル数を n_s，サンプル平均を $\overline{x}_s$，不偏分散を v_s とし，集団遊走の場合のそれを n_g，$\overline{x}_g$，v_g とします．このとき，統計検定量 t_0 は付録❼の式①で与えられます．また，このときの統計検定量 t_0 は自由度 ν で与えられます〔付録❼の式②〕．

今，表1のデータにより各変数は

$$n_s=960 \qquad n_g=960$$
$$\overline{x}_s=88.36, \quad \overline{x}_g=113.48$$
$$v_s=2593.59, \ v_g=2747.85$$

で与えられているとします．付録❼の式①より

$$t_0=\frac{|88.36-113.48|}{\sqrt{\dfrac{2593.59}{960}+\dfrac{2747.85}{960}}}=10.649$$

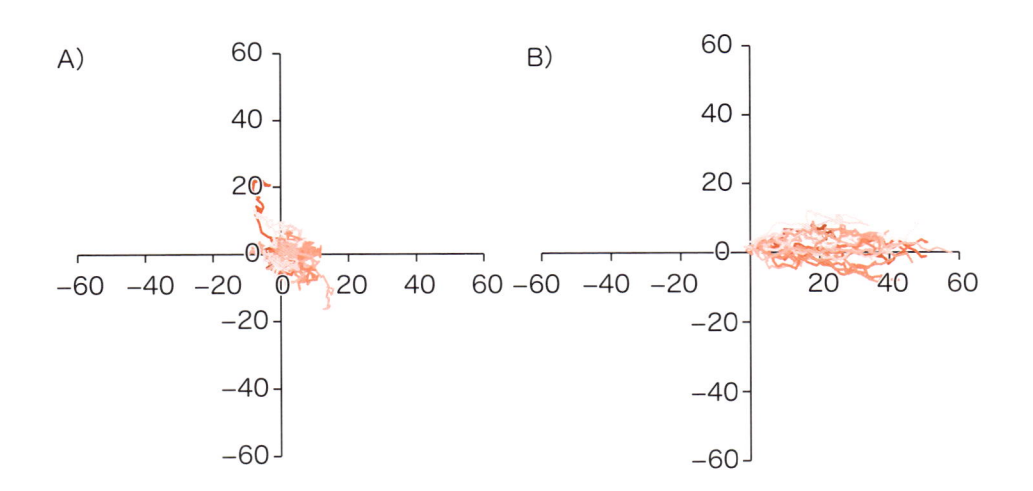

図2 ● 仮想データにおける細胞の軌跡

A）単一遊走を想定した条件における細胞の軌跡〔角度N(0, 360°)，移動距離N(1, 0.1)の乱数に従って与えた〕．B）集団遊走を想定した条件における細胞の軌跡（角度N(0, 20°)，移動距離N(1, 0.1)の乱数に従って与えた〕．グラフ中の数字の単位は μm

また，自由度は付録❼の式②より

$$\nu = \frac{\left(\dfrac{2593.59}{960} + \dfrac{2747.85}{960}\right)^2}{\dfrac{\left(\dfrac{2593.59}{960}\right)^2}{960-1} + \dfrac{\left(\dfrac{2747.85}{960}\right)^2}{960-1}} = 1916.40$$

より，t_0 は自由度1916.40の t 分布に従います．t 分布の確率計算を行うと両側確率において $p = 9.27 \times 10^{-26}$ となり，集団遊走と単一遊走において，細胞が移動した際になす角の間には有意に差があることがわかりました．このように細胞の集団遊走と単一遊走を比較する際，その経時変化からなす角を評価することによって違いを統計的に示すことができるものと考えられます．

3）注意点

　この仮想データでは純粋に細胞の移動方向と移動距離のみを変数としていますが実際には細胞移動を誘発する因子は様々に存在するため想定が十分でないことも考えられます．また，このケースは2つの集団の母分散が異なることが想定されるためWelchの t 検定を用いましたが，集団遊走と単一遊走の評価法はまだ例が多くないため，この解析に関して一般的な手法とはなっていないことに注意する必要があります．また，この検定手法もどのようなデータにおいても適用できるわけではないため，分布に従った手法を選択する必要があります．ただし，広く用いられているノンパラメトリック検定に関しては母分散が同じであることを想定しており，分散が異なることが想定されるようなデータの場合は第一種の過誤が高くなる報告があるため，このケースのようなデータの場合は十分に注意する必要があります[3]．

4）Microsoft Excel（2007）を用いた計算方法

　Excelを用いた式（1）の具体的な計算方法を示します．A列に変数名，B列にその値，D列に数式，E列に計算結果を示します（図3）．D列は入力するべき数式をわざと記入してありますが実際にはExcelによって計算されますので表示上はD列とE列は同じ数字が表示されることに注意してください．それではD列に記載されている式の意味を見ていきましょう．セルD2に表示されている ABS は絶対値（absolute）を示しており，式（1）の分子の計算を示しています．セルD2で参照している値はセルB4とセルB5ですのでそれぞれB4＝88.36，B5＝113.48となっていることが確認できます．すなわち

$$=\mathrm{ABS}(\mathrm{B4}-\mathrm{B5})$$

は

$$|88.36-113.48|$$

を計算しなさいという意味になります．そこでセルD2の計算結果であるセルE2をみますと25.12となっています．これは確かに上に示した$|88.36-113.48|$を計算した結果となっています．同様にセルD4に記載されている数式は

$$=\mathrm{B6/B2}+\mathrm{B7/B3}$$

であり，それぞれ参照している値はB6＝2593.59，B2＝960，B7＝2747.85，B3＝960ですのでこの式は

$$\frac{2593.59}{960}+\frac{2747.85}{960}$$

となります．これは式①の分母の平方根の中の計算結果がセルD4に表示されることを示しています．計算結果であるセルE4を見ますと5.564と計算されています．次にセルD5を見ますと

$$=\mathrm{SQRT}(\mathrm{D4})$$

と記入されています．SQRTは平方根（square root）を計算しなさいという命令ですのでセルD4に記入されている値の平方根計算を行いなさいという命令になります．セルD4には式①の分母の平方根の中の計算でしたのでセルD5には式①の分母の計算結果が表示されます．計算結果であるセルE5を見ますと2.3588となっています．最後にセルD7を見ますと

$$\mathrm{D2/D5}$$

とあります．セルD2には式①の分子の計算結果が表示されており，セルD5には式①の分母の計算が行われていますのでセルE7には式①の結果が表示されることになります．計算結果であるセルE7を見ますと10.649となり，本文中の計算結果と一致することがわかります．このようにほとんどの計算はExcelで行うことができます．

	A	B	C	D	E
1	変数名	値		数式	計算結果
2	ns	960		=ABS(B4-B5)	25.12
3	ng	960			
4	xs	88.36		=B6/B2+B7/B3	5.564
5	xg	113.48		=SQRT(D4)	2.3588
6	vs	2593.59			
7	vg	2747.85		=D2/D5	10.649
8					

図3● Excel（2007）での計算方法

式②のExcelでの計算式は下記に示します．

	A	B	C	D	E	F
2	ns	960		式(2)分子の計算式	=(B6/B2+B7/B3)^2	30.958096
3	ng	960				
4	xs	88.36		式(2)分母の計算式	=(B6/B2)^2/(B2-1)+(B7/B3)^2/(B3-1)	0.016154284
5	xg	113.48				
6	vs	2593.59		式(2)の計算結果	=E2/E4	1916.4
7	vg	2747.85				

＝(B6/B2＋B7/B3)^2 の最後にあります ^2 は2乗することを示します．もちろん (B6/B2＋B7/B3)*(B6/B2＋B7/B3) とセル内に記入しても同じ計算を行います

参考文献
1) 遠藤剛：実験医学，24：1924-1929，2006
2) 山崎大輔，竹縄忠臣：実験医学，24：1945-1950，2006
3) Kasuya, E.：Anim. Behave., 61：1247-1249, 2001

参考図書
・『入門はじめての分散分析と多重比較』(石村貞夫，石村光資郎／著)，東京図書，2008
 →統計の基本的な事柄から，多重検定の行い方まで非常に具体的な例として共に示している．初学者にとってもわかりやすく良書

（袴田和巳）

2章 個体数，表現型，行動解析などのケーススタディー

Case 16 タイムコースをとりながら複数の変異株の細胞長をグラフにしました．そのときの有意差検定法を教えてください

考え方 このケースでは変異株と経時変化と2つの要素があると考えられます．また，変異株自体に着目するため，細胞の個体差については異なるサンプルとして計算をします．そのため，分散分析を行い，時間による細胞長の変動，変異株による細胞長の変動，それらの交互作用を計算し，F検定を行い比較することを考えます．

　細胞は時々刻々とその形を変えながら培養ディッシュ内を増殖し，その際の細胞の大きさは細胞ごとに異なります．また，細胞のサイズに従って薬剤の応答性[1]や細胞内の遺伝子発現が変わるとの報告もあることから細胞サイズ（ここでは細胞長）が変わることは細胞にとって非常に重要な現象だと考えられます[2]．このことを考慮した上で変異株間の細胞長の違いを比較する場合，比較を困難にする要因として考えられるのは，①細胞の個体間のばらつき，②細胞の経時的な細胞長の変化があげられます．これは遺伝的な変化ではなく，ある一定の範囲内に分布していると考えられます．今，表1のように細胞長を経時的に計測したデータを得たとします．表1をグラフにしたものが図1です．

表1 ● 各時間における細胞長の変化

		0分	10分	20分	30分
変異株1	細胞1	19.95	19.75	19.55	19.55
	細胞2	19.60	19.40	19.21	19.21
	細胞3	20.23	20.02	19.82	19.82
変異株2	細胞1	20.95	21.16	20.95	21.16
	細胞2	20.60	20.81	20.60	20.80
	細胞3	21.23	21.44	21.22	21.44
変異株3	細胞1	21.95	22.17	22.17	22.17
	細胞2	21.60	21.82	21.82	21.82
	細胞3	22.23	22.45	22.45	22.45

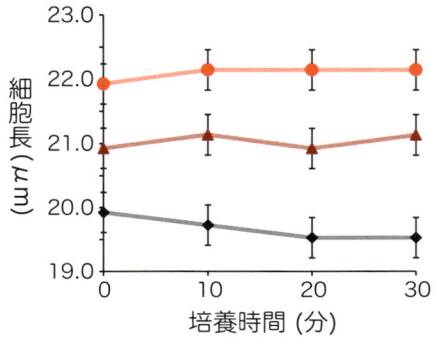

図1 ● 細胞長の時間変化

まず，時間変動・変異株間によって細胞がどのように変動するかについて調べました．F検定を行うための準備として付録❼の式③の計算をして4種類の平均値（細胞長の全平均$\overline{x}$，各変異株の細胞長の平均$\overline{x}_{i\cdot}$，各時間の細胞長の平均$\overline{x}_{\cdot j}$，各時間・各変異株間の細胞長の平均$\overline{x}_{ij}$）を求めます．式中の文字が何を示しているかは**図2**を見てください．

ここで$i\cdot$はi番目の細胞株の任意の時間における細胞長を示します．すなわち，$i=1$とし，仮に$k=1$とした場合，$(x_{i=1,\cdot,k=1})$は，jは1～4まであるため，$x_{i=1,j=1,k=1}$，$x_{i=1,j=2,k=1}$，$x_{i=1,j=3,k=1}$，$x_{i=1,j=4,k=1}$を示しています．**表1**から値を確認すると，$x_{1,1,1}=19.95$，$x_{1,2,1}=19.75$，$x_{1,3,1}=19.55$，$x_{1,4,1}=19.55$となります．

また，$\cdot j$もiの時と同様にj番目の時間における任意の細胞株の細胞長を示します．すなわち，$j=1$とし，仮に$k=1$のとした場合，$(x_{\cdot j=1,k=1})$は，iは1～3まであるため，

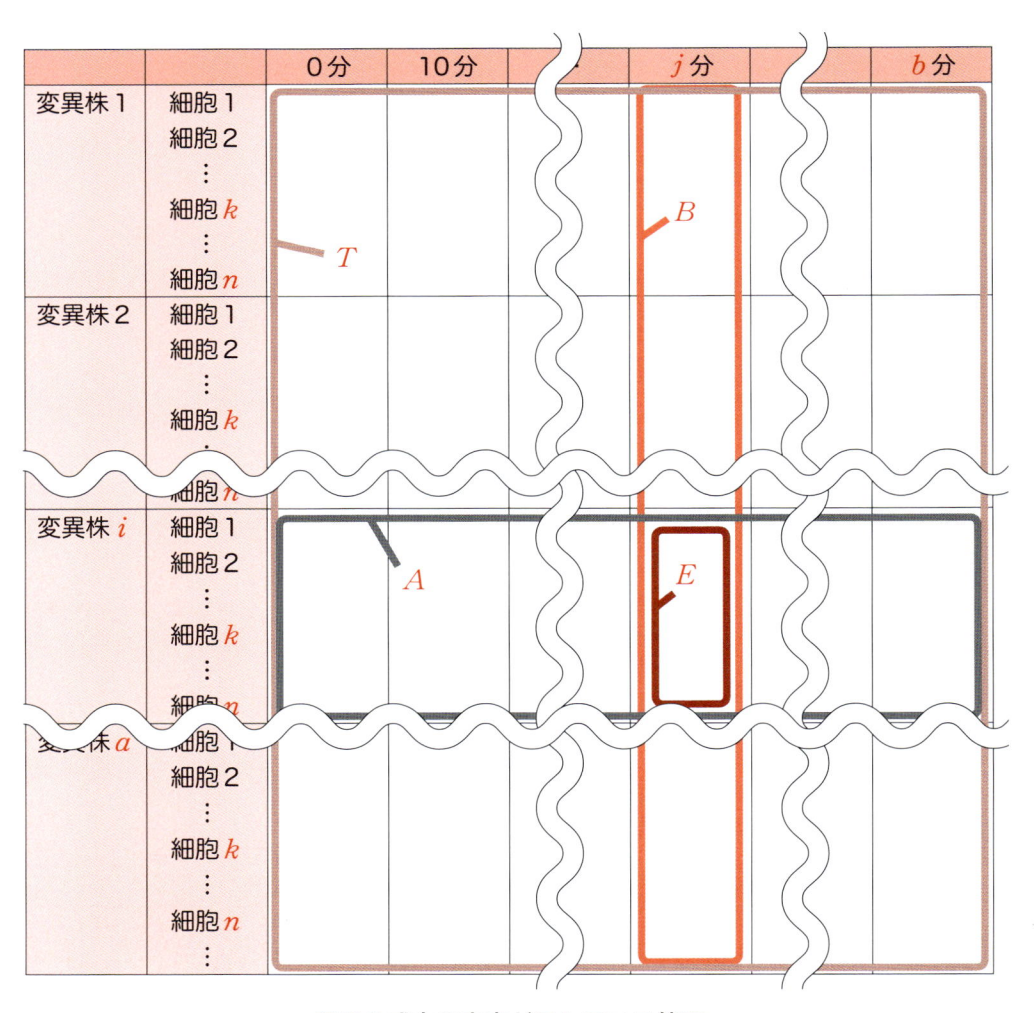

図2 ● 式中の文字が示している範囲

$x_{i=1,j=1,k=1}$, $x_{i=2,j=1,k=1}$, $x_{i=3,j=1,k=1}$ を示しています．表1から値を確認すると，$x_{1,1,1}=19.95$，$x_{2,1,1}=20.95$，$x_{3,1,1}=21.95$ となります．これらの平均値をもとに付録❼の式④より変動を調べます．

ここで交互作用は変異株が時間によって細胞長変化する場合の作用を示し，水準内の変動は各変異株の中での細胞長の変動を示します．ここでは変異株ごとに3つの細胞を採取して細胞長を測定しているため，3つの細胞の変動となります．これらの変動には付録❼の式⑤が成立します．

今，表1のデータをもとに平均値および変動を計算すると

$$\begin{aligned}
\text{全変動}&: S_T = 38.12 \\
\text{各変異株の変動}&: S_A = 0.0094 \\
\text{各時間における変動}&: S_B = 2.932 \\
\text{交互作用の変動}&: S_{AB} = 0.16 \\
\text{水準内変動}&: S_E = 2.36
\end{aligned} \tag{1}$$

また，変異株の測定時間（a），変異株の数（b），各変異株における測定繰り返し回数（n）はそれぞれ $a=4$，$b=3$，$n=3$ であるので付録❼の式⑤に適用して

$$\begin{aligned}
S_T &= \overset{b}{3} \times \overset{n}{3} \times \overset{S_A}{0.0094} + \overset{a}{4} \times \overset{n}{3} \times \overset{S_B}{2.932} + \overset{n}{3} \times \overset{S_{AB}}{0.16} + \overset{S_E}{2.36} \\
&= 0.0846 + 35.184 + 0.48 + 2.36 = 38.1086 \fallingdotseq 38.12
\end{aligned} \tag{2}$$

上記小数点以下3桁で計算しているため誤差が生じていますが，理論的には付録❼の式⑤により完全に一致します．この変動から平均平方を計算します．

式（1）を付録❼の式⑥に適用し計算した各平均平方を式（3）に示します．

$$\begin{aligned}
\text{各変異株（水準 } A_i \text{）間の変動の平均平方}&: V_A = 3.133 \times 10^{-3} \\
\text{各時間（水準 } B_j \text{）間の変動の平均平方}&: V_B = 1.466 \\
\text{交互作用の変動の平均平方}&: V_{AB} = 0.02667 \\
\text{水準内変動の平均平方}&: V_E = 0.09833
\end{aligned} \tag{3}$$

上記の値をもとにまず，水準間の交互作用，この場合は変異株の細胞長と時間のお互いの影響があるかどうかを調べます．式（3）の値をもとに各水準における F 値を求めます．F 値は付録❼の式⑦にて計算できます．

式⑦にて計算した F 値と F 分布と比較することにより細胞長の時間変動・変異株間の検定が可能となります．まず，時間および変異株の両者がお互いに影響しているときに影響の出る交互作用に対して検定を行います．このときの仮説は

$$H_{AB}：2つの水準間の交互作用がない \qquad (4)$$

となりこのとき，

$$F_{AB} \geq F((a-1)(b-1), ab(N-1);\alpha) \qquad (5)$$

であれば有意水準 α で仮説 H_{AB} を棄却することができます．式⑦をもとに計算した F 値は

$$\begin{aligned} F_A &= 0.03186 \\ F_B &= 14.91 \\ F_{AB} &= 0.2712 \end{aligned} \qquad (6)$$

となります．この時の F 分布の値は有意水準 $\alpha=0.05$ で $F(6,12;0.05)=2.996$ であり（巻末付録 F 分布の表❻参照），式 (6) で求めた F_{AB} を比較すると

$$F(6,20;0.05)=2.996 \geq 0.2712 = F_{AB} \qquad (7)$$

となり，F 分布の値の方が大きいことがわかります．これより仮説 H_{AB} は棄却できず

時間と変異株との間の交互作用があるとは言えない

ことがわかります．これにより，交互作用があるとは言えないことがわかったので，時間の違いまたは変異株による違いに関して細胞長に有意差があるかを検定しましょう．まず時間について検定を行います．このときの仮説は

$$H_A：時間の水準間には差がない \qquad (8)$$

となり，これに対して F_A と F 分布の値の比較を行うと式 (9) となります．

$$F(12,20;0.05)=2.2776 \geq 0.03186 = F_A \qquad (9)$$

このことから，**表1**のデータでは時間に関しては差がないことを意味しています．最後に変異株に関して同様に検定を行います．この時の仮説は

$$H_B：変異株の水準間には差がない \qquad (10)$$

同様に F_B と F 分布の値の比較を行いと式 (11) を得ます．

$$F(2,20;0.05)=3.492 \leq 14.91 = F_B \qquad (11)$$

この場合は F 分布の値よりも大きくなることから帰無仮説は棄却され，統計的な差があ

ることがわかります．これらのことより，**表1**のデータにおいて，細胞長について変異株によって統計的に有意であることを示せました．さらにどの変異株間において有意差があるか調べたい場合には**Case21**において示したTukeyの多重比較検定等の多重比較検定を適用することで調べることが可能です．

1）Microsoft Excelを用いた計算例

式（1）の計算は大変煩雑ですので，適宜統計ソフトウェアを用いた方がよいかと思いますが，Excelでも可能ですので**図3**，**図4**にその計算式を示します．

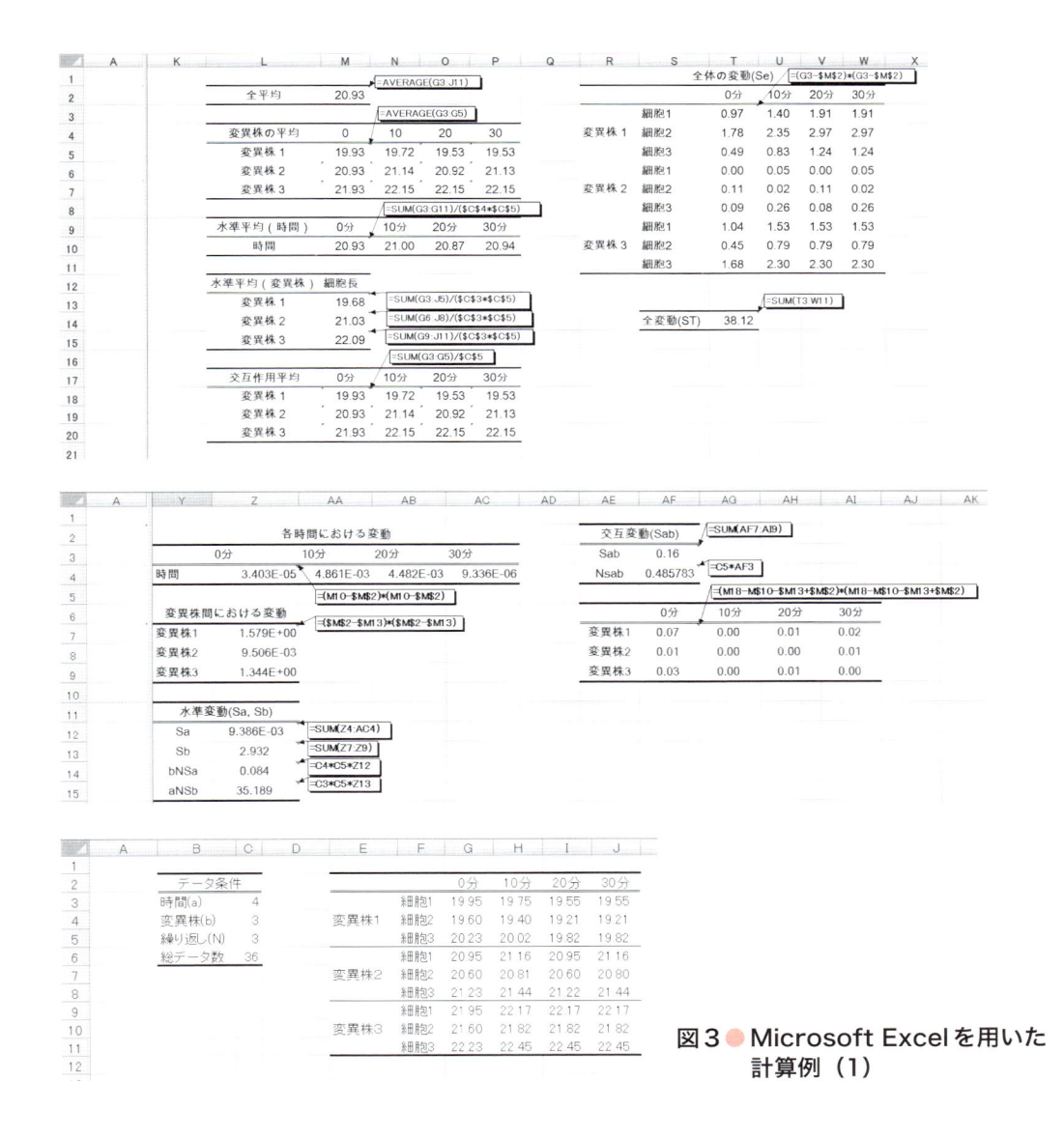

図3 ● **Microsoft Excelを用いた計算例（1）**

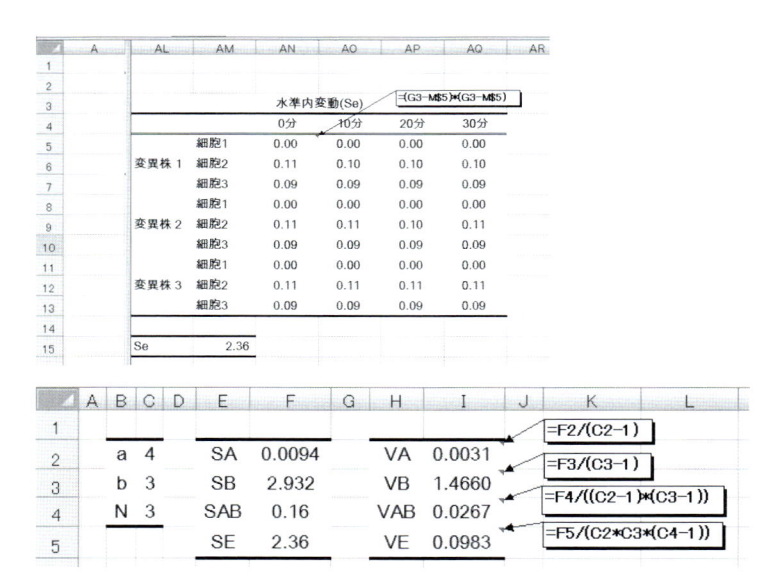

図4 ● Microsoft Excel を用いた計算例（2）

参考文献
1) Raju, S. et al.：World J. Microb. Biot., 23：1227-1232, 2007
2) Dungrawala, H. et al.：Curr. Biol., 20：R979-R981, 2010

参考図書
・『Excelで学ぶ理論と技術実験計画法入門』（星野直人，関庸一／著），ソフトバンククリエイティブ，2007
　→統計処理の行い方をExcelで行う方法と共に記載されているため，統計の理論はわかったがExcelでどのように計算するかわからない人にとって良書

（袴田和巳）

実践編 Case Study

2章 個体数，表現型，行動解析などのケーススタディー

Case 17 マウスを6群に分け，それぞれ異なる濃度のワクチンを注射し，抗体をELISAで測定したときの有意差の検定法を教えてください

考え方　ワクチン成分を投与していないコントロール群に対して，どの濃度から効果が見られるかを検討する場合，実験デザインとしてはCase14と類似しています．ここでも，コントロール群を基準として，残り5群との多重比較を行うことになるため，ダネットの検定を用いることになります．また，ワクチンの抗体量と抗体産生に相関があるかを評価する目的では，ヨンクヒール・タプストラ（Jonckheere-Terpstra）の傾向性の検定を用いることができます．

6群のマウスにおいて，血中のIgG1の量をELISA法で測定し，表1のようなデータが得られたとします．

表1 ● ELISA測定で得られた吸光度

コントロール群	10mg/kg	20mg/kg	50mg/kg	100mg/kg	200mg/kg
0.13	0.21	0.17	0.15	0.61	0.86
0.12	0.19	0.09	0.29	0.42	0.87
0.06	0.14	0.17	0.38	0.42	1.04
0.10	0.20	0.09	0.31	0.58	1.11
0.14	0.19	0.14	0.19	0.40	0.95
0.15	0.15	0.18	0.19	0.50	0.98
0.07	0.10	0.17	0.33	0.52	0.81
0.11	0.14	0.16	0.16	0.47	0.95
0.05	0.20	0.19	0.27	0.43	0.84
0.12	0.17	0.19	0.25	0.57	0.93

また，このデータをプロットすると，図1のようになります．図1を見ると，50mg/kgのワクチンを投与した群から効果がありそうです．また，50mg/kg以上では，投与量に応じてIgG1産生量が増加する傾向がみられます．

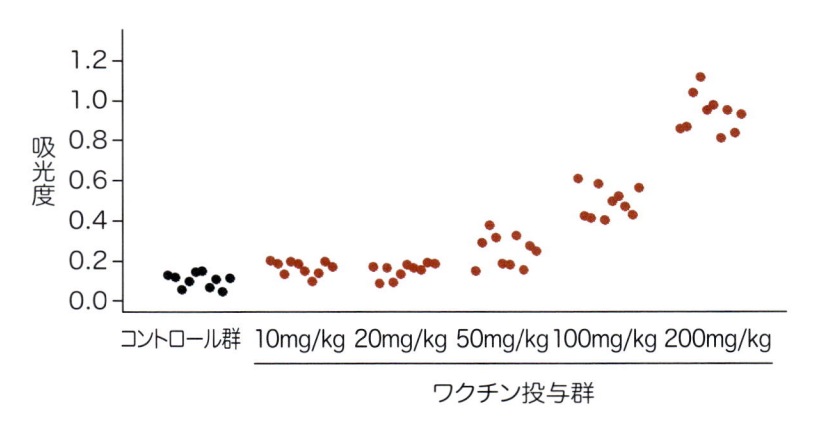

図1 ● 表1の生データの散布図

1）コントロール群とワクチン投与群との比較

コントロール群に対して，各濃度でIgG1の産生量に差があるかどうかを評価する目的では，ダネットの検定（帰無仮説は「群間の平均値に差がない」です）を用います．ダネットの検定により得られる，多重比較の補正後のp値は以下のようになります．

コントロール群 vs. 　10mg/kg 投与群：$p=0.118$
コントロール群 vs. 　20mg/kg 投与群：$p=0.305$
コントロール群 vs. 　50mg/kg 投与群：$p<0.001$
コントロール群 vs. 100mg/kg 投与群：$p<0.001$
コントロール群 vs. 200mg/kg 投与群：$p<0.001$

これにより，有意水準5％の場合では20mg/kgまではコントロール群と有意な差は見られず，50mg/kg以上投与した場合にIgG1産生量が有意に亢進することがわかります．

2）ワクチン投与量とIgG1産生量の相関

図1では，ワクチン投与量とIgG1産生量に正の相関が見られています．多群間の比較には一元配置分散分析（one-way ANOVA）やクラスカル・ウォリス検定（Kruskal-Wallis test）があるのですが（参照Q27），これらの手法では群間の順序性を考慮することができません．そのため，順序性のあるカテゴリー変数（順序データ）と連続データの関連を評価するノンパラメトリック検定であるヨンクヒール・タプストラ（Jonckheere-Terpstra）の傾向性の検定（以下JT検定）を用いることで，ワクチンの投与量とIgG1産生量の相関が統計的に有意かどうかを確認します．このデータの場合，両側のJT検定の帰無仮説と対

立仮説は，以下のようになります．

帰無仮説：IgG1産生量は群間で同じであり，
（コントロール群）＝（10mg/kg投与群）＝（20mg/kg投与群）＝…＝（200mg/kg投与群）
である．

対立仮説：IgG1産生量には順序性があり，
（コントロール群）≦（10mg/kg投与群）≦（20mg/kg投与群）≦…≦（200mg/kg投与群）
または
（コントロール群）≧（10mg/kg投与群）≧（20mg/kg投与群）≧…≧（200mg/kg投与群）
である．

JT検定は，SASやSPSS，Rなどの統計処理ソフトで使用することができます．例として，Rの生物学データ解析用の追加パッケージ集であるBioconductorにある，「Statistical Analysis of the GeneChip（SAGx）」ライブラリーで提供されるJT.testコマンドを（参考文献の2を参照するとよい）用いて解析した場合には，$p<0.001$となるためワクチン投与量とIgG1産生量には相関があると言えます．

参考文献・URL

1) Dang, Z. et al.：PLoS Negl. Trop. Dis., 3：e1570, 2012
 →マウスを用いた多胞性エキノコックス症に対するワクチンの効果を検討している．研究デザインは若干異なるが，考え方として参考になる
2) BioconductorのSAGxのページ（http://www.bioconductor.org/packages/release/bioc/html/SAGx.html）
 →JT検定を含むRのパッケージSAGxについて，使用方法およびマニュアルがある

〔茂櫛　薫〕

2章 個体数，表現型，行動解析などのケーススタディー

Case 18　マウスの遺伝子発現の比較実験でn＝5とおいてリアルタイムRT-PCRをした際に，ある処理群の3匹の発現量が定量限界以下になってしまいました．統計的な解析をするにはどうしたらよいですか？

考え方　リアルタイムRT-PCRで40サイクル程度行っても増幅曲線が立ち上がらない場合には，その遺伝子がほとんど発現していないことになります．したがって発現量は定量できていない3匹のデータについては標準偏差（SD）の計算には用いることはできません．そのような場合には，あるΔCt値（Threshold Cycle）でカットオフを設定して低発現群と高発現群に分けることで，定性的な解析を行うことができます．

マウスのある遺伝子の発現量をリアルタイムRT-PCRで測定し，表1のような結果が得られたとします．$n=5$ですが，処理群の3匹の発現量が定量限界以下になってしまっています．3匹はある遺伝子を全く発現していない訳ではないので，発現量を0とすることも，3匹の個体を抜いて考えることもできません（参照Q39）．

表1 ● ある遺伝子のリアルタイムRT-PCR結果

	Ct値		ΔCt
	ターゲット遺伝子	18S rRNA	
対照群	28.11	13.59	14.52
	26.44	13.63	12.81
	30.55	13.40	17.15
	27.37	14.11	13.26
	29.29	14.22	15.07
処理群	N.D.	14.20	—
	N.D.	14.14	—
	36.71	14.11	22.60
	38.90	14.23	24.67
	N.D.	14.22	—

N.D.：検出せず（not detected）

1）高発現群と低発現群に分けて検定する

　　処理群の3匹では，遺伝子発現が検出できなかったため定量できていませんが，$\varDelta Ct$値には大きな差がありますので，高発現群と低発現群に分類することは可能と考えられます．高発現群と低発現群を分ける閾値の設定は，先行研究のデータや他の予備実験，分子生物学的な判断など，統計処理の範疇からは外れますが，ここでは仮に$\varDelta Ct \leq 20$と$\varDelta Ct > 20$の2群で分けることが，生物学的に妥当であると判断したとします．そこで，高発現群と低発現群でクロス集計表を作成すると，**表2**のような結果が得られます．

表2 ● 表1のクロス集計表

	mRNA発現	
	高発現群（$\Delta Ct \leq 20$）	低発現群（$\Delta Ct > 20$）
対照群	5	0
処理群	0	5

　　このデータに基づいてフィッシャーの正確確率検定（**参照Q25，Q35**）を適用すると$p＝0.008$となり，有意水準が5％の場合では処理群では発現が有意に低下すると言えます．

2）補足と検討事項

　　なお，論文などでどうしてもSDを表記したい場合には，あらかじめmaterial and methodsのセクションには「mRNAの発現が検出できなかった個体はデータ解析対象から除外した」などと記載し，結果において2匹から計算したSDと，3匹で検出できなかった旨を示すことになります[1]．

　　また少しでも発現していることがわかっているのであれば，プライマーの再設計を行う必要があるかもしれません．念のため，ポジティブコントロールとなる鋳型を用いて通常のPCRを40サイクル程度行い，スメアや複数バンドが存在しないことを確認したほうがよいと思われます．また，タンパク質の発現量など，他の方法による確認も行ったほうがよい可能性があります．

参考文献
1) Visser, M. et al. : Int. J. Legal. Med., 125：253-263, 2011
　　→materials and methodsおよびfigure. 2において，Ct値が測定できなかったサンプルの取り扱いについての記述がある

（茂櫛　薫）

Case 19　特殊飼料あるいは通常飼料を給餌した際に、体重の増減を調べました。特殊飼料投与の影響が性別で違うのかどうかを知るためには、どのような統計処理をすればよいのですか？

考え方　体重に影響を与えうる要因として、飼料および性別の2つが存在します。飼料の違いがオスとメスで異なるかを調べるためには二元配置分散分析（two-way ANOVA）を用います。これにより、体重差は性別によるものか、飼料によるものか、あるいはこれらの複合的な効果（交互作用）も影響を与えうるか、といったことを個別に調べることができます。注意点としては、二元配置分散分析には各群間の等分散性が必要ですので、事前に等分散性の検定を行う必要があります。

1) データとプロット

ある系統のマウスに対して特殊飼料と通常飼料を与え、それぞれオス・メス10匹ずつ、計40匹の体重を計測し、表1のようなデータが得られたとします。

表1 ● マウス4群の体重一覧表

通常飼料群 (g)		特殊飼料群 (g)	
オス	メス	オス	メス
43.0	40.2	47.6	44.4
42.6	39.5	43.6	48.8
40.3	37.5	47.4	51.4
41.8	40.0	43.8	49.5
43.6	39.5	45.9	45.6
43.8	38.2	48.2	45.4
40.6	36.1	47.4	49.9
42.3	37.6	46.9	44.6
39.7	39.9	48.8	48.2
42.5	39.0	48.5	47.4

これを図示すると，図1のようになります．通常飼料群ではオスの体重の方が重いのですが，特殊飼料ではオスとメスで大きな差がないようです．

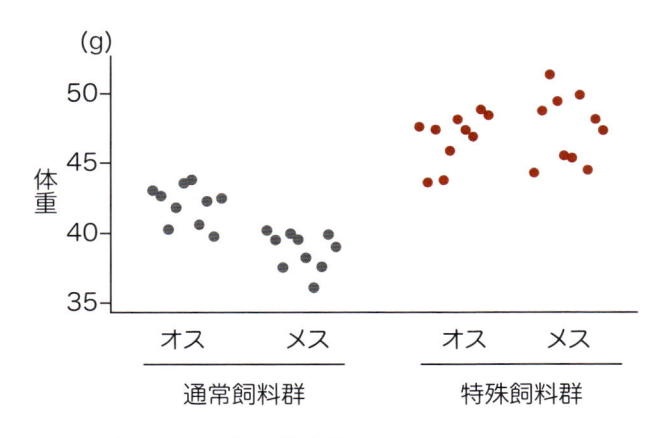

図1 ●表1のデータの散布図

2）等分散性の検定

性別と飼料の影響の解析に先立ち，4群間で分散が同じかどうかを確認します．3群以上の群間で分散が等しいかどうかを調べる検定手法としては，バートレット（Bartlett）検定やルビーン（Levene）検定などがあります．ここではバートレット検定を用いて表1のデータを解析すると，検定統計量は4.14，自由度は（群数－1）で3となり，自由度3のカイ二乗分布を用いると $p=0.247$ となります．ここで，バートレット検定の帰無仮説は「すべての群間で分散は等しい」となりますので，有意水準5％では帰無仮説の棄却を保留することができ，等分散性を仮定することができます．バートレット検定は，Microsoft Excelの標準的な機能としては用意されていませんが，SPSS，SAS，R等の統計処理ソフトで実行することができます．

3）二元配置分散分析

二元配置分散分析は，SPSS，SAS，R等の一般的な統計処理ソフトウェアのほか，Excelでも実行することができます．ここでは，Excelでの実行手順について説明します．

3-1) データの準備

図2に示すようなデータを作成します．罫線の入力は見やすくするためのものであり，解析には不要です．

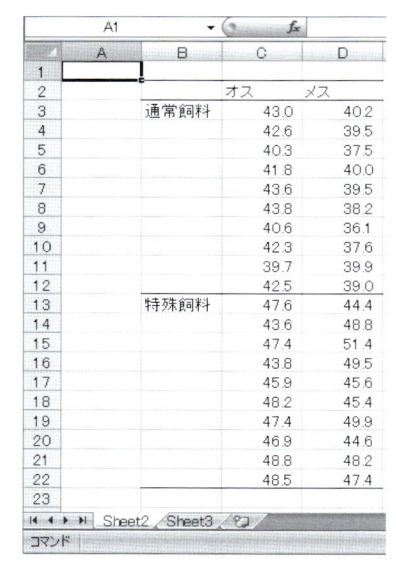

図2 ● データの準備

3-2) Excel アドインの準備（Microsoft Excel 2007の例，OSはWindows）

図3のような手順でExcelアドインを読み込みます．

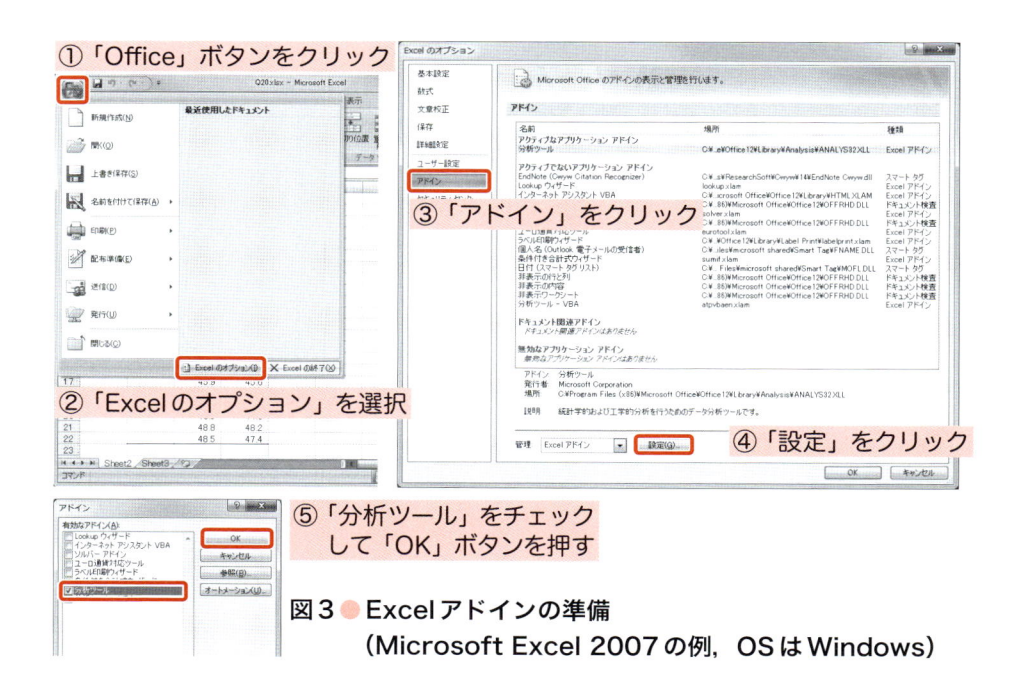

① 「Office」ボタンをクリック
② 「Excelのオプション」を選択
③ 「アドイン」をクリック
④ 「設定」をクリック
⑤ 「分析ツール」をチェックして「OK」ボタンを押す

図3 ● Excel アドインの準備（Microsoft Excel 2007の例，OSはWindows）

3-3）二元配置分散分析の実行

図4に示す手順で解析条件を設定します．OKボタンを押すと図5のような結果が出力されます．

① 「データ」を選択して「データ分析」をクリック

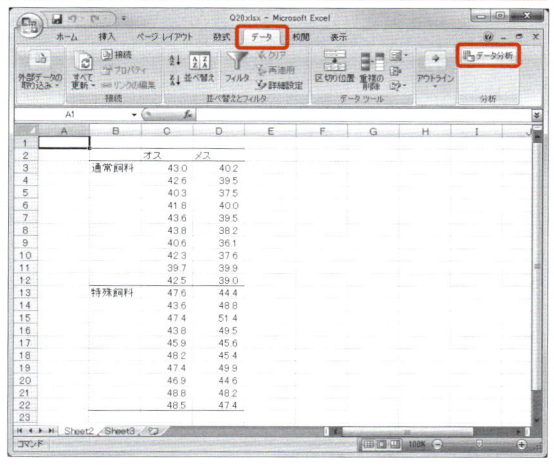

② 「分散分析：繰り返しのある二元配置」を選択して「OK」ボタンを押す

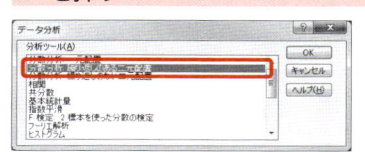

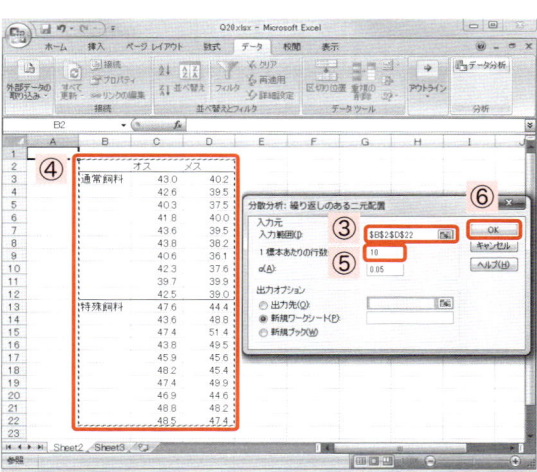

③ 「入力範囲」を見出しを含めて
④ "$B$2:$D$22"のように設定する．
⑤ "1標本あたりの行数"に10と入力．
⑥ 「OK」をクリック

図4 ● 分析の実行

3-4）分析結果の解釈

図5において，変動要因に示されている"標本"は飼料の種類，"列"は性別，"交互作用"は飼料と性別の相乗効果の有無を示します．いずれも $p<0.05$ を示していますので，飼料による体重差，性別による体重差が認められたことに加えて，性別による飼料の影響の違いがあることがわかりました．この解析を踏まえて，今後の研究の方針としては「なぜメスにおいて特殊飼料の影響が大きいか」を調べることが重要になると考えられます．

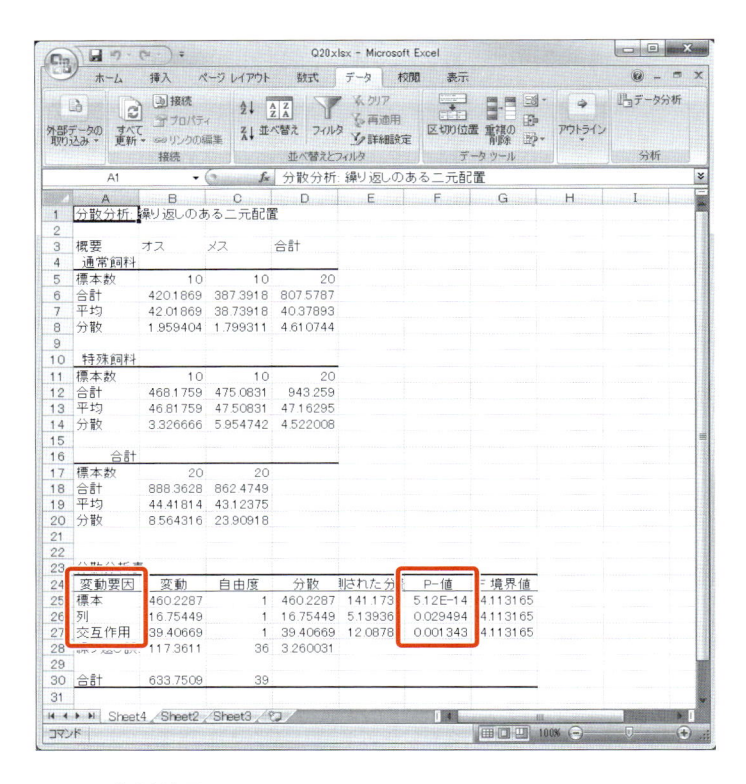

図5 ● 分析結果

参考図書

- 『生物学のための統計学入門：汎用ソフトウェアを活用して学ぶ』（川瀬雅也／著），化学同人，2009
  → Excelなどを用いたソフトウェアを使い，統計学の基本的な考え方について説明されている

（茂櫛　薫）

2章 個体数，表現型，行動解析などのケーススタディー

Case 20　マウスの生存率検定を4群で比較するときにはどの生存率検定を行えばよいのですか？

考え方　2群間だけでなく多群の生存曲線を比較する場合にも，基本的にログランク検定を用いることができます．ただし，帰無仮説は「いずれの生存曲線にも差がない」こととなりますので，検定結果が有意となった場合でも，具体的にどの群に差があるかについて言及することはできません．特定の群で生存時間に差があるかどうかを調べたい場合には，4群を適宜併合して2群としたうえで，生存曲線の間に差があるかどうかを検討した方が，論点をはっきりさせることができます．

1）4群で差のある群の有無を調べる

各群に対し $n=10$ のマウスで生存期間を計測したところ，表1で示すようなデータが得られたとします．

表1 ● マウス4群の生存期間のデータ

サンプル番号	生存期間（日）			
	A群	B群	C群	D群
1	352	542	403	315
2	404	608	592	551
3	468	647	670	738
4	589	711	714	791
5	618	719	777	825
6	658	731	786	833
7	720	778	814	835
8	756	889	818	937
9	783	892	844	981
10	821	947	1009	989

このデータに基づき，カプラン・マイヤー曲線を作成すると，図1のようになります（カプラン・マイヤー曲線はQ16を参照）．グラフを見る限りでは，生存時間はA群が最も短く，D群が最も長い傾向がありそうです．このデータに基づき，ログランク検定を行うと

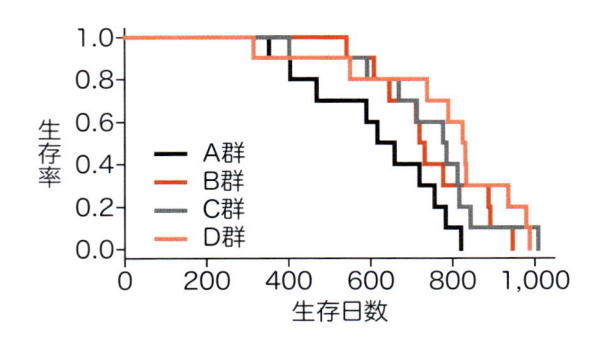

図1 ● 表1のカプラン・マイヤー曲線

表2 ● 図1のログランク検定結果

	N	イベント発生数（O）	期待値（E）	(O-E)²/E
A群	10	10	4.69	6.03
B群	10	10	9.54	0.02
C群	10	10	11.24	0.14
D群	10	10	14.53	1.41

カイ二乗値：8.3，自由度：3，p値：0.0396

表2のようになります．

　カイ二乗値は8.3であり，自由度は（群数－1）＝3となりますので，カイ二乗分布から$p＝0.040$となります．したがって，A～D群の生存時間は等しくなく，少なくとも1群は異なることがわかります．しかし，これだけでは，どの群で生存時間が異なるのかを示すことはできません．

2）差のある1群を見つける

　そこで，A～D群の生物学的背景の類似性を再検討する必要があります．もし，生物学的に類似したカテゴリーがあり，カテゴリー併合により2群間の比較にすることが妥当であれば，生存時間の差の優劣を端的に示すことが可能となります．例えば，B～D群が生物学的に類似した条件であるとみなせる場合にはカテゴリー併合によりBCD群として扱うことで，A群（$n＝10$）とBCD群（$n＝30$）で比較することになります．併合後のデータを用いて，カプラン・マイヤー曲線を作成すると図2，ログランク検定を行うと表3のようになります．

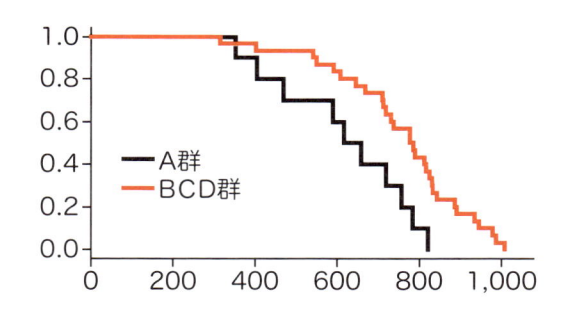

図2 ● A群とBCD群のカプラン・マイヤー曲線

表3 ● 図2のログランク検定結果

	N	イベント発生数（O）	期待値（E）	$(O-E)^2/E$
A群	10	10	4.69	6.03
BCD群	30	30	35.31	0.80

カイ二乗値：7.4，自由度：1，p値：0.00666

　カイ二乗値は7.4であり，自由度は（群数－1）＝1となりますので，カイ二乗分布から$p=0.007$となります．つまり，A群の生存期間が有意に短いということがわかりました．

参考図書
・『新版 医学への統計学』（丹後俊郎／著），朝倉書店，1993
　→臨床研究で得られるデータの事例を多数あげながら，各種の統計手法について解説している

（茂櫛　薫）

2章 個体数，表現型，行動解析などのケーススタディー

Case 21 片眼に基剤，他眼に薬剤を点眼した動物で，薬剤濃度を変化させた複数の群を設定した場合，効果に濃度依存性があるか，有意な効果があるかの評価はどうしたらよいですか？

考え方 薬剤の濃度依存性を調べるため，各濃度群と基剤間に統計的な有意差の検出を試みたいと思います．個体ごとにコントロールとなる基剤条件があるため，各濃度群とそのときの基剤群を比較し，有意差を求めればよいと言えます．今回は薬剤の濃度によって3群以上が存在することを想定し，この3群以上のときの検定を考えます．この場合，複数群間の多重比較となるため，検定方法としてはテューキー（Tukey）の多重比較検定が考えられます．

　まず，基剤および薬剤濃度を変えたときの濃度依存性があるかどうかを調べます．今，表1のような実験結果が得られたとします．また，これをグラフにすると図1となります．このデータにおいて基剤の濃度依存的に数値が下がるかどうかをTukeyの多重比較検定を

表1 ●各薬剤濃度における薬効

	基剤	0.01	0.04	0.07	0.10
1	39.638	39.135	36.157	31.420	25.682
2	38.874	38.021	34.150	28.851	22.925
3	36.879	35.570	30.641	24.826	18.920
4	34.889	33.316	27.850	21.898	16.194
5	32.469	30.690	24.880	18.971	13.606
平均	36.550	35.347	30.736	25.193	19.466

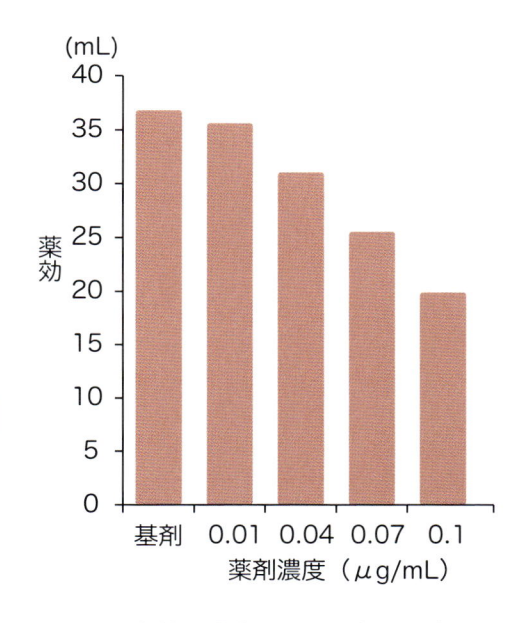

図1 ●各薬剤濃度における薬効の違い

226 ●バイオ実験に絶対使える　統計の基本Q&A

用いて評価しましょう（3群以上の比較は Q36, case02, case14 も参照）．

解析に先立ち各データの呼び方を決めたいと思います．

　　　因子：実験に影響を与えると考えられる要因，この場合は薬剤濃度

　　　水準：因子をいくつかの段階に分ける条件，この場合は薬剤濃度の各濃度条件

今，群の数を k，第 j 群のデータ数を n_j，全体のデータ数を n，群に含まれる全てのデータの平均を $\overline{x}$，第 j 群の平均を $\overline{x_j}$ とします．表1のデータを例にすると $k=5$，$n=25$，n_j は5（この場合は各群で共通である）．$\overline{x}$ は29.458となります．次に全変動 S_T を計算します．S_T とは各データと平均の差の二乗和を指し，付録❼の式⑧で計算することができます．

次に水準間変動 S_A を計算します．水準間変動 S_A とは各水準の平均と全体の平均の差の二乗和を示します．（付録❼の式⑨）最後に水準内変動 S_E を計算します．水準内変動 S_E とは各データと各水準の平均との差の二乗和を示します（付録❼の式⑩）．

次に式⑨と式⑩で得られた水準間変動と水準内変動を用いて水準間変動の平均平方 V_A〔付録❼の式⑪〕，水準内変動の平均平方 V_E〔付録❼の式⑫〕を求めます．

さて，これらの集団を示す指標が与えられた上で任意の2つの水準間の差を検定する場合，付録❼の式⑬を用いて検定を行うことができます．

ここで，n_i，n_j はそれぞれ，i 番目，j 番目の水準における繰り返し回数，$t\left(\left(\sum_{t=1}^{a} n_i\right) - a ; \dfrac{a}{2}\right)$ は自由度 $\left(\sum_{t=1}^{a} n_i\right) - a$ における有意水準 $\dfrac{a}{2}$ のときの t 分布の点を示します．ただし，今回は水準である基剤，各薬剤濃度はすべて5となっていますので $n_i = n_j = 5$，となります．

1）Tukeyの多重比較検定の利点

この方法から任意の2つの水準に関して母集団の差の有無を調べることができますが，これを任意の2つの水準間のすべての組合わせで繰り返し全体の有意水準とするのには注意が必要です．この場合の有意水準に対する評価法として付録❼の式⑭のようなボンフェローニの不等式があります．式⑭の左辺は k 回検定を行い少なくとも1回は仮説が棄却される確率，一方，式⑭の右辺は k 回個別に検定を行ったときの確率の和を示しています．すなわち，仮説の検定を k 回繰り返すと有意水準は個別の有意水準の k 倍になる可能性があることを示しているのです．そのため，有意水準を0.01で10回検定を行った場合，その有意水準は意図した有意水準（0.01）の10倍の0.1となる可能性があるのです．このような危険性を避けながら（有意水準を小さく保ったまま）検定する方法の1つがTukeyの多重比較検定です．検定の仕方は分散分析とほぼ同様であり検定を行うに当たり同じ計算を用いることができます．具体的には式⑬で計算した統計検定量を用います．

2）有意差の検定

今，基剤を含む5種の薬剤濃度から2つを選び，その組合わせの全てについて式⑬を計算し，この中から最大の値をとる場合を調べます〔付録❼の式⑮〕．

ただし，Tukeyの多重比較検定の場合は分散分析のようにt分布の数表ではなく，スチューデント化された範囲の数表との比較を行う必要があります．式⑮の右辺はスチューデント化された範囲の分布値を示しています．今，水準数5，繰り返し数5より，有意水準$p=0.05$で計算する場合，式⑮は下記の通り式（1）となります．スチューデント化された範囲の分布値については参考文献2を参考にしてください．

$$\frac{\max(|\overline{x}_i-\overline{x}_j|)}{\sqrt{\left(\frac{1}{n_i}+\frac{1}{n_j}\right)\frac{V_E}{2}}} \geq q(5, 5\times5-5; 0.05) = 4.23 \quad (1)$$

また，このときの各薬剤濃度間〔式（1）左辺値〕は**表2**の通りとなります．

表2 ● 各薬剤濃度における統計検定量

	基剤	0.01	0.04	0.07	0.1
基剤	-	0.631	3.050	5.958	8.963

これより，基剤と薬剤濃度0.04までの間には統計的な有意差がなく，それ以降は有意水準$p=0.05$で統計的な有意差があることを示しています．また薬剤濃度が高くなるにつれて統計検定量が高くなることから薬剤濃度依存性があることが示唆されます．本ケースに類似した研究例としては眼球収差に対して異なる薬剤を用いて経時的に調べたケースがあります[1]．

なお，本データは繰り返し数nがすべての水準間において等しい場合の検定であり繰り返し回数が異なるような場合はSPSSをはじめとする統計解析ソフトを援用することを提案します．

1）Microsoft Excelによる具体的な計算

式（1）の左辺について，Excelを用いた計算例をご紹介します（図2）.

$$\frac{\max(|\overline{x}_i-\overline{x}_j|)}{\sqrt{\left(\frac{1}{n_i}+\frac{1}{n_j}\right)\frac{V_E}{2}}} \qquad \text{式（1）の左辺}$$

ここではデータ数 $n(n_i=n_j=5)$，$V_E=18.164$はすでに計算されているものとし，それぞれセルB3, C3に記入されているとします．また，基剤および各薬剤濃度を与えたときの平均値もすでに計算されているものとし，それぞれセルB7からセルF7に記入されているものとします．ではまず，上式の分母：$\sqrt{\left(\frac{1}{n_i}+\frac{1}{n_j}\right)\frac{V_E}{2}}$ を計算しましょう．セルD3に次の通り入力してください．

$$=\text{SQRT(C3/B3)}$$

とセルに代入することにより計算することができます．ここでSQRTはセル内の値の平方根を計算する関数となります．次に，上式の分子のmaxの中である$|\overline{x_i}-\overline{x_j}|$を計算しましょうセルB9からセルG14に表を作り，セルD10（基剤と薬剤濃度0.01のセル）に

$$=\text{ABS(\$B\$7}-\text{C\$7)/\$D\$3}$$

と記入してください．ここで，ABSは絶対値を計算する関数となります．また，セル番号のアルファベットあるいは数字の前の”$”記号はセルの値の相対固定を示します．この”$”をアルファベットにつけた場合，計算式を列方向にコピーしても値が固定されます．そ

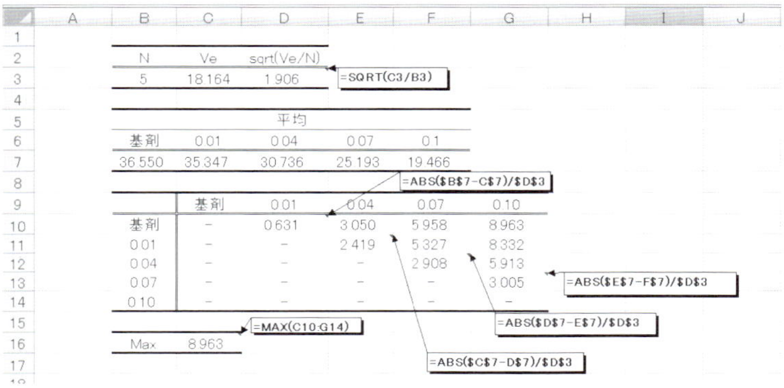

	B	C	D	E	F	G
2	N	Ve	sqrt(Ve/N)			
3	5	18.164	1.906			
5			平均			
6	基剤	0.01	0.04	0.07	0.1	
7	36.550	35.347	30.736	25.193	19.466	
9		基剤	0.01	0.04	0.07	0.10
10	基剤	-	0.631	3.050	5.958	8.963
11	0.01	-	-	2.419	5.327	8.332
12	0.04	-	-	-	2.908	5.913
13	0.07	-	-	-	-	3.005
14	0.10	-	-	-	-	-
16	Max	8.963				

図2 Excelを用いた計算例

のため，セルD10の計算式をセルE10からセルG10までコピー＆ペーストすることで基剤と各薬剤濃度の値を計算することができます．次に薬剤0.01と各薬剤濃度の場合を計算しましょう．セルE11に記入したのと同様に今度は

$$=\mathrm{ABS}(\$C\$7-D\$7)/\$D\$3$$

と記入しましょう．薬剤0.04と各薬剤の場合は

$$=\mathrm{ABS}(\$D\$7-E\$7)/\$D\$3$$

薬剤0.07と各薬剤は以下のように記入しましょう

$$=\mathrm{ABS}(\$E\$7-F\$7)/\$D\$3$$

最後に表中の値の最大値を計算しましょう．セルC16に以下のように記入しましょう．

$$=\mathrm{MAX}(\mathrm{C}10\mathrm{:}\mathrm{G}14)$$

これにより，与えられた検定量（式1の左辺）の値を計算することができます．

参考文献・URL
1) Hiraoka, T. et al.：J. ocular pharmacol. ther., 21：149-156, 2005
2) 香川大学　故　堀啓造教授のプログラム (http://www.ec.kagawa-u.ac.jp/~hori/delphistat/index.html#multicomp)
　　→詳しくは「Copenhaver, M. D. & Holland, B.：J.Statist. Comput. Simul., 30：1-15, 1988」

参考図書
・『入門はじめての分散分析と多重比較』（石村貞夫，石村光資郎／著），東京図書，2008
　　→統計の基本的な事柄から，多重検定の行い方まで非常に具体的な例と共に示してあります．初学者にとってもわかりやすく良書
・『心理・教育のための分散分析と多重比較』（山内光哉／著），サイエンス社，2008
　　→分散分析の行い方をExcelで行う方法と共に記載されているため，統計の理論はわかったがExcelでどのように計算するかわからない人にとって良書

（袴田和巳）

2章 個体数，表現型，行動解析などのケーススタディー

Case 22 基剤群を含め薬剤濃度を振った複数の群で，1週目，2週目，3週目，4週目とスコアを付けた際，効果に濃度依存性があるかどうかの評価はどうしたらよいですか？

考え方 各薬剤濃度においてそれらを経時的に測定しているため群ごとに対応のあるデータが得られているとします．実験では薬剤濃度・時間と2つの因子を同時に測定しているため，濃度と時間のそれぞれの影響とお互いの交互作用を考える必要があります．交互作用を加味した分散分析を行い，交互作用の検定を行った後に濃度・時間のそれぞれについて検定を行います．

基剤および薬剤濃度を振り，1週間ごとに4週間，合計4測定した経時データが表1のように与えられたとします．表1をグラフにしたものが，図1です．

表1 ● 2回の実験における各薬剤濃度の薬効

1回目	薬剤濃度				
	基剤	0.1	0.3	0.7	1.0
1週目	1.64	1.85	2.04	2.14	2.14
2週目	1.88	2.62	2.91	2.33	2.99
3週目	2.45	3.98	4.33	3.93	4.80
4週目	4.11	6.55	6.82	4.82	7.53

2回目	薬剤濃度				
	基剤	0.1	0.3	0.7	1.0
1週目	1.25	1.41	1.55	1.63	1.63
2週目	1.53	1.66	1.87	1.71	2.03
3週目	2.52	2.61	2.64	1.91	3.44
4週目	2.80	3.37	4.13	3.60	3.79

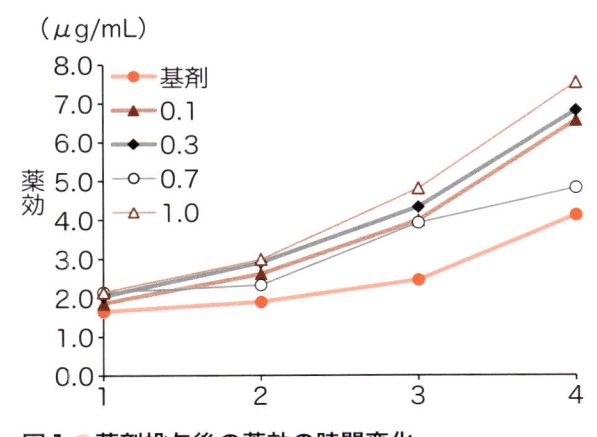

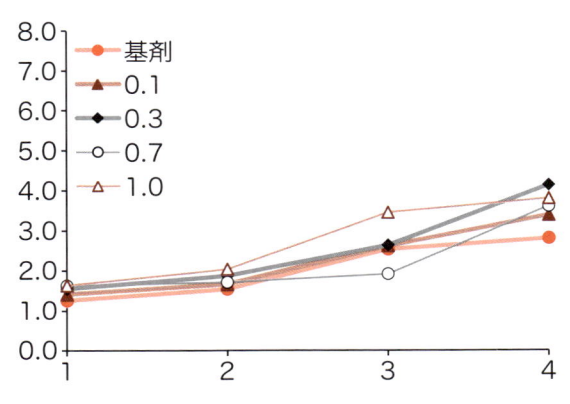

図1 ● 薬剤投与後の薬効の時間変化

Case16のようにF検定を行うため,まず,薬剤濃度と時間によってどのような変動があるかを調べるために同様に以下の5つの値を計算します.

表1のデータをもとに付録❼の式③の平均値〔薬効の全平均$\overline{x}$,各週の薬効(水準A_i)の平均$\overline{x_{i\cdot}}$,各濃度の薬効(水準B_j)の平均$\overline{x_{\cdot j}}$,各週の薬効,各濃度の薬効の間(A_i, B_j)の平均$\overline{x_{ij}}$〕を計算し,平均値を付録❼の式④に適用し,各データ変動の計算を行います.

また付録❼の式④で計算した各変動の間には付録❼の式⑤の関係があります.

今,表1のデータをもとに変動を計算すると

$$
\begin{aligned}
&薬効の全変動:S_T = 90.40 \\
&各週の薬効(水準\ A_i)の変動:S_A = 5.473 \\
&各濃度の薬効(水準\ B_j)の変動:S_B = 0.961 \\
&交互作用の変動:S_{AB} = 1.575 \\
&水準内変動:S_E = 24.834
\end{aligned}
\tag{1}
$$

また,$a=4$,$b=5$,$N=2$であるので式⑤に適用して

$$
\begin{aligned}
S_T &= 5 \times 2 \times 5.47 + 4 \times 2 \times 0.96 + 2 \times 1.58 + 24.83 \\
&= 54.7 + 7.68 + 3.16 + 24.83 = 90.398 \approx 90.40
\end{aligned}
\tag{2}
$$

上記小数点以下3桁で計算しているため誤差が生じますが,理論的には式⑤により完全に一致します.続いてこれらの変動をもとに以下を計算します.

式(1)を付録❼の式⑥に適用し計算した各平均平方を式(3)に示します.

$$
\begin{aligned}
&各週の薬効(水準\ A_i)間の変動の平均平方:V_A = 1.824 \\
&各濃度の薬効(水準\ B_j)間の変動の平均平方:V_B = 4.000 \\
&交互作用の変動の平均平方:V_{AB} = 0.133 \\
&水準内変動:V_E = 1.242
\end{aligned}
\tag{3}
$$

上記の値をもとにまず,水準間の交互作用,この場合は薬剤濃度と時間のお互いの影響があるかどうかを調べます.式(3)の値をもとに各水準におけるF値を求めます.F値は付録❼の式⑦を用いて計算します.式⑦にて計算したF値とF分布と比較することにより検定が可能となります.まず,交互作用に対して検定を行います.このときの仮説は

$$
H_{AB}:2つの水準間の交互作用がない \tag{4}
$$

であり,

$$
F_{AB} \leq F((a-1)(b-1), ab(N-1); \alpha) \tag{5}
$$

であれば有意水準 a で仮説 H_{AB} を棄却することができます．今，式⑦をもとに計算した F 値は

$$F_A = 1.469$$
$$F_B = 3.221 \qquad\qquad (6)$$
$$F_{AB} = 0.106$$

となり，またこのときの F 分布の値は $F(12,20;0.05)=2.2776$ となります．この値と F_{AB} を比較すると

$$F_{AB} = 0.106 \leq F(12,20;0.05) = 2.2776 \qquad (7)$$

であることがわかります．これより仮説 H_{AB} は棄却できず

薬剤濃度と時間との間の交互作用があるとは言えない

ことがわかりました．これにより，交互作用があるとは言えないことがわかったので，次に時間に関して有意差があるかを検定を行います．このときの仮説は

$$H_A：時間の水準間には差がある \qquad (8)$$

これに対して F_A と F 分布の値の比較を行い式（9）を得ます．

$$F_A = 1.469 \leq F(12,20;0.05) = 2.2776 \qquad (9)$$

このことから，帰無仮説は棄却できず，表1のデータでは時間に関しては差がないことを意味しています．最後に薬剤濃度に関して同様に検定を行います．このときの仮説は

$$H_B：薬剤濃度の水準間には差がない \qquad (10)$$

同様に F_B と F 分布の値の比較を行い式（11）を得ます．

$$F_B = 3.221 \geq F(12,20;0.05) = 2.2776 \qquad (11)$$

この場合は F 分布の値よりも大きくなり帰無仮説は棄却され，統計的な差があることがわかりました．このことより，表1のデータにおいて，薬効について濃度依存性があることを示すことができました．

分散分析を行った後，どの薬剤濃度間について差があるかについてはCase21において示したTukeyの多重比較検定などの多重比較検定を適用することで示すことができます．

参考図書
- 『入門はじめての分散分析と多重比較』（石村貞夫，石村光資郎／著），東京図書，2008
  →統計の基本的な事柄から，多重検定の行い方まで非常に具体的な例と共に示してあります．初学者にとってもわかりやすく良書

（袴田和巳）

3章 マイクロアレイ解析のケーススタディー

Case 23
細胞をsiRNA処理して，影響を受ける遺伝子を見るためにDNAマイクロアレイを用いましたが，遺伝子発現データが安定していないようです．まず，何をすべきでしょうか？

考え方　まずsiRNA処理の前後で発現値の分布に差があるかどうかを確認し，遺伝子発現データのばらつきの原因が分布の違いに由来するかどうかを調べます．一般的に，処理の影響を受ける遺伝子は全体の一部であり，全体の分布に差はないと考えられます．もし分布に差がある場合は統計処理ではなく実験計画を見直す必要があります．

本ケースでは t 検定を使ってsiRNA処理の前後で遺伝子発現量の分布に差があるかどうかを検証します．ある培養細胞株にsiRNA処理をして，DNAマイクロアレイを行った結果が表1，2のように得られたとします．なお，計算を簡便にするため，ここでは遺伝子5つのマイクロアレイで実験したと仮定します．

表1 ● siRNA処理前（生データ）

	発現値	平均	標準偏差
遺伝子1	12.07		
遺伝子2	13.05		
遺伝子3	11.01	12.214	1.660367
遺伝子4	14.59		
遺伝子5	10.35		

表2 ● siRNA処理後（生データ）

	発現値	平均	標準偏差
遺伝子1	7.89		
遺伝子2	8.56		
遺伝子3	4.24	7.516	1.896874
遺伝子4	9.02		
遺伝子5	7.84		

1) 標準化を行う理由

一般的に種類が異なる変数をそのまま比較することはできません〔例えば長さ（cm）と重さ（g）〕．この問題を解決するために標準化を行います．具体的には絶対値を相対値に変換します．相対値からは変数が全体の中でどこに位置しているかを知ることができます．マイクロアレイ解析においても2種類のアレイから同じ発現値の分布が得られることはほとんどありません．そこで発現値を標準化し同じ尺度でみられるように処理する必要があるのです（参照Q17, Q18）．

2）z-scoreとは

ここでは標準化の例として，z-scoreをご紹介します．z-scoreは分布の平均値からのずれを示す値であり，「z-score＝（発現値－平均発現値）／標準偏差」から計算できます．このスコアが大きいと平均値からのずれが大きいことがわかります．またその分布は標準正規分布（平均＝0，分散＝1）に従います（**表3, 4**）．

表3 ● siRNA処理前（z-score）

	z-score	平均	標準偏差
遺伝子1	-0.09		
遺伝子2	0.50		
遺伝子3	-0.72	0	1
遺伝子4	1.41		
遺伝子5	-1.11		

表4 ● siRNA処理後（z-score）

	z-score	平均	標準偏差
遺伝子1	0.20		
遺伝子2	0.57		
遺伝子3	-1.73	0	1
遺伝子4	0.79		
遺伝子5	0.17		

3）t検定を行う

求めたz-scoreでt検定を行って，siRNA処理前後の2群に差があるかどうか検証します．p値が有意水準よりも小さければ，2群の遺伝子発現量の分布に有意な差があり，実験計画を見直す必要があります．p値が有意水準よりも大きければ，統計的には有意な差がありません．そのため，実験で観察された遺伝子発現量の不安定さは，siRNA処理による影響と考えられます．本ケースでは等分散を仮定したStudentのt検定を行います．p値を計算すると$p＝0.9976$となりますので，統計的に有意な差があるとは言えません．

参考図書
- 『ハーバード大学講義テキスト－生物統計学入門』（Marcello Pagano, Kimberlee Gauvreau／著 竹内正弘／訳），丸善，2003

（田中道廣）

3章 マイクロアレイ解析のケーススタディー

Case 24
実験的レプリケイトをとったマイクロアレイ実験を複数回行ったとき，平均発現量の差が意味のある差なのか実験誤差によるものなのかどうかを算出するにはどうしたらよいのですか？

考え方
異なる実験条件（細胞の種類，時間など）で平均値の差が意味のある差なのか実験誤差によるものなのかを調べます．具体的には，多群（3群以上）を仮定し，分散分析を行い平均値に有意差があるかどうかを検証します．2群の場合は t 検定を行います．

本ケースでは分散分析を使って3条件以上で平均遺伝子発現量に差があるかどうかを検証します．DNAマイクロアレイを行った結果が**表1**のように得られたとします．なお，計算を簡便にするために，ここでは肝臓，筋肉，脂肪組織を対象にマイクロアレイ実験を9回（3アレイ×3組織）行ったと仮定します．

1）マイクロアレイ実験で想定されるレプリケイト

マイクロアレイ解析では1条件あたり最低2枚以上のアレイがないと群間でのばらつきの評価ができません．したがってバイオロジカルレプリケイトと呼ばれる別々の個体から同一条件で取得されたマイクロアレイを準備する必要があります．

表1 ● あるマイクロアレイ実験の結果

	肝臓			筋肉			脂肪細胞		
	個体1	個体2	個体3	個体1	個体2	個体3	個体1	個体2	個体3
遺伝子Aの発現	3.42	3.84	3.96	3.17	3.33	3.04	3.64	3.72	3.91
平均		3.74			3.18			3.76	

2）細胞間で発現に有意な差がある遺伝子を調べる

肝臓，筋肉，脂肪の3つの条件について肝臓–筋肉，筋肉–脂肪，肝臓–脂肪の全てについて5％の有意水準で t 検定を行うと，それぞれの組織間では5％の有意水準でも，検定を

繰り返すと，全体では14％〔計算式：$1-(1-0.05)^3=0.142$〕に上昇するという問題があります．したがって2つ以上の群間で平均値の差の検定を行う場合は，分散分析（ANOVA）で平均発現量に差がある遺伝子を調べる手法がとられます（参照Case02）．

3）帰無仮説を設定する

帰無仮説を「肝臓，筋肉，脂肪組織から抽出したサンプル間で，平均発現量に差がなかった（＝等しい）」と設定します．

4）分散分析を行う

分散分析を行って，ある遺伝子について組織間で平均発現量に差があるかどうかを検証します（分散分析の手順式はCase16，Case22を参照）．p値が有意水準よりも小さければ，帰無仮説が破棄され3つの組織に由来する平均値のどこかに有意差があるとみなせます．本ケースでは遺伝子Aについて，有意水準を5％で分散分析したと仮定すると，p値＝$0.020<0.05$となりますので，帰無仮説が棄却され平均発現量は等しくないと言えます．

また，どの組織間で有意な差があるかについては分散分析から推定された遺伝子に対して，統計的な手法（多重比較法）や視覚的な手法（クラスタ解析等）を使ってさらに調べる必要があります．分散分析ANOVAは「各群の分散が等しい」という条件を仮定するパラメトリック法に分類されます．厳密には分散分析の前に等分散性に関して調べる必要があります（Bartlett検定）．ただし，網羅的に遺伝子を調べる場合などでは遺伝子ごとに等分散の有無が確認され，それぞれの遺伝子について検定方法が異なる場合が生じますので，正規性や等分散などの仮定をもうけないノンパラメトリック法の1つであるクラスカル・ウォリス検定を用いて調べることになります．

参考図書
・『らくらく生物統計学』（足立堅一／著），中山書店，1998

（田中道廣）

付録

- ❶ 統計解析の選び方　　　　　　　　240
- ❷ 有効数字の取り扱い方と計算例　　242
- ❸ 相関係数検定表　　　　　　　　　243
- ❹ 標準正規分布表　　　　　　　　　244
- ❺ t 分布表（両側確率）　　　　　　245
- ❻ F 分布表　　　　　　　　　　　246
- ❼ 数式一覧　　　　　　　　　　　　247

付録

❶ 統計解析の選び方

各種の統計解析法はそれぞれ適用できる条件が異なっているが，データの形式によって大別される．次に定量値のデータの場合は正規分布に見えるかどうかで「パラメトリック」および「ノンパラメトリック」に分類される．適用できる解析法が限定されてしまう場合もあるが，選べるときは各解析法の性質や，解析によって何を知りたいかで選んでいく（作成：富永大介，参照 Q22）

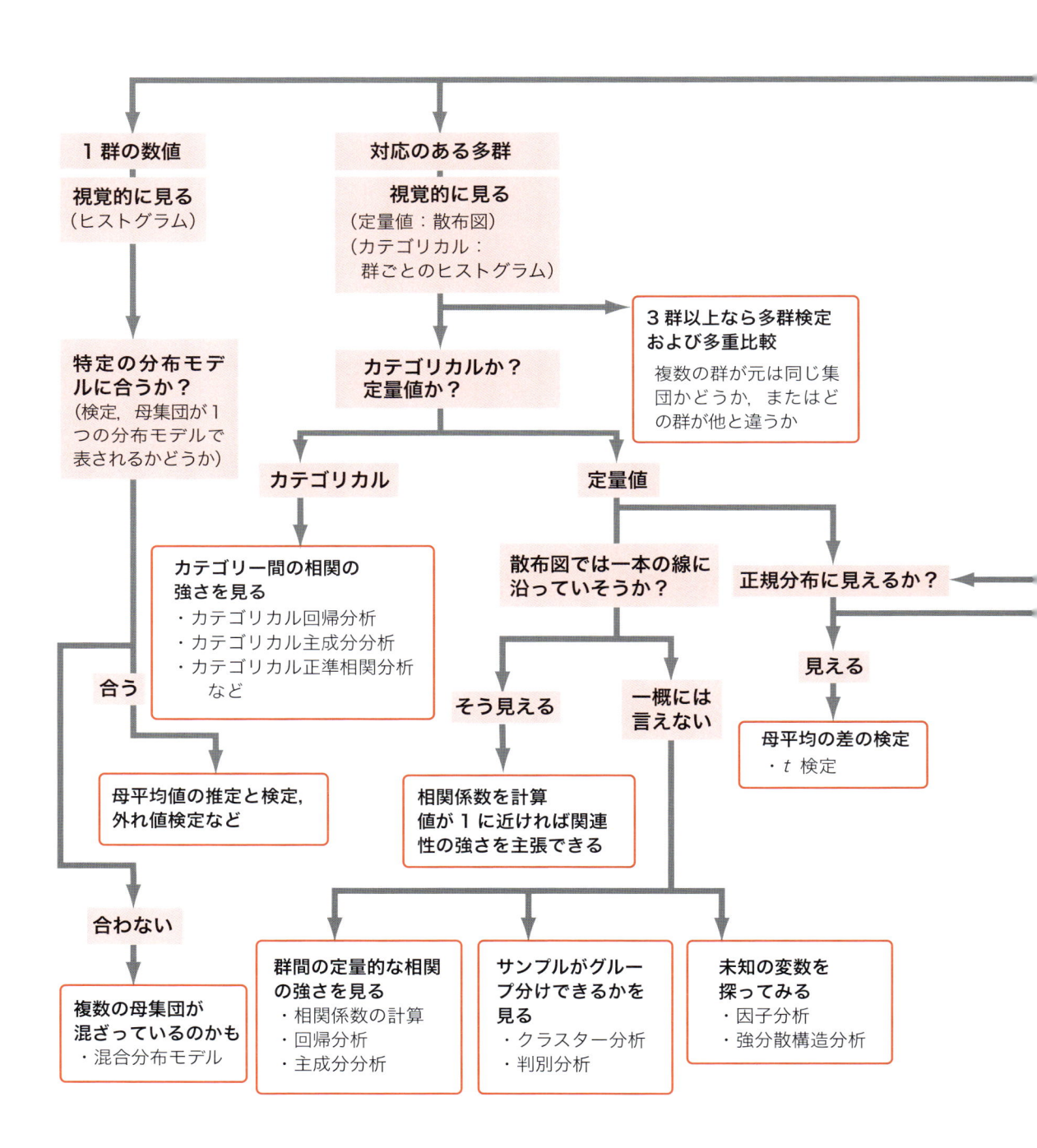

1群の数値
視覚的に見る
（ヒストグラム）

対応のある多群
視覚的に見る
（定量値：散布図）
（カテゴリカル：群ごとのヒストグラム）

3群以上なら多群検定および多重比較
複数の群が元は同じ集団かどうか，またはどの群が他と違うか

特定の分布モデルに合うか？
（検定，母集団が1つの分布モデルで表されるかどうか）

カテゴリカルか？定量値か？

→ **カテゴリカル**

カテゴリー間の相関の強さを見る
・カテゴリカル回帰分析
・カテゴリカル主成分分析
・カテゴリカル正準相関分析
など

→ **定量値**

散布図では一本の線に沿っていそうか？

正規分布に見えるか？

→ 見える

母平均の差の検定
・t 検定

合う →
母平均値の推定と検定，外れ値検定など

そう見える / 一概には言えない

相関係数を計算
値が1に近ければ関連性の強さを主張できる

合わない →
複数の母集団が混ざっているのかも
・混合分布モデル

群間の定量的な相関の強さを見る
・相関係数の計算
・回帰分析
・主成分分析

サンプルがグループ分けできるかを見る
・クラスター分析
・判別分析

未知の変数を探ってみる
・因子分析
・強分散構造分析

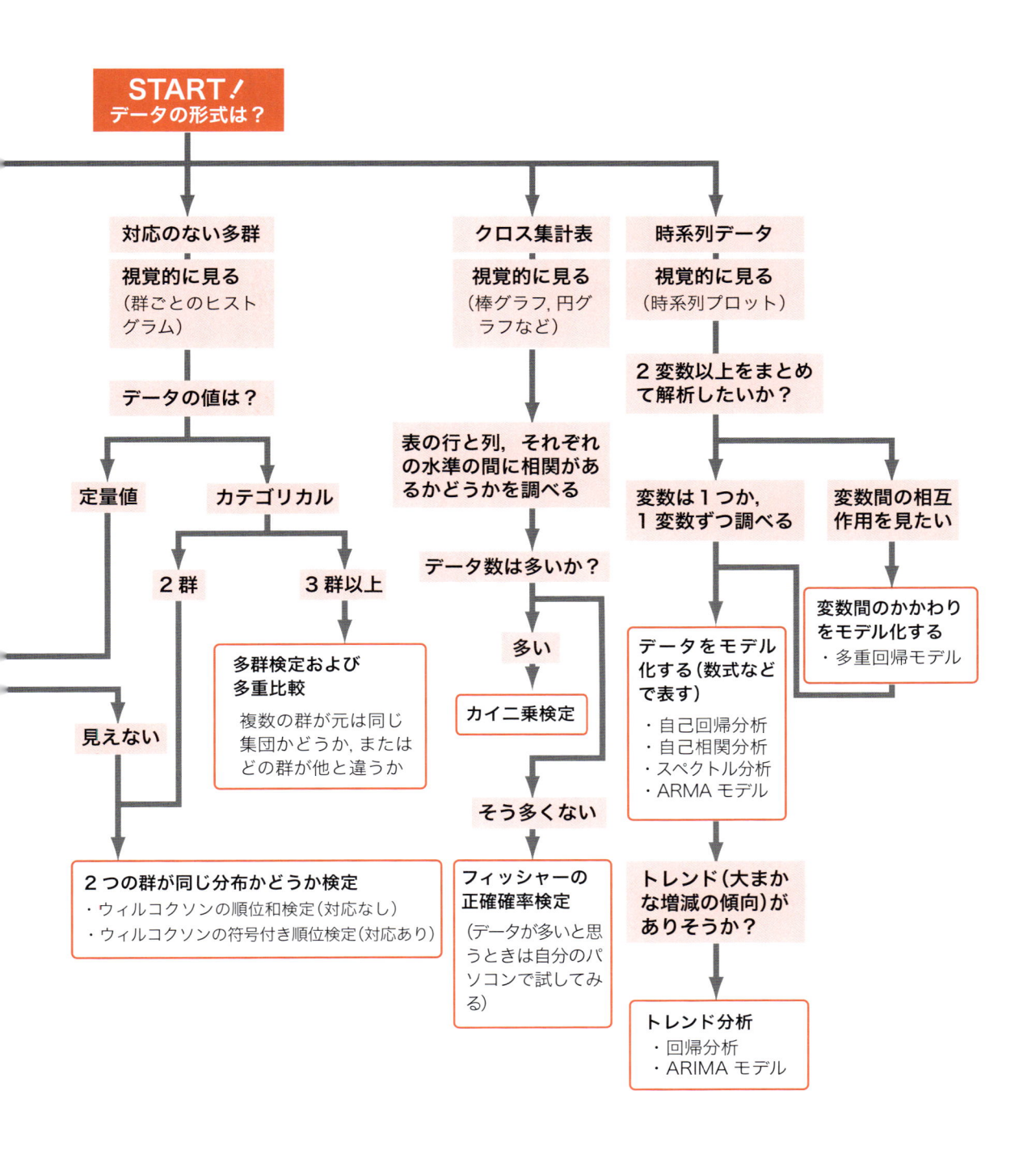

START！
データの形式は？

対応のない多群

視覚的に見る
（群ごとのヒストグラム）

↓

データの値は？

- 定量値
- カテゴリカル
  - 2 群
  - 3 群以上

3 群以上 →
多群検定および多重比較
複数の群が元は同じ集団かどうか，またはどの群が他と違うか

定量値 → 見えない

2 つの群が同じ分布かどうか検定
・ウィルコクソンの順位和検定（対応なし）
・ウィルコクソンの符号付き順位検定（対応あり）

クロス集計表

視覚的に見る
（棒グラフ，円グラフなど）

↓

表の行と列，それぞれの水準の間に相関があるかどうかを調べる

↓

データ数は多いか？

- 多い → **カイ二乗検定**
- そう多くない → **フィッシャーの正確確率検定**
（データが多いと思うときは自分のパソコンで試してみる）

時系列データ

視覚的に見る
（時系列プロット）

↓

2 変数以上をまとめて解析したいか？

- 変数は 1 つか，1 変数ずつ調べる
- 変数間の相互作用を見たい → **変数間のかかわりをモデル化する**
  ・多重回帰モデル

データをモデル化する（数式などで表す）
・自己回帰分析
・自己相関分析
・スペクトル分析
・ARMA モデル

↓

トレンド（大まかな増減の傾向）がありそうか？

↓

トレンド分析
・回帰分析
・ARIMA モデル

241

付録

❷ 有効数字の取り扱い方と計算例

有効数字の取り扱い方

実験で得られる測定値などには誤差が含まれています．誤差のある数値に対しては有効数字という考え方が使われます．例えば，マウスの体重35gと記載してある場合，体重の値 α は以下の範囲に含まれます．有効桁数は2桁です．

$$34.5 \leq \alpha < 35.5$$

同様に各数値の表す値 α の範囲は，以下のようになります．

13.4 [有効桁数3桁] → $13.35 \leq \alpha < 13.45$
2.56×10^5 [有効桁数3桁] → $2.555 \times 10^5 \leq \alpha < 2.565 \times 10^5$
0.012 [有効桁数2桁] → $0.0115 \leq \alpha < 0.0125$

一般的に，アナログ測定器ではメモリの1/10まで，デジタル表記の測定器では表示の最小の桁までを有効数字と見なします．

有効数字の計算の仕方

・和と差の場合は，一番粗い（有効数字の最小の桁の位が最も高い）数値の位に合わせ四捨五入します．

例）12.34 ＋ 0.56789 ＝ 12.90789　　答え12.91（少数第2位）
（少数第2位）（少数第5位）

・積と商の場合は，最も有効桁数の少ない数値の有効桁数に合わせて四捨五入します．

例）1.56 × 0.78 ＝ 1.2168　　　　答え1.2（有効桁数2桁）
（有効桁数3桁）　（有効桁数2桁）

・定数が入る場合，最も有効桁数が多い数値よりも1桁以上大きな値を使って計算します．

例）$\pi \times 1.234^2$ ＝ 3.1416×1.234^2 ＝ 4.7838902　答え4.784（有効桁数4桁）
（有効桁数4桁）　（5桁で計算）

付録

❸ 相関係数検定表〔R の有意点（両側確率）〕
[関連 Q15]

確率 データ数	0.1	0.05	0.01	0.001
3	.988	.997	1.000	1.000
4	.900	.950	.990	.999
5	.805	.878	.959	.991
6	.729	.811	.917	.974
7	.669	.755	.875	.951
8	.622	.707	.834	.925
9	.582	.666	.798	.898
10	.549	.632	.765	.872
11	.521	.602	.735	.847
12	.497	.576	.708	.823
13	.476	.553	.684	.801
14	.458	.532	.661	.780
15	.441	.514	.641	.760
16	.426	.497	.623	.742
17	.412	.482	.606	.725
18	.400	.468	.590	.708
19	.389	.456	.575	.693
20	.378	.444	.561	.679
21	.369	.433	.549	.665
22	.360	.423	.537	.652
23	.352	.413	.526	.640
24	.344	.404	.515	.629
25	.337	.396	.505	.618

確率 データ数	0.1	0.05	0.01	0.001
26	.330	.388	.496	.607
27	.323	.381	.487	.597
28	.317	.374	.479	.588
29	.311	.367	.471	.579
30	.306	.361	.463	.570
31	.301	.355	.456	.562
32	.296	.349	.449	.554
33	.291	.344	.442	.547
34	.287	.339	.436	.539
35	.283	.334	.430	.532
36	.279	.329	.424	.525
37	.275	.325	.418	.519
38	.271	.320	.413	.513
39	.267	.316	.408	.507
40	.264	.312	.403	.501
42	.257	.304	.393	.490
44	.251	.297	.384	.479
46	.246	.291	.376	.469
48	.240	.285	.368	.460
50	.235	.279	.361	.451
60	.214	.254	.330	.414
70	.198	.235	.306	.385
80	.185	.220	.286	.361
90	.174	.207	.270	.341
100	.165	.197	.256	.324

『統計数値表編集委員会編：簡約統計数値表』日本規格協会，1977 年より一部を調整して引用

付録

❹ 標準正規分布表
[関連 Q04]

標準正規分布の線形変換式：
$Z=(X-\mu)/\sigma$

α：事象の確率

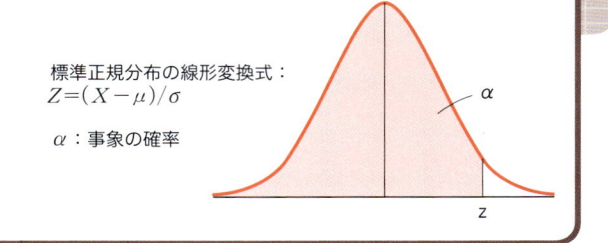

太字は $\alpha = 0.95, 0.975, 0.99, 0.995, 0.999, 0.9995$ の近似値

zの小数点第2位	0.00	0.01	0.02	0.03	0.04	0.05	0.06	0.07	0.08	0.09
z =	α =									
0.0	0.5000	0.5040	0.5080	0.5120	0.5160	0.5199	0.5239	0.5279	0.5319	0.5359
0.1	0.5398	0.5438	0.5478	0.5517	0.5557	0.5596	0.5636	0.5675	0.5714	0.5753
0.2	0.5793	0.5832	0.5871	0.5910	0.5948	0.5987	0.6026	0.6064	0.6103	0.6141
0.3	0.6179	0.6217	0.6255	0.6293	0.6331	0.6368	0.6406	0.6443	0.6480	0.6517
0.4	0.6554	0.6591	0.6628	0.6664	0.6700	0.6736	0.6772	0.6808	0.6844	0.6879
0.5	0.6915	0.6950	0.6985	0.7019	0.7054	0.7088	0.7123	0.7157	0.7190	0.7224
0.6	0.7257	0.7291	0.7324	0.7357	0.7389	0.7422	0.7454	0.7486	0.7517	0.7549
0.7	0.7580	0.7611	0.7642	0.7673	0.7704	0.7734	0.7764	0.7794	0.7823	0.7852
0.8	0.7881	0.7910	0.7939	0.7967	0.7995	0.8023	0.8051	0.8078	0.8106	0.8133
0.9	0.8159	0.8186	0.8212	0.8238	0.8264	0.8289	0.8315	0.8340	0.8365	0.8389
1.0	0.8413	0.8438	0.8461	0.8485	0.8508	0.8531	0.8554	0.8577	0.8599	0.8621
1.1	0.8643	0.8665	0.8686	0.8708	0.8729	0.8749	0.8770	0.8790	0.8810	0.8830
1.2	0.8849	0.8869	0.8888	0.8907	0.8925	0.8944	0.8962	0.8980	0.8997	0.9015
1.3	0.9032	0.9049	0.9066	0.9082	0.9099	0.9115	0.9131	0.9147	0.9162	0.9177
1.4	0.9192	0.9207	0.9222	0.9236	0.9251	0.9265	0.9279	0.9292	0.9306	0.9319
1.5	0.9332	0.9345	0.9357	0.9370	0.9382	0.9394	0.9406	0.9418	0.9429	0.9441
1.6	0.9452	0.9463	0.9474	0.9484	**0.9495**	0.9505	0.9515	0.9525	0.9535	0.9545
1.7	0.9554	0.9564	0.9573	0.9582	0.9591	0.9599	0.9608	0.9616	0.9625	0.9633
1.8	0.9641	0.9649	0.9656	0.9664	0.9671	0.9678	0.9686	0.9693	0.9699	0.9706
1.9	0.9713	0.9719	0.9726	0.9732	0.9738	0.9744	**0.9750**	0.9756	0.9761	0.9767
2.0	0.9772	0.9778	0.9783	0.9788	0.9793	0.9798	0.9803	0.9808	0.9812	0.9817
2.1	0.9821	0.9826	0.9830	0.9834	0.9838	0.9842	0.9846	0.9850	0.9854	0.9857
2.2	0.9861	0.9864	0.9868	0.9871	0.9875	0.9878	0.9881	0.9884	0.9887	0.9890
2.3	0.9893	0.9896	0.9898	**0.9901**	0.9904	0.9906	0.9909	0.9911	0.9913	0.9916
2.4	0.9918	0.9920	0.9922	0.9925	0.9927	0.9929	0.9931	0.9932	0.9934	0.9936
2.5	0.9938	0.9940	0.9941	0.9943	0.9945	0.9946	0.9948	0.9949	**0.9951**	0.9952
2.6	0.9953	0.9955	0.9956	0.9957	0.9959	0.9960	0.9961	0.9962	0.9963	0.9964
2.7	0.9965	0.9966	0.9967	0.9968	0.9969	0.9970	0.9971	0.9972	0.9973	0.9974
2.8	0.9974	0.9975	0.9976	0.9977	0.9977	0.9978	0.9979	0.9979	0.9980	0.9981
2.9	0.9981	0.9982	0.9982	0.9983	0.9984	0.9984	0.9985	0.9985	0.9986	0.9986
3.0	0.9987	0.9987	0.9987	0.9988	0.9988	0.9989	0.9989	0.9989	0.9990	**0.9990**
3.1	0.9990	0.9991	0.9991	0.9991	0.9992	0.9992	0.9992	0.9992	0.9993	0.9993
3.2	0.9993	0.9993	0.9994	0.9994	0.9994	0.9994	0.9994	0.9995	0.9995	**0.9995**
3.3	0.9995	0.9995	0.9995	0.9996	0.9996	0.9996	0.9996	0.9996	0.9996	0.9997
3.4	0.9997	0.9997	0.9997	0.9997	0.9997	0.9997	0.9997	0.9997	0.9997	0.9998

『実感と納得の統計学』（鎌谷直之／著），羊土社，2006年より引用

付録

❺ t 分布表（両側確率）
［関連 Q07］

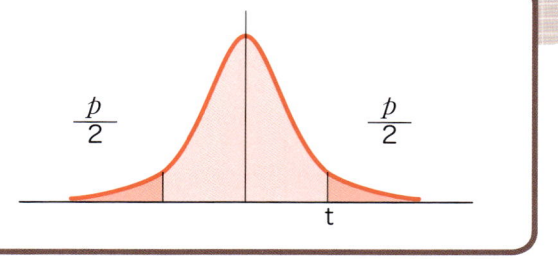

P= 両側確率

自由度	0.10	0.05	0.02	0.01	0.005	0.002	0.001
1	6.314	12.706	31.820	63.655	127.311	318.250	636.392
2	2.920	4.303	6.965	9.925	14.089	22.327	31.599
3	2.353	3.182	4.541	5.841	7.453	10.214	12.923
4	2.132	2.776	3.747	4.604	5.598	7.173	8.610
5	2.015	2.571	3.365	4.032	4.773	5.894	6.869
6	1.943	2.447	3.143	3.707	4.317	5.208	5.959
7	1.895	2.365	2.998	3.500	4.029	4.785	5.408
8	1.860	2.306	2.896	3.355	3.833	4.501	5.041
9	1.833	2.262	2.821	3.250	3.690	4.297	4.781
10	1.812	2.228	2.764	3.169	3.581	4.144	4.587
11	1.796	2.201	2.718	3.106	3.497	4.025	4.437
12	1.782	2.179	2.681	3.055	3.428	3.930	4.318
13	1.771	2.160	2.650	3.012	3.373	3.852	4.221
14	1.761	2.145	2.624	2.977	3.326	3.787	4.140
15	1.753	2.131	2.603	2.947	3.286	3.733	4.073
16	1.746	2.120	2.583	2.921	3.252	3.686	4.015
17	1.740	2.110	2.567	2.898	3.223	3.646	3.966
18	1.734	2.101	2.552	2.878	3.197	3.610	3.922
19	1.729	2.093	2.540	2.861	3.174	3.580	3.884
20	1.725	2.086	2.528	2.845	3.153	3.552	3.850
21	1.721	2.080	2.518	2.831	3.135	3.527	3.820
22	1.717	2.074	2.508	2.819	3.119	3.505	3.792
23	1.714	2.069	2.500	2.807	3.104	3.485	3.768
24	1.711	2.064	2.492	2.797	3.091	3.467	3.745
25	1.708	2.060	2.485	2.787	3.078	3.450	3.726
26	1.706	2.056	2.479	2.779	3.067	3.435	3.707
27	1.703	2.052	2.473	2.771	3.057	3.421	3.690
28	1.701	2.048	2.467	2.763	3.047	3.408	3.674
29	1.699	2.045	2.462	2.756	3.038	3.396	3.660
30	1.697	2.042	2.457	2.750	3.030	3.385	3.646
32	1.694	2.037	2.449	2.738	3.015	3.365	3.622
34	1.691	2.032	2.441	2.728	3.002	3.348	3.601
36	1.688	2.028	2.434	2.719	2.990	3.333	3.582
38	1.686	2.024	2.429	2.712	2.980	3.319	3.566
40	1.684	2.021	2.423	2.704	2.971	3.307	3.551
42	1.682	2.018	2.418	2.698	2.963	3.296	3.538
44	1.680	2.015	2.414	2.692	2.956	3.286	3.526
46	1.679	2.013	2.410	2.687	2.949	3.277	3.515
48	1.677	2.011	2.407	2.682	2.943	3.269	3.505
50	1.676	2.009	2.403	2.678	2.937	3.261	3.496
60	1.671	2.000	2.390	2.660	2.915	3.232	3.460
70	1.667	1.994	2.381	2.648	2.899	3.211	3.435
80	1.664	1.990	2.374	2.639	2.887	3.195	3.416
90	1.662	1.987	2.368	2.632	2.878	3.183	3.402
100	1.660	1.984	2.364	2.626	2.871	3.174	3.390
120	1.658	1.980	2.358	2.617	2.860	3.160	3.373
140	1.656	1.977	2.353	2.611	2.852	3.149	3.361
160	1.654	1.975	2.350	2.607	2.846	3.142	3.352
180	1.653	1.973	2.347	2.603	2.842	3.136	3.345
200	1.653	1.972	2.345	2.601	2.839	3.131	3.340

『バイオサイエンスの統計学』（市原清志／著），南江堂，1990年より引用

付録

❻ F 分布表
（有意水準 $\alpha = 0.05$）
[関連 Case16]

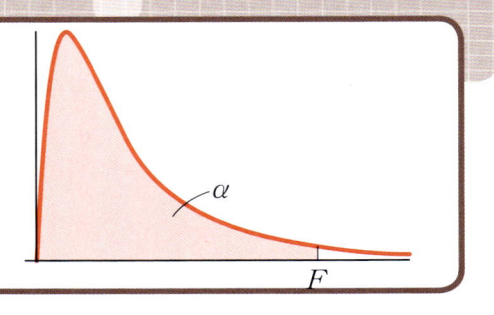

f_2 \ f_1	1	2	3	4	5	6	7	8	9	10
1	161.4	199.5	215.7	224.6	230.2	234.0	236.8	238.9	240.5	241.9
2	18.51	19.00	19.16	19.25	19.30	19.33	19.35	19.37	19.38	19.40
3	10.13	9.552	9.277	9.117	9.013	8.941	8.887	8.845	8.812	8.786
4	7.709	6.944	6.591	6.388	6.256	6.163	6.094	6.041	5.999	5.964
5	6.608	5.786	5.409	5.192	5.050	4.950	4.876	4.818	4.772	4.735
6	5.987	5.143	4.757	4.534	4.387	4.284	4.207	4.147	4.099	4.060
7	5.591	4.737	4.347	4.120	3.972	3.866	3.787	3.726	3.677	3.637
8	5.318	4.459	4.066	3.838	3.687	3.581	3.500	3.438	3.388	3.347
9	5.117	4.256	3.863	3.633	3.482	3.374	3.293	3.230	3.179	3.137
10	4.965	4.103	3.708	3.478	3.326	3.217	3.135	3.072	3.020	2.978
11	4.844	3.982	3.587	3.357	3.204	3.095	3.012	2.948	2.896	2.854
12	4.747	3.885	3.490	3.259	3.106	2.996	2.913	2.849	2.796	2.753
13	4.667	3.806	3.411	3.179	3.025	2.915	2.832	2.767	2.714	2.671
14	4.600	3.739	3.344	3.112	2.958	2.848	2.764	2.699	2.646	2.602
15	4.543	3.682	3.287	3.056	2.901	2.790	2.707	2.641	2.588	2.544
16	4.494	3.634	3.239	3.007	2.852	2.741	2.657	2.591	2.538	2.494
17	4.451	3.592	3.197	2.965	2.810	2.699	2.614	2.548	2.494	2.450
18	4.414	3.555	3.160	2.928	2.773	2.661	2.577	2.510	2.456	2.412
19	4.381	3.522	3.127	2.895	2.740	2.628	2.544	2.477	2.423	2.378
20	4.351	3.493	3.098	2.866	2.711	2.599	2.514	2.447	2.393	2.348
21	4.325	3.467	3.072	2.840	2.685	2.573	2.488	2.420	2.366	2.321
22	4.301	3.443	3.049	2.817	2.661	2.549	2.464	2.397	2.342	2.297
23	4.279	3.422	3.028	2.796	2.640	2.528	2.442	2.375	2.320	2.275
24	4.260	3.403	3.009	2.776	2.621	2.508	2.423	2.355	2.300	2.255
25	4.242	3.385	2.991	2.759	2.603	2.490	2.405	2.337	2.282	2.236
26	4.225	3.369	2.975	2.743	2.587	2.474	2.388	2.321	2.265	2.220
27	4.210	3.354	2.960	2.728	2.572	2.459	2.373	2.305	2.250	2.204
28	4.196	3.340	2.947	2.714	2.558	2.445	2.359	2.291	2.236	2.190
29	4.183	3.328	2.934	2.701	2.545	2.432	2.346	2.278	2.223	2.177
30	4.171	3.316	2.922	2.690	2.534	2.421	2.334	2.266	2.211	2.165
40	4.085	3.232	2.839	2.606	2.449	2.336	2.249	2.180	2.124	2.077
60	4.001	3.150	2.758	2.525	2.368	2.254	2.167	2.097	2.040	1.993
120	3.920	3.072	2.680	2.447	2.290	2.175	2.087	2.016	1.959	1.910
∞	3.842	2.997	2.606	2.373	2.215	2.099	2.011	1.939	1.881	1.832

『実感と納得の統計学』（鎌谷直之／著），羊土社，2006年より引用

付録

❼ 数式一覧

＜Case15の式＞

$$t_0 = \frac{|\overline{x}_s - \overline{x}_g|}{\sqrt{\dfrac{v_s}{n_s} + \dfrac{v_g}{n_g}}} \qquad (式①)$$

$$\nu = \frac{\left(\dfrac{v_s}{n_s} + \dfrac{v_g}{n_g}\right)^2}{\dfrac{\left(\dfrac{v_s}{n_s}\right)^2}{n_s - 1} + \dfrac{\left(\dfrac{v_g}{n_g}\right)^2}{n_g - 1}} \qquad (式②)$$

＜Case16，Case22の式＞

細胞長の全平均：$\overline{x} = \dfrac{\sum\limits_{i=1}^{a}\sum\limits_{j=1}^{b}\sum\limits_{k=1}^{n} x_{ijk}}{abn}$

各変異株の細胞長の平均：$\overline{x}_{i\cdot} = \dfrac{\sum\limits_{j=1}^{b}\sum\limits_{k=1}^{n} x_{ijk}}{bn}$ （式③）

各時間の細胞長の平均：$\overline{x}_{\cdot j} = \dfrac{\sum\limits_{i=1}^{a}\sum\limits_{k=1}^{n} x_{ijk}}{an}$

各時間・各変異株間の細胞長の平均：$\overline{x}_{ij} = \dfrac{\sum\limits_{k=1}^{n} x_{ijk}}{n}$

全変動：$S_T = \sum\limits_{i=1}^{a}\sum\limits_{j=1}^{b}\sum\limits_{k=1}^{n}(x_{ijk} - \overline{x})^2$

各変異株（水準 A_i）の変動：$S_A = \sum\limits_{i=1}^{a}(\overline{x}_{i\cdot} - \overline{x})^2$

各時間（水準 B_j）における変動：$S_B = \sum\limits_{j=1}^{b}(\overline{x}_{\cdot j} - \overline{x})^2$ （式④）

交互作用の変動：$S_{AB} = \sum\limits_{i=1}^{a}\sum\limits_{j=1}^{b}(\overline{x}_{ij} - \overline{x}_{i\cdot} - \overline{x}_{\cdot j} + \overline{x})^2$

水準内変動：$S_E = \sum\limits_{i=1}^{a}\sum\limits_{j=1}^{b}\sum\limits_{k=1}^{n}(x_{ijk} - \overline{x}_{ij})^2$

$$S_T = bn S_A + an S_B + n S_{AB} + S_E \qquad (式⑤)$$

各変異株（水準 A_i）間の変動の平均平方：$V_A = \dfrac{S_A}{a-1}$

各時間（水準 B_j）間の変動の平均平方：$V_B = \dfrac{S_B}{b-1}$

交互作用の変動の平均平方：$V_{AB} = \dfrac{S_{AB}}{(a-1)(b-1)}$ （式⑥）

水準内変動の平均平方：$V_E = \dfrac{S_E}{ab(n-1)}$

$$F_A = \dfrac{V_A}{V_E}$$

$$F_B = \dfrac{V_B}{V_E} \quad \text{（式⑦）}$$

$$F_{AB} = \dfrac{V_{AB}}{V_E}$$

＜Case21の式＞

$$S_T = \sum_{i=1}^{n_j} \sum_{j=1}^{k} (x_{ij} - \overline{x})^2 \quad \text{（式⑧）}$$

$$S_A = \sum_{j=1}^{k} n_j (\overline{x}_j - \overline{x})^2 \quad \text{（式⑨）}$$

$$S_E = \sum_{i=1}^{n_j} \sum_{j=1}^{k} (x_{ij} - \overline{x}_j)^2 \quad \text{（式⑩）}$$

$$V_A = \dfrac{S_A}{k-1} \quad \text{（式⑪）}$$

$$V_E = \dfrac{S_E}{\left(\sum_{j=1}^{k} n_j\right)} \quad \text{（式⑫）}$$

$$\dfrac{|\overline{x}_i - \overline{x}_j|}{\sqrt{\left(\dfrac{1}{n_i} + \dfrac{1}{n_j}\right)\dfrac{V_E}{2}}} \geq t\left(\left(\sum_{i=1}^{a} n_i\right) - a;\ \dfrac{a}{2}\right) \quad \text{（式⑬）}$$

$$P(A_1 \cup A_2 \cup \cdots \cup A_k) \leq P(A_1) + P(A_2) + \cdots + P(A_k) \quad \text{（式⑭）}$$

$$\dfrac{\max(|\overline{x}_i - \overline{x}_j|)}{\sqrt{\left(\dfrac{1}{n_i} + \dfrac{1}{n_j}\right)\dfrac{V_E}{2}}} \geq q(a, na - a; \alpha) \quad \text{（式⑮）}$$

索 引

数　字

1標本 t 検定 162
2塩基の頻度 186
2群比較 107, 109
50％効果濃度 46
95％信頼区間 44, 47

欧　文

A～C

ABS 204, 229
Anderson-Darling test 87
ANOVA 103, 135, 166
Available-Case Analysis 143
AVERAGE 173
Binomial test 117
Bonferroni test 106
Chi-square test 88
Cochran Q test 106
Complete-Case Analysis 143

D～F

DNAチップ 108
DNAマイクロアレイ 108, 235
Dunnett's test 105
Δ Ct値 217
EC_{50} 46
Fisher's Protected Least Significant Difference 106
Friedman test 105

F 検定 19, 39, 117, 232
F 値 209
F 分布 66, 89, 209

G～L

Games-Howell test 105
GSEA 70
G 検定 86, 117
IC_{50} 46
Imputation 144
JMP 138
Jonckheere-Terpstra 213
KEGGパスウェイデータベース 70
Kolmogorov-Smirnov test 88
Kruskal-Wallis test 105
KS検定 88
Lillifors test 88

M～O

Mann-Whitney U test 117
MAR 142
MCAR 142
Median test 106
MIAMEガイドライン 58
Missing at Random 142
Missing Completely at Random 142
Missing Not at Random 142
MNAR 142
multi-factor ANOVA 103
one-way ANOVA 103

P～R

p-value 79
Paired-Student's-*t*-test 147
PDF 89
power analysis 147
Probability Density Function 89
p 値 79, 114
Quantile Normalization 62
R 49, 55
robustness 99
Ronald A. Fisher 166

S

S/N比 67
SAS 138
Scheffe test 105
SD 53
SE 53
Shapiro-Wilk test 88
siRNA処理 235
SPSS 138
SQRT 205, 229
STDEV.P 173
Steel-Dwass test 106
Student-Newman-Keuls test 106
student's t test 116

249

T〜Z

technical replicate ……………… 152
triplicate ……………………… 152
TTEST ………………………… 147
Tukey-Kramer test …………… 105
t 検定 …… 19, 37, 99, 116, 164, 214
t 分布 ………………………… 83, 84
U 検定 ………………………… 117
Welch's t test ………………… 116
Wilcoxon signed-rank test …… 117
Williams' test ………………… 105
z-score ………………………… 236
Zipf's law ……………………… 59
Z 検定 ………………………… 19

和文

ア行

アンダーソン・ダーリング検定
……………………………… 87
一元配置分散分析 …… 103, 114, 135
遺伝子間距離 …………………… 74
遺伝子クラスター ……………… 72
遺伝子発現量 ………………… 235
遺伝子モジュール ……………… 72
イメージングソフト ………… 170
因果関係 ……………………… 121
ウィリアムズ法 ……………… 105
ウィルコクソンの順位和検定
…………………………… 127, 194
ウィルコクソンの符号順位検定
…………………………… 40, 117
ウィルコクソンの符号付順位和検定
……………………………… 180
ウェルチ（welch）の t 検定
…………………… 116, 123, 194, 203
エクセル統計 ………………… 137
エラーバー ………………… 44, 172

カ行

回帰 …………………………… 15
階層クラスタリング …………… 68
カイ二乗 ……………………… 89
カイ二乗検定
…………… 20, 21, 86, 88, 98, 118, 131
カイ二乗分布 ………………… 98
外部標準 ……………………… 58
ガウス分布 …………………… 76
確認実験 …………………… 142
確率密度関数 ………………… 89
仮説 …………………………… 18
片側検定 …………………… 42, 192
カテゴリー併合 ……………… 224
カテゴリカル ………………… 80
カトラー・エデラー法 ………… 56
カプラン・マイヤー曲線 …… 223
カプラン・マイヤー法 ………… 56
頑健さ ………………………… 99
関連 2 群 …………………… 162, 184
偽陰性 ………………………… 23
幾何分布 ……………………… 28
幾何平均 …………………… 188
棄却 …………………………… 22
棄却域 ………………………… 42
ギブスサンプリング …………… 75
基本統計量 ………………… 164
帰無仮説 …………………… 34, 118
偽陽性 ………………………… 22
極大解 ………………………… 75
区間推定 ……………………… 16
クラスカル・ウォリス検定
…………………………… 105, 114
クラスタリング ………………… 68
グラフィカルガウシアンモデリング
……………………………… 76
繰り返しのある二元配置 … 168, 184
繰り返しのない二元配置 …… 168
クロス集計表 ………………… 85, 92
群間変動 …………………… 135
群内変動 …………………… 135
ゲイムス・ハウエル法 ……… 105
血清ロット …………………… 178
検出力 ……………………… 35, 100
検定 ………………………… 17, 18
検定力分析 ………………… 147
検量線 ……………………… 152
交互作用 …………………… 209, 222
国際標準化機構（ISO） ……… 57
コクランのQ検定 …………… 106
誤差 …………………………… 51
誤差範囲 …………………… 174
個体差 ……………………… 141

骨量変動 ……………………… 146	スチューデントのt検定	多重代入法 ……………………… 145
コラム散布図 ………………… 123	……………… 116, 147, 194, 196	多重比較 ……………… 23, 102, 199
コルモゴロフ・スミルノフ検定	スティール・ドワス法 ……… 106	多段抽出法 ……………………… 31
……………………………… 39, 88	正確検定 ………………………… 95	ダネット（Dunnett）の検定
	正規化 …………………………… 57	………………………… 199, 214
サ行	正規性の検定 …………… 163, 192	ダネット法 ……………………… 105
	正規分布 ……… 25, 89, 139, 162	単一値代入法 …………………… 144
再現性 …………………………… 67	性成熟 …………………………… 158	単一遊走 ………………………… 202
細胞長 …………………………… 207	生存曲線 ………………………… 56	単峰性 …………………………… 14
算術平均 ………………………… 188	積率相関係数 …………………… 120	中央値 …………………………… 176
散布図 …………………… 119, 163	線形回帰 ………………………… 121	中央値検定 ……………… 100, 106
サンプル数 ……………………… 81	全数サンプル …………………… 82	抽出 ……………………………… 30
シェッフェの方法 ……………… 105	尖度 ……………………………… 78	中心極限定理 …………… 25, 113
時間変動 ………………………… 208	相関 ……………………………… 15	適合度検定 ……………………… 20
事後確率 ………………………… 75	相関関係 ………………………… 121	テクニカルノイズ ………… 57, 65
自己組織化マップクラスタリング	相関係数 ………………… 49, 119	テューキー（Tukey）の多重比較
……………………………… 68	層別抽出法 ……………………… 31	検定 …………………………… 226
指数分布 …………………… 29, 89		テューキー・クレーマーの方法
実験的レプリケイト …………… 237	**タ行**	………………………………… 105
ジップの法則 …………………… 59		テューキーの方法 ……………… 105
シャピロ・ウィルク検定	第一種の過誤 …………………… 22	点推定 …………………………… 16
………………… 88, 193, 196	対応のある2群 ………………… 127	統計解析ソフトウェアR ……… 132
集団遊走 ………………………… 202	胎仔期 …………………………… 157	統計学的検定 …………………… 140
真の比率 ………………………… 93	対数正規分布 …………… 89, 108	統計ソフトR …………………… 138
真の分布 ………………………… 78	大数の法則 ……………………… 16	統計量 ………………… 14, 78, 114
信頼区間 ……………… 16, 47, 112	第二種の過誤 …………………… 22	同等性試験 ……………………… 41
信頼区間の計算 ………………… 93	タイプⅠの誤り ………………… 22	等分散性 ………………… 202, 219
信頼限界 ………………………… 16	タイプⅡの誤り ………………… 22	等分散の検定 …………………… 193
水準間変動 ……………………… 227	対立仮説 ………………………… 34	独立性の検定 …………………… 106
水準内変動 ……………………… 227	多群検定 ………………… 102, 109	独立2群 ……………… 123, 162, 184
推定量 …………………………… 16	多群比較 ………………………… 102	トップダウン式 ………………… 68
スチューデント・ニューマン・	多元配置分散分析 ……………… 103	
キュルス法 ………………… 106		

ナ行

項目	ページ
二元配置分散分析	219
二項検定	85, 117
二項分布	27, 98
年齢差	158
年齢変化	157
脳体重比	121
ノンパラメトリック検定	81, 156

ハ行

項目	ページ
バートレット検定	219
バイオロジカルノイズ	57, 65
バイクラスタリング	72
箱ひげ図	123
外れ値	81, 141
外れ値検定	109
ばらつき	51
パラメトリック検定	81
ピアソンのカイ二乗検定	117
ピアソンの積率相関係数	120
標準化	57, 61
標準曲線	152
標準誤差	53, 78, 111
標準偏差	53, 78, 111
標準偏差値	172
標本	30
標本誤差	32
標本標準偏差	189
比率の差の有無の検定	95
非劣性試験	41
ビン	87
フィッシャーのG検定	117
フィッシャーのPLSD法	106
フィッシャーの正確率検定	20, 85, 95, 131
フィッシャーの分散分析法	166
フォールド・チェンジ	108
不偏標準偏差	189
不偏分散	189
フリードマン検定	105
フローサイトメトリー	179
分位数正規化	62
分割表	85, 121, 131
分散	78
分散分析	65, 66, 103, 109, 135
分布	79, 89
平均値	78
平均値の信頼区間	112
平均平方	209
ベイジアンネットワーク	74
平方根	205
ベータ分布	89
偏相関係数	76
変動	209
変動係数	66
ポアソン分布	27
母集団	30, 78
ボトムアップ式	68
母比率の区間推定	93
ボンフェローニの補正法	23
ボンフェローニ法	105, 106

マ行

項目	ページ
マイクロアレイ	57, 108, 235, 237
マウス実験	149
マルコフ連鎖モンテカルロ（MCMC）法	75
マン・ホイットニーのU検定	40, 99, 100, 117, 127, 176, 180, 191, 194, 195, 198
無作為抽出法	31
無相関検定	121
モデル化	76

ヤ〜ワ行

項目	ページ
有意	21
有意水準	22, 35, 132
ヨンクヒール・タプストラ	213
ランクデータ	117
卵巣摘出	146
リアルタイムRT-PCR	216
リピート実験	111
両側検定	43, 192
リリフォース検定	88
ログランク検定	223
ロバストネス	99
歪度	78

監修者プロフィール

秋山　徹（あきやま　てつ）

東京大学分子細胞生物学研究所教授．1981年東京大学大学院修了．医学博士．'94年大阪大学微生物病研究所教授．'98年より現職．専門は分子細胞生物学，分子腫瘍学．細胞がん化の分子機構，がん幹細胞と微小環境，ncRNAなどに関する研究を行っている．

編者プロフィール

井元清哉（いもと　せいや）

東京大学医科学研究所ヒトゲノム解析センター准教授．2001年九州大学大学院数理学研究科博士課程修了．博士（数理学）．東京大学医科学研究所ヒトゲノム解析センター博士研究員，助手，助教授を経て'07年より現職．専門は，統計学およびバイオインフォマティクス．ヒトゲノムシークエンスデータ，トランスクリプトームデータなど高次元大規模データから知識発見・予測を行うための統計学理論，方法論の研究に従事．

河府和義（こうふ　かずよし）

シンガポール国立大学癌科学研究所シニアリサーチサイエンティスト．2001年大阪大学大学院博士課程修了．医学博士．ノバルティスファーマ研究員，東京大学分子細胞生物学研究所ポスドク，東北大学加齢医学研究所助教を経て，'09年より現職．専門は分子免疫学．Runx転写因子群による免疫系サイトカインネットワーク制御機序の解析を足がかりにヒト免疫関連疾患の治療法の進歩に貢献できればと願っている．

藤渕　航（ふじぶち　わたる）

京都大学iPS細胞研究所教授．1991年広島大学理学部卒．'93年京都大学大学院修士課程修了．'95年京都大学化学研究所助手．'98年博士（理学）取得．'99年米国立衛生研究所NCBI客員研究員．2002年同連邦政府正職員．'03年独立行政法人産業技術総合研究所生命情報科学研究センター研究員．'07年同生命情報工学研究センター研究チーム長．'12年より現職．専門は細胞インフォマティクス．ヒト細胞データベースと細胞情報解析手法を開発しながら細胞状態理論の構築を目指している．

バイオ実験に絶対使える 統計の基本 Q & A
論文が書ける 読める データが見える！

2012年10月 1日 第1刷発行	監 修	秋山　徹
2020年 4月10日 第4刷発行	編 集	井元清哉
		河府和義
		藤渕　航
	発行人	一戸裕子
	発行所	株式会社 羊 土 社
		〒101-0052
		東京都千代田区神田小川町2-5-1
		TEL　　03 (5282) 1211
		FAX　　03 (5282) 1212
		E-mail　eigyo@yodosha.co.jp
		URL　　www.yodosha.co.jp/
Printed in Japan		
ISBN978-4-7581-2034-0	印刷所	株式会社加藤文明社

本書の複写にかかる複製，上映，譲渡，公衆送信（送信可能化を含む）の各権利は（株）羊土社が管理の委託を受けています．
本書を無断で複製する行為（コピー，スキャン，デジタルデータ化など）は，著作権法上での限られた例外（「私的使用のための複製」など）を除き禁じられています．研究活動，診療を含み業務上使用する目的で上記の行為を行うことは大学，病院，企業などにおける内部的な利用であっても，私的使用には該当せず，違法です．また私的使用のためであっても，代行業者等の第三者に依頼して上記の行為を行うことは違法となります．

JCOPY ＜（社）出版者著作権管理機構 委託出版物＞
本書の無断複写は著作権法上での例外を除き禁じられています．複写される場合は，そのつど事前に，（社）出版者著作権管理機構（TEL 03-5244-5088, FAX 03-5244-5089, e-mail：info@jcopy.or.jp）の許諾を得てください．

編集部オススメの研究参考書

パソコンで簡単！すぐできる生物統計
統計学の考え方から統計ソフトSPSSの使い方まで

Roland Ennos／著
打波 守, 野地澄晴／訳

統計的データ処理の基礎知識をやさしく解説した, 生物統計の入門書！ SPSSの使い方も, 実例を挙げながらわかりやすく解説！ 自分の実験にどんな統計的検定を選べばよいかすぐわかるフローチャート付き！

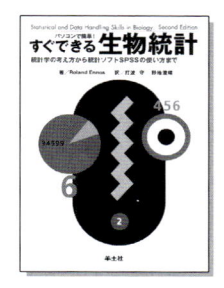

- 定価（本体 3,200円＋税）
- B5判　263頁　ISBN 978-4-7581-0716-7

改訂 バイオ試薬調製ポケットマニュアル
欲しい試薬がすぐにつくれる基本操作と注意・ポイント

田村隆明／著

実用性バツグン！10年以上にわたって実験室で利用され続けているベストセラーがついに改訂！！溶液・試薬の調製法や実験の基本操作はこの1冊にお任せ. デスクとベンチの往復にとっても便利なポケットサイズ！

- 定価（本体 2,900円＋税）
- B6変型判　275頁　ISBN 978-4-7581-2049-4

実験の基本から記録の書き方まで完全サポート

意外に知らない、いまさら聞けない バイオ実験超基本Q&A 改訂版

大藤道衛／著

数多くの実験初心者を救ってきたベストセラーがついに改訂！「白衣を着る理由とは？」など, 今さら聞けないような基礎知識から, 実験の成否を分ける工夫やコツまで, 研究生活で必ず役立つ情報が満載.

- 定価（本体 3,400円＋税）
- A5判　284頁　ISBN 978-4-7581-2015-9

理系なら知っておきたい ラボノートの書き方 改訂版
論文作成, データ捏造防止, 特許に役立つ書き方＋管理法がよくわかる！

岡﨑康司, 隅藏康一／編

実験ノート・筆記具の選び方から, 記入・保管・廃棄のしかたまで, これ一冊で重要ポイントが丸わかり！改訂により, 大学におけるノート管理の記述を強化＆米国特許法の先願主義移行にも対応. 山中伸弥博士推薦の一冊！

- 定価（本体 3,000円＋税）
- B5判　148頁　ISBN 978-4-7581-2028-9

発行　羊土社 YODOSHA
〒101-0052　東京都千代田区神田小川町2-5-1　TEL 03(5282)1211　FAX 03(5282)1212
E-mail：eigyo@yodosha.co.jp
URL：www.yodosha.co.jp/

ご注文は最寄りの書店, または小社営業部まで

羊土社のオススメ書籍

実験で使うとこだけ 生物統計 改訂版
池田郁男／著

① キホンのキ

実験における母集団と標本を「研究者」として理解していますか？ 検定前の心構えから平均値±SD, ±SEの使い分けまで統計の基礎知識を厳選！ 検定法の理解に必要な基本を研究者として捉え直しましょう．

- 定価（本体2,200円＋税）
- A5判 ■ 110頁
- ISBN 978-4-7581-2076-0

② キホンのホン

いわれるがまま検定法を選んでいませんか？ t検定など2群の比較から多重比較, 分散分析まで多くの研究者がおさえておきたい検定法を厳選．細かい計算ではなく統計の本質をつかみ正しい検定を自分で選びましょう！

- 定価（本体2,700円＋税）
- A5判 ■ 173頁
- ISBN 978-4-7581-2077-7

ぜんぶ絵で見る 医療統計
身につく！研究手法と分析力

比江島欣慎／著

まるで「図鑑」な楽しい紙面と「理解」優先の端的な説明で, 医学・看護研究に必要な統計思考が"見る見る"わかる．臨床研究はガチャを回すがごとし…？！ 統計嫌い克服はガチャのイラストが目印の本書におまかせ！

- 定価（本体2,600円＋税） ■ A5判
- 178頁 ■ ISBN 978-4-7581-1807-1

みなか先生といっしょに 統計学の王国を歩いてみよう
情報の海と推論の山を越える翼をアナタに！

三中信宏／著

分散分析や帰無仮説という用語が登場するのは終盤ですが, そこに至る歩みで, イメージがわかない, 数学的な意味..など統計ユーザーが陥りやすい疑問を解消します．「実験系パラメトリック統計学の捉え方」を体感して下さい．

- 定価（本体2,300円＋税） ■ A5判
- 191頁 ■ ISBN 978-4-7581-2058-6

発行 羊土社 YODOSHA
〒101-0052 東京都千代田区神田小川町2-5-1　TEL 03(5282)1211　FAX 03(5282)1212
E-mail：eigyo@yodosha.co.jp
URL：www.yodosha.co.jp/

ご注文は最寄りの書店, または小社営業部まで